普通高等教育"十三五"规划教材
电工电子基础课程规划教材

电 工 原 理

舒朝君　主　编

沈晓东　曾　琦　朱英伟　副主编

电子工业出版社
Publishing House of Electronics Industry
北京·BEIJING

内 容 简 介

本书是根据四川大学电工电子教学实验中心长期为非电类学生和成人网络学生开设"电工学"课程（四川省省级精品课程）的教学实践和经验编写的。全书共 11 章。第 1 章电路基础知识，第 2 章直流电阻电路分析，第 3 章储能元件，第 4 章一阶线性电路的暂态分析，第 5 章正弦交流电路分析，第 6 章三相电路，第 7 章含有耦合电感的电路，第 8 章磁路与电磁能量转换，第 9 章电动机，第 10 章工业供电与用电安全，第 11 章电工测量。各章配有难易程度和数量恰当的思考题与习题。本书提供配套多媒体 PPT 和习题详解。

本书可作为高等学校非电类专业和成人网络教育、高等职业院校电工电子类及非电类专业的教材，也可供相关专业工程技术人员参考。

未经许可，不得以任何方式复制或抄袭本书之部分或全部内容。

版权所有，侵权必究。

图书在版编目 (CIP) 数据

电工原理 / 舒朝君主编. — 北京：电子工业出版社，2018.3（2025.1 重印）
电工电子基础课程规划教材
ISBN 978-7-121-32878-7

I. ①电… II. ①舒… III. ①电工－理论－高等学校－教材 IV. ①TM1

中国版本图书馆 CIP 数据核字（2017）第 247265 号

责任编辑：王晓庆
印　　刷：北京七彩京通数码快印有限公司
装　　订：北京七彩京通数码快印有限公司
出版发行：电子工业出版社
　　　　　北京市海淀区万寿路 173 信箱　　邮编：100036
开　　本：787×1 092　1/16　印张：16.75　字数：483 千字
版　　次：2018 年 3 月第 1 版
印　　次：2025 年 1 月第 14 次印刷
定　　价：42.00 元

凡所购买电子工业出版社图书有缺损问题，请向购买书店调换。若书店售缺，请与本社发行部联系，联系及邮购电话：(010)88254888，88258888。

质量投诉请发邮件至 zlts@phei.com.cn，盗版侵权举报请发邮件至 dbqq@phei.com.cn。

本书咨询联系方式：(010)88254113，wangxq@phei.com.cn。

前　言

电工学是高等学校本科非电类专业的一门重要的技术基础课程，也是一些非电类专业唯一的电类课程。也是大专院校电类和非电类专业必修的一门技术基础课程。它的主要任务是为今后学习专业知识和从事工程技术工作打好电工技术的理论基础，了解电工电子技术应用和我国电工电子事业发展的概况，了解电工电子技术领域中的新理论、新技术、新知识。获得电工电子技术必要的基本理论、基本知识和基本技能，并受到必要的基本技能的训练。由于电工电子技术应用十分广泛，发展迅速，并且日益渗透到其他学科领域，在我国社会主义现代化建设中具有重要的作用，所以我校有十几个院校几十个专业在学习这门课程。成教网络专科学生也在学习这门课程。

作者在多年的电工学教学中发现，国内电工学教材有很多，他们把电机和控制的内容写得比较多，三相异步电动机，直流电机，控制电机，继电接触控制，可编程控制器都写了，适合学生基础比较好，对电机和控制要求比较高的专业教学。但由于现在学生学习科目多，学时压缩严重，有的专业的学生不需要学习那么多电机和控制的课程。所以有的学校一本书分多门课在用，大部分专业只用前面的内容，学电机的用后面的内容，学生只上一部分内容，造成很大的浪费。还有一些电工学教材又是另一极端，仅仅写了电路分析，很少电工应用方面的内容，仅仅编写了电磁铁。一些书安排内容顺序不合理，后面介绍的概念，前面已经用这些知识讲例题了，不适合自学。一些电工学教材例题比较难，书后的思考题练习题形式比较单一，发散思维的题很少，不适合现在的大班上课小班讨论的形式。

我们电工电子实验教学中心长期为四川大学非电类学生和成人网络学生开设"电工技术"课程的教学和实验，电工学课程是四川省省级精品课程。为了适应21世纪教学内容，课程体系改革和发展的需要，培养学生理论联系实际和创新精神，提高学生的动手和用电技术的能力，增强学生的实践经验，根据因材施教，根据学生的专业需求提供不同的教学，为进一步落实本科"323+X"创新人才培养计划，推动"探究式-小班化"教学改革，提升课程质量，又考虑这些年来实验室设备已进行多次更新。我们决定编写一本针对电机与控制要求不是很高的专业的学生教学用教材。

本教材根据课程教学大纲，结合作者二十九年一本、二本、三本、网络成教"电工学"教学经验的积累，历时两年精心编著而成。全书共分为11章。第1章为电路基础知识，介绍电路的基本概念，基本定理。第2章为直流电阻电路分析，介绍电路等效变换方法、电路分析方法和电路定律。第3章储能元件，主要介绍电容、电感的基础知识。第4章介绍一阶线性电路的暂态分析。第5章正弦交流电路分析。第6章三相电路。第7章含有耦合电感的电路。第8章磁路与电磁能量转换。第9章电动机。第10章工业供电与用电安全。第11章电工测量。

本书尽量考虑非电类专业和大专网络教育的需求，而且针对电机与控制要求不是很高的专业的学生教学的需求。本书的特色是结构清晰、针对性强、覆盖面广。本书内容具有"通俗易懂，简明实用"、"全而新"的特点。内容精要，深入浅出，便于阅读，特别在内容的先后顺序上下了大的功夫，避免了现有很多教材不完善、前后脱节、没有系统性的缺点。突出教学内容和课程体系的改革，注重归纳共性和总结规律，启发和引导学生的创新思维。电路分析尽量让人觉得简单易懂，电路部分重在基本概念、基本定律和基本方法的介绍，避免繁琐的公式推导和数学分析，加强物理概念的阐述，注重应用。比如节点法和回路法不推导整理通式，直接用 KCL、KVL 列方程解题，这样避免了学生学了后面忘了前面如何代通式计算。电路分析介绍的方法比较多，教师可以根据专业和学生层次选择几个方法讲解。暂态分析这章先引入一阶线性电路的经典法（时域分析法）和三要素法，然后用这两种方法介绍了 RC 电路和 RL 电路的零输入、零状态、全响应的分析方法，学生就可以重点掌握用三要素法求解一阶线性电路的暂态过程这种方法。同时介绍了微分电路和积分电路。单相交流电路这章先介绍交流电路的基础知识，然后介绍交流电路的串联（KVL 定律、RLC 串联电路、阻抗的串联等效、串联谐振），交流电路的并联（KCL 定律、RLC 并联、阻抗的并联等效、功率因素的提高、并联谐振）、复杂正弦稳态电路、正弦稳态电路的功率计算，这样循序渐进，归类讲解有助于学生掌握。三相交流电部分重点介绍对称三相电路的计算。本书不仅有电路的基础理论，后面增加了对于非电专业相当有用的，难易程度恰当的电工知识，比如供电知识与安全用电、变压器、电工测量基础、三相交流异步电动机。避免了现有国内电工学教材一些把电机和控制的内容写得比较多，学生感觉太难，另一些教材又仅仅写了电路分析，基本没有写应用等弊病。

每个章节知识点讲解部分概念清楚，讲解详细，通俗易懂。典型例题分析与解答部分精心挑选，既具有一定的代表性，题量又比较适中，尽量把可能的题型讲解到。习题可以起到复习、巩固知识，加深学生对知识理解和记忆，培养学生能力的重要作用。本书依据笔者多年对不同程度学生的《电工学》这门课的授课经验，结合多本教材和题库的优势，从非电专业和高职高专学生出发，对多版本教材的习题数量、习题类型、习题素材等方面进行比较，决定本教材每节后面应该有形式多样的练习与思考题，包括选择题、填空题、简答题等形式，每章后面附有恰当的练习题。以便读者掌握基本内容，提高分析问题，解决问题的能力。

本书可作为高等学校非电类专业和成人高等教育、高等职业院校电子电工类及非电类专业的教材，也可供相关专业工程技术人员参考。

本书提供配套多媒体 PPT 和习题思考题详解，请选用本书为教材的任课教师登录华信教育资源网（http://www.hxedu.com.cn）注册下载。

本书第 1～4 章由舒朝君副教授编写，第 5 章由舒朝君副教授、曾琦副教授编写，第 6、10 章由沈晓东副教授编写，第 7、8 章由曾琦副教授编写，第 9、10 章由朱英伟副教授编写。全书由舒朝君副教授统稿和定稿。崔浩、王亚、罗春林、罗茜、吴天强研究生参与了前 5 章的编写及录入工作，在此表示感谢。

本书在编写过程中得到四川大学电工电子中心领导和老师的帮助和支持，在此表示感谢。编写时参考了一些教材，已附于后面参考资料中，在此对作者表示感谢。

由于编者水平有限，加之编写时间匆忙，书中错误和不妥之处，恳请读者批评指正。

作 者

2017 年 9 月于四川大学

目　录

第1章 电路基础知识

电路理论分析的对象是电路模型，而不是实际电路，本章先介绍电路模型，然后介绍电路分析中一些基本物理量（电流、电压、电动势和电位）的定义、计算公式和单位，实际方向和参考方向的概念，学习电路首先要养成用参考方向来分析电路的习惯。介绍了两种电路元件，电阻元件和电源元件，它们的电压电流关系，以及电功率的计算方法。用参考方向和实际方向两种方法，来判断电源元件在电路里起电源作用还是负载作用。介绍了电路分析的两个基本定律，欧姆定律和基尔霍夫定律，并用它们来求解电路。

1.1 电 路 模 型

1.1.1 实际电路

一个实际电路，为了实现某种功能，用导线将一些实际电气器件连接起来，构成可供电流流通的通路，叫电路。实际电气器件分为 3 大类。

电源或信号源：电路中电能或信号的来源。一类电源的作用是将非电能转换成电能。例如，干电池将化学能转换为电能；发电机将机械能转换为电能。热能、水能、原子能、核能、太阳能等都可以转换为电能。另一类电源常常又叫信号源，是将非电信号转换为电信号，交流转换为直流，例如，话筒将声音信号转换为电信号，品种繁多的各种传感器将压力、温度等信号转换为电信号。稳压电源将交流变为直流信号输出。各种信号发生器提供需要波形的信号。

负载：电路中的用电设备，一种负载作用是将电能转换成其他形式的能（非电能）。例如，灯泡吸收电能转换成光能；电炉将电能转换成热能；电动机把电能转换为机械能；另一类负载是接受和转换信号，如扬声器将电能转换成声音。

中间环节或信号处理：是指将电源与负载连接成闭合电路的导线、开关设备、保护设备等，起传递和控制电能的作用。如变压器、输电线、开关和一些储能设备（电感器、电容器）。处理信号的放大器、程序控制电器（单片机、PLC、计算机）等。

根据需要功能来设计电路或一个控制系统，由于需求繁多，所以电路的结构形式多种多样。电路主要有两个作用，一种是实现电能的传输、分配与转换，如电力系统传、输、配电；另一种作用是实现信号的传递和处理。如扩音机、测量系统、控制系统。现代测控系统各种传感器将压力、温度、距离等非电信号转换为电信号，经过电路把信号传递和处理（调谐、变频、检波、放大），现在一般使用程序控制电器来处理信号，中间环节还需要模数转换成数字信号才能进入程序控制电器，程序控制电器输出电信号去控制负载工作，如灯泡发光、电机转动、离合器闭合或断开，有时还需要数模转换来控制模拟信号设备。

交流电路简单的例子是日光灯电路，如图 1.1.1(a)所示。它由交流电源、镇流器、启辉器（即启动器）、灯管、电容、开关、导线组成。并联电容是为了提高电路的功率因数。

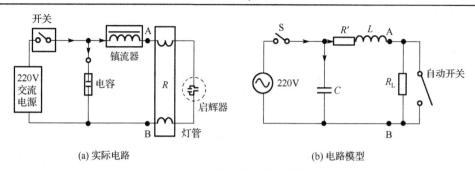

(a) 实际电路　　　　　　　　　　　　　　　　(b) 电路模型

图 1.1.1　日光灯电路示意图

1.1.2　电路模型

电路理论主要研究电路中发生的各种电磁现象，包括电能的产生、消耗、存储。这些现象在电路里同时发生，直接对实际电气器件组成的电路进行分析、计算有一定困难。为了简化分析，对实际电路建立模型，由理想电路元件组成的电路叫电路模型，它是实际电路的科学抽象。

理想电路元件（简称电路元件）是针对一些基本电磁现象，将实际电路元件理想化了的电路元件，一个理想电路元件只表示一种电磁现象或物理现象，用统一的符号标记。表 1.1.1 是常用电路元件的电路符号。

表 1.1.1　常用电路元件的电路符号表

直流电源 E		电容 C		开关 S	
固定电阻 R		电压源 U_s		熔断器 FU	
可变电阻 R_p		电流源 I_s		电压表	Ⓥ
电感 L		电灯 HL		电流表	Ⓐ

组成电路的实际电气器件是多种多样的，其电磁性能的表现往往是相互交织在一起的。先把实际器件作某种近似和理想化处理，在一定条件下突出其主要的电磁性质，忽略其次要因素，通常采用理想电路元件或其组合来代替实际器件。实际电气器件都可以用理想电路元件来模拟，以后所说的电路均为电路模型，简称电路。

日光灯电路模型如图 1.1.1(b)所示。交流电源是电源元件，给电路提供交流电。镇流器是一个带铁心的线圈。一般线圈可以用电感元件 L 来模拟，由于绕组有电阻，考虑电阻消耗的能量就要给电感元件串一个电阻，如果线圈通过高频交流电流，每个绕组匝间有电场，电路模型还要在电感元件串一个电阻的基础上并一个电容，通常频率是 50Hz，线圈的电容效应比较小。开关 S 接通断开电路。启辉器（即启动器）的作用如一个自动开关，是在电路开关 S 合上瞬间接通电路，电路接通后启辉器自动断开。灯管主要的功能是消耗电能，所以用电阻元件来模拟。电容器用电容元件来模拟。

工频 50Hz 对应的波长为 $\lambda = \dfrac{c}{f} = \dfrac{3 \times 10^8}{50} = 6000\mathrm{km}$，其中 c 为光速，一般家用电器及控制系统的实际尺寸远小于最高工作频率所对应的电磁波波长，满足集中假设条件，里面的元件可以认为是集中参数元件，电路是集中参数电路，可以用电路模型分析法分析电路。输电线路不满足集中假设条件，不是集中参数电路，必须采用分布参数电路模型进行分析。本书研究的电路均为集中参数电路。

1.2 物理量及其参考方向

电流 I、电压 U、电位 V、电动势 E 和功率 P 是电路的基本物理量，本节要介绍这些基本物理量的概念、实际方向和单位。在分析电路时，不仅要知道物理量的实际方向还得学会用参考方向来分析电路，有了参考方向这些物理量就有了正负之分，搞清楚实际方向与参考方向之间的关系。学会用电压电流的参考方向来计算功率，并判断某元件在电路里处于电源还是负载的地位。

1.2.1 电流及其参考方向

电荷（带电粒子）有规则的定向运动就形成了电流，正电荷和负电荷的流动都要形成电流。电流的大小等于单位时间内通过某一导体横截面的电荷数

$$i = \lim_{\Delta t \to 0} \frac{\Delta q}{\Delta t} = \frac{\mathrm{d}q}{\mathrm{d}t} \tag{1.2.1}$$

当电流的大小和方向不随时间变化时，$\dfrac{\mathrm{d}q}{\mathrm{d}t}$ 为定值，称为恒定电流或直流电流，简称直流（dc 或 DC），常用大写字母 I 来表示，如图 1.2.1(a)所示，并有

$$I = \frac{q}{t} \tag{1.2.2}$$

大小和方向随着时间变化的电流，称为时变电流。大小和方向随着时间按周期性变化且平均值为零的时变电流，称为交流电流（ac 或 AC），常用英文小写字母 i 来表示，如图 1.2.1(b)所示。

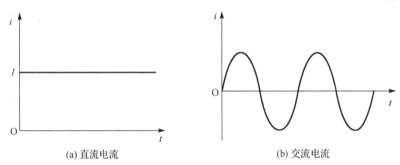

(a) 直流电流   (b) 交流电流

图 1.2.1 直流电流和交流电流图

在 SI（国际单位制）中，电流的单位为安培，简称安，符号为 A。常用的有千安（kA），毫安（mA），微安（μA）等。它们之间的换算关系是：$1\mathrm{A} = 10^{-3}\mathrm{kA} = 10^{3}\mathrm{mA} = 10^{6}\mathrm{\mu A}$。

式（1.2.1）中，t 的单位是秒（s），电荷量 q 的单位为库（c），$1\mathrm{C}=1\mathrm{As}$。

电流的方向是客观存在的。习惯上规定电流的实际方向为正电荷的运动方向，也就是负电荷运动的相反方向。在电场力的作用下，正离子顺电场方向运动，负离子逆电场方向运动，无论是电解液中、电离了的气体中，还是在半导体中，正离子负离子都形成电流，金属导体中的电流是自由电子定向运动形成的。电流方向都是电场的方向。

在简单电路中很容易知道电流的方向，但在复杂电路分析中电流的实际方向很难预先判断出来。而且在交流电路分析中，电流的实际方向还会不断改变。

在分析与计算电路时，任意规定某一方向作为电流的参考方向，或正方向。规定了参考方向以后，电流则有正负之分。正的电流表示电流的实际方向与参考方向相同；负的电流表示电流的实际方向与

参考方向相反。在选定了电流的参考方向之后，用各种计算方法和测量方法可得电流有正有负。参考方向表示方法如下。

（1）箭标法。用实线箭头来表示电流的参考方向。如图 1.2.2(a)所示电流为正值，如图 1.2.2(b)所示电流为负值。

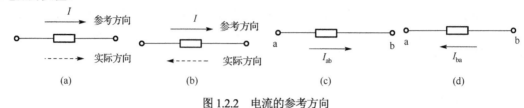

图 1.2.2　电流的参考方向

（2）双下标法。用双下标来表示电流的参考方向。如对某一电流，用 I_{ab} 表示，其参考方向由 a 指向 b（如图 1.2.2(c)所示）。用 I_{ba} 表示其参考方向由 b 指向 a（如图 1.2.2(d)所示）。显然，两者相差一个负号，即

$$I_{ab} = -I_{ba}$$

1.2.2　电压、电位、电动势及其参考方向

1. 电压及其参考方向

随着带电粒子的运动，要发生能量的转换。如在电源外部，正电荷在电场力作用下通过导线和负载，从电源的正极性端运动到负极性端，电场力做了功，使正电荷的电位能减少，减少的这些能量转换成其他形式的能量，如热能、电阻消耗掉了，失去的能量是由电源提供的。电荷在电场中从一点移动到另一点，它具有的能量的改变量只与这两点的位置有关，而与移动的路径无关。电压就是用来衡量电场力移动电荷做功的能力的物理量。a，b 两点间的电压 U_{ab} 在数值上等于电场力把单位正电荷从 a 点移到 b 点所做的功，即从 a 点（高电位点）移到 b 点（低电位点）所失去的电能。即

$$u_{ab} = \lim_{\Delta q \to 0} \frac{\Delta W_{ab}}{\Delta q} = \frac{\mathrm{d} W_{ab}}{\mathrm{d} q} \tag{1.2.3}$$

式中，Δq 为由 a 点移动到 b 点的电荷量，单位为库仑，ΔW_{ab} 为移动过程中电荷所减少的能量，单位为焦耳（J）。在国际单位制中，电压的单位是伏特（简称伏，用字母 V 表示）。常用的有千伏（kV）、毫伏（mV）、微伏（μV），它们之间的关系可表示为

$$1\mathrm{V} = 10^{-3}\,\mathrm{kV} = 10^3\,\mathrm{mV} = 10^6\,\mathrm{\mu V}$$

大小和方向都不随时间变化的电压称为恒定电压和直流电压（DC），用大写字母 U 来表示，如图 1.2.3(a)所示。直流时电压公式可表示为

$$U = \frac{W}{q} \tag{1.2.4}$$

大小和方向随着时间变化的电压，称为时变电压。大小和方向随着时间按周期性变化且平均值为零的时变电压，称为交流电压（ac 或 AC），常用英文小写字母 u 来表示，如图 1.2.3(b)图所示。

电压的实际方向是使正电荷电位能减少的方向，当然也是电场力对正电荷做功的方向。即由高电位端指向低电位端，也即电位降低的方向。

同样，电压的实际方向在复杂电路中也很难确定，与电流的参考方向类似，在电路分析中也要规定电压的参考方向，即正方向。在参考方向选定之后，电压则有正负之分。

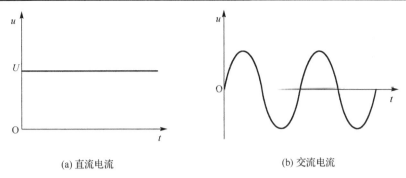

(a) 直流电流　　　　　　　　　　　　(b) 交流电流

图 1.2.3　直流电压和交流电压

通常用 3 种方式来表示电压的参考方向：

（1）'+'　'−' 极性法，如图 1.2.4(a)所示。从正极性端指向负极性端的方向。

（2）箭标法，如图 1.2.4(b)所示。实线箭头标定的电压 U 的方向。

（3）双下标法，如图 1.2.4(c)所示。如 U_{ab} 表示电压的参考方向由 a 指向 b。显然：$U_{ab} = -U_{ba}$。

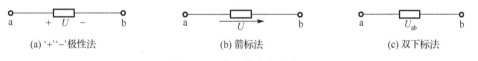

(a) '+'−'极性法　　　　　　　(b) 箭标法　　　　　　　(c) 双下标法

图 1.2.4　电压的参考方向

当电压 U 为正值时，表明 a 端为高电位端，b 端为低电位端，从 a 点到 b 点为电位降落。当 U 为负值时，表明元件的 a 端为低电位，b 端为高电位端，从 a 点到 b 点为电位升高。

在电路中，一个元件中的电流和两端的电压的参考方向可以独立地任意指定，正负说明它们的实际方向。在计算之前，都要先给定各元件中的电流和电压的参考方向。如果流过某元件电流的参考方向是从电压参考方向的正极性端指向负极性端，如图 1.2.5(a)所示，即电流电压的参考方向一致，则把这种参考方向称为关联参考方向；当流过某元件电流的参考方向是从电压参考方向的负极性端指向正极性端，即电流和电压的参考方向不一致时，称为非关联参考方向，如图 1.2.5(b)所示。

(a) 关联参考方向　　　　　　　　　　(b) 非关联参考方向

图 1.2.5　关联参考方向和非关联参考方向

2. 电位及其参考方向

这里多次提到高电位、低电位，那么什么是电位呢？只要讲电位，就要先在电路中任选一点作为参考点，假设 o 点为参考点，参考点就是我们假设的"零电位点"，"地电位点"或，一般在电路里面用 ⊥ 或 ⏚ 符号表示。在电路图中，只有选定参考点以后，谈论某点的电位才有意义。

有了参考点以后，电路中某点的电位定义为电场力把单位正电荷从该点移到参考点所做的功，显然电路某点的电位就是这点到参考点的电压。电位用 V 表示，a 点的电位用 V_a 表示。有

$$V_a = U_{ao} \tag{1.2.5}$$

有了电位概念以后，电路中任意两点间的电压等于这两点的电位差。

$$U_{ab} = U_{ao} + U_{ob} = U_{ao} - U_{bo} = V_a - V_b \tag{1.2.6}$$

电位的单位和电压一样，是伏特。

在电路中，电源外部电场力做功，电流应该从高电位点流向
低电位点。但在复杂的实际电路中也无法知道电路中电位的高低，
所以也要用到参考方向的概念，电位的参考方向和电压的参考方
向表示方法一样，主要用'+''-'极性法和箭标法两种。因为

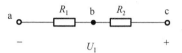

图 1.2.6　例 1.2.1 的电路

我们已经假设参考点的电位为零，所以，如果某点的电位为正，说明此点的电位比地电位高，如果某
点的电位为负，说明此点的电位比地电位低。

【例 1.2.1】 图 1.2.6 所示电路中，已知 $U_1 = -10\text{V}$，$U_{ab} = 4\text{V}$，试求：（1）U_{ac}；并说明 U_1、U_{ab}、
U_{ac} 的实际方向。（2）分别以 a 点和 c 点作为参考点时，b 点的电位和 bc 两点之间的电压 U_{bc}。

解　（1）$U_{ac} = -U_1 = -(-10) = 10$（V），$U_{ab}$、$U_{ac}$ 电压是正的，说明实际方向与参考方向一致。
U_1 电压是负的，说明实际方向与参考方向相反。

（2）以 a 点作为参考点，则 $V_a = 0$　　　　以 c 点作为参考点，则 $V_c = 0$
　　因为 $U_{ab} = V_a - V_b$，所以　　　　　　　因为 $U_{ac} = V_a - V_c$，所以
$V_b = V_a - U_{ab} = 0 - 4 = -4$（V）　　　　　$V_a = V_c + U_{ac} = 0 + 10 = 10$（V）
$V_c = V_a - U_{ac} = 0 - 10 = -10$（V）　　　　$V_b = V_a - U_{ab} = 10 - 4 = 6$（V）
$U_{bc} = V_b - V_c = -4 - (-10) = 6$（V）　　　$U_{bc} = V_b - V_c = 6 - 0 = 6$（V）

由以上计算可以看出，当以 a 点为参考点时，$V_b = -4\text{V}$；当以 c 点为参考点时，$V_b = 6\text{V}$；但 b 点
和 c 点之间的电压 U_{bc} 始终是 6V。这说明电路中各点的电位值与参考点的选择有关，
而任意两点间的电压与参考点的选择无关。

3. 电动势及其参考方向

每个电源都有两个电极，电位高的一端为正极，电位低的一端为负极。在电源外部，电场力把正
电荷从高电位点移到低电位点，电场力做功，为了使电路维持一定的电流，电源内部必须有一种力，
能持续不断地把正电荷从电源的负极（低电位处）移送到正极（高电位处），以保证电源两极间具有
一恒定的电位差。电源内部的这种非电场力，叫做电源力。电池中的电源力是由电解液和极板间的化
学作用产生的，一般发动机中的电源力是由电磁作用产生的。在电源内部，电源力将单位正电荷从电
源负极移动到电源正极所做的功，称为电源的电动势，用符号 E 表示，电动势的单位和电压一样，也
是伏特（V）。由此可知，电动势的实际方向是在电源内部由低电位指向高电位，即电位升的方向，
与电压实际方向规定相反。

同样，通常电动势也用参考方向来描述。参考方向表示方法和电压一样有'+''-'极性法，箭
标法，双下标法。但要注意电动势的实际方向是电位升的方向，所以，图 1.2.7 电路中，如果电动势为
正，说明 a 点电位高于 b 点电位。

电压电动势的参考方向本来是可以随便假设的方向，但由于电压的实际方向规定为电位降的方
向，而电动势的实际方向规定为电位升的方向，所以电压电动势的参考方向选择是否一致决定了它们
之间的等量关系。通常将电压电动势参考方向选择为相反方向，便于计算。

(a) '+''-'极性法　　　　　　　　(b) 箭标法　　　　　　　　(c) 双下标法

图 1.2.7　电动势的参考方向

当选择电动势的参考方向与电压的参考方向相反时，如图 1.2.8(a)所示，有 $E = U$。

当选择电动势的参考方向与电压的参考方向相同时，如图 1.2.8(b)所示，有 $E = -U$。

(a) E、U参考方向相反　　　　　　　(b) E、U参考方向相同

图 1.2.8　电动势与电压之间的关系

电动势与电压的单位虽然相同，但两者是有区别的。

（1）电动势与电压的物理意义不同。电动势反映了非电场力（电源力）的做功能力，而电压反映了电场力的做功能力。

（2）电动势与电压的实际方向相反。电动势的实际方向由低电位指向高电位，而电压的实际方向是由高电位指向低电位。

（3）电动势和电压的物理意义不同，但对外效果是一样的。对电源外部支路，具有方向从电源负极到正极的几伏电动势，与方向从电源正极到负极的几伏电压，效果是一样的。所以，现在很多书上已经不讨论电动势这个物理量了。

1.2.3　电功率和电能

电源将其他形式的能转换成电能通过导线发出来，负载接收到这些能量，又把电能转换成其他形式的能，传递转换电能的速率叫电功率，简称功率，用 P（直流时）或 p（交流时）表示。

$$p = \frac{\mathrm{d}w}{\mathrm{d}t} \tag{1.2.7}$$

功率的单位是瓦[特]，简称瓦（W），$1\mathrm{W} = 1\mathrm{J/s}$。功率的单位还有千瓦（kW），毫瓦（mW），微瓦（μW）。$1\mathrm{W} = 10^{-3}\mathrm{kW} = 10^{3}\mathrm{mV} = 10^{6}\mathrm{μW}$。

如果功率的单位是千瓦（kW），时间的单位是小时（h），电能的单位就是千瓦·小时（kW·h），1 千瓦小时就是常说的 1 度电。$1\mathrm{kW\cdot h} = 10^{3}\mathrm{W} \times 3600\mathrm{s} = 3.6 \times 10^{6}\mathrm{J}$

如图 1.2.5(a)所示，即电流电压的参考方向为关联参考方向时，由式（1.2.3）知

$$\mathrm{d}W = U\mathrm{d}q$$

$$p = \frac{\mathrm{d}W}{\mathrm{d}t} = U\frac{\mathrm{d}q}{\mathrm{d}t} = UI \tag{1.2.8}$$

式（1.2.8）说明，在关联参考方向下，一段电路所吸收的功率为其电压和电流的乘积。功率的单位又有：$1\mathrm{W} = 1\mathrm{VA}$。

当电压和电流的参考方向为非关联参考方向时，如图 1.2.5(b)所示，此段电路吸收的功率为

$$P = -UI \tag{1.2.9}$$

因为图 1.2.5(b)电路改变电压或电流任意一个的参考方向，如改变电压的参考方向，则 $U' = -U$，电压电流就是关联参考方向了，$P = U'I$。

式（1.2.8）和式（1.2.9）两式，适用于一段电路，也适用于一个元件，计算的功率是以吸收功率为前提的，电压和电流是以参考方向来列方程的，电压电流本身是有正负号的。无论用 $P = UI$，还是 $P = -UI$ 计算，若计算结果为 $P > 0$，则表明该元件（或一段电路）确实是从外电路吸收能量，即消耗

电能，那么该元件应该是负载；若 $P < 0$ ，则表明该元件（或一段电路）实际上是向外电路提供能量，即发出功率的，这一元件（或一段电路）应该是电源。这是用参考方向来判断元件（或一段电路）是电源还是负载的一种方法。所有元件接收的功率的总和为零，即在电路里面，任何时候电源发出的功率都等于负载得到的功率，这个结论叫做"电路的功率平衡"。

在 t_1 到 t_2 时间段内，电压电流是关联参考方向时，该段电路或一个元件接收或发出的电能量为

交流时功率、能量用小写字母 p 、w 表示：$p = ui$ ，$w = \int_{t_1}^{t_2} p(t)\mathrm{d}t$

直流时功率、能量用大写字母 P 、W 表示：$P = UI$ ，$W = Pt = P(t_2 - t_1)$

【例 1.2.2】 图 1.2.9 所示为直流电路，$U_1 = 8\text{V}$ ，$U_2 = -4\text{V}$ ，$U_3 = 7\text{V}$ ，$U_4 = 5\text{V}$ ，$I = 2\text{A}$ ，$I' = -2\text{A}$ 。求：（1）说明电流 I 和 I' 的实际方向；（2）各元件接收或发出的功率 P_1 、P_2 、P_3 和 P_4 ，并验证电路是否功率平衡。

解 （1）I 为正，说明实际方向和参考方向一致；I' 为负，说明实际方向和参考方向相反。

（2）P_1 的电压、电流参考方向相关联，故

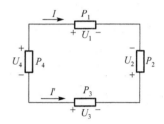

$$P_1 = U_1 I = 8 \times 2 = 16\text{W} \quad （为正，接收功率）$$

P_2 、P_3 和 P_4 的电压参考方向与电流参考方向非关联，故

$$P_2 = -U_2 I = -(-4) \times 2 = 8\text{W} \quad （为正，接收功率）$$

$$P_3 = -U_3 I = -7 \times 2 = -14\text{W} \quad （为负，发出功率）$$

$$P_4 = -U_4 I = -5 \times 2 = -10\text{W} \quad （为负，发出功率）$$

图 1.2.9 例 1.2.2 的电路

整个电路的功率为 P

$$P = P_1 + P_2 + P_3 + P_4 = 16 + 8 - 14 - 10 = 0\text{W} \qquad 功率平衡$$

或

$$P_发 = P_收 \qquad P_1 + P_2 = P_3 + P_4 \qquad 功率平衡$$

1.2.4 电气设备的额定值

电气设备长时间连续工作的温度叫稳定温度，稳定温度正好等于最高允许温度时的电流称为该电气设备的额定电流，也就是电气设备长时间连续工作的最大允许电流，用符号 I_N 表示。因此，当电路中电流达到电源或供电线的额定电流时，工作状态叫做"满载"；超过额定电流时，叫做"过载"；小于额定电流时，叫做"欠载"。在实际电路中，导线和电气设备的温度升高到稳定值要有一个过程，短时间内少量的过载是可以的，长时间的过载是不允许的，否则电气设备会因过度发热而缩短寿命或被烧毁，使用时应当注意。

能使电气设备在给定的工作条件下正常运行而规定的正常容许值叫电气设备的额定值。实际值不一定等于额定值，但一般不超过额定值，最好是接近额定值运行。电气设备的额定电压用符号 U_N 表示，额定电功率用符号 P_N 表示。电气设备的额定值都在名牌上标出，使用时必须遵守。某些只具有电阻的电气设备，它的电流与电压有正比关系，只给出其中的一项就够了。如白炽灯泡只规定额定电压，而变阻器只规定额定电流。

用电设备实际消耗的电功率，是由实际使用的条件来决定的，不一定等于额定功率。电源发出的实际功率由负载的大小来决定。通常负载都是并联运行的，负载的功率和电流的实际值决定于加在它上面的电压。如额定电压为 220V，额定功率为 100W 的白炽灯，只接在 220V 的电源上，它的实际功率才等于额定功率。

练习与思考

1.2.1　进入某元件上的总电荷为 $q(t) = 20\mathrm{e}^{-0.2t}\sin\left(\dfrac{\pi}{4}t\right)\mathrm{C}$，求 t 等于 0、2s、−2s 时的 i。

1.2.2　在 0.004s 内，有一负电荷 0.006C 从 a 向 b 通过面 S，同时有正电荷 0.006C 从 b 向 a 通过 S。试决定通过面 S 的电流的大小和方向。

1.3　电阻元件与欧姆定律

1. 电阻及电阻率

电荷在导体或半导体中运动时，会受到原子的碰撞与摩擦，这就是导体对电流的阻碍作用，这种阻碍作用导致导体消耗电能而发热。导体或半导体对电流的这种阻碍作用，称为电阻作用。其电路模型可以用理想电阻元件来模拟，电阻元件简称为电阻。用符号 R 表示。白炽灯、电炉、电阻器等实际元件都可以用电阻元件来模拟。"电阻"的含义一方面表示电阻元件，另一方面表示该电阻元件的参数。

电阻的单位是欧姆（Ω），在实际使用时，还会用到千欧（kΩ）和兆欧（MΩ）等较大的单位，它们之间的换算关系是：$1\mathrm{M\Omega} = 10^3\mathrm{k\Omega} = 10^6\Omega$。

电阻的倒数称为电导，也是表征材料导电能力的一个参数，用符号 G 表示。

$$G = \frac{1}{R} \tag{1.3.1}$$

电导大的电阻导电性能好，电导的单位为西门子（Siemens），简称西，符号为 S。电导表征导体导电的性能，电阻反映导体对电流的阻碍性能，所以，电阻和电导实际上是同一事物的正反两个方面。

金属导体的电阻与其本身的材料性质、几何尺寸及所处的环境（如温度甚至光照等）有关。当温度一定时，金属导体的电阻由式（1.3.2）决定。式中，ρ—金属导体的电阻率，单位欧姆·米（Ω·m）；l—金属导体的长度，单位为米（m）；S—金属导体的横截面积，单位为平方米（m²）。

$$R = \rho\frac{l}{S} \tag{1.3.2}$$

电阻率与材料的性质和温度有关，与尺寸无关。不同材料的电阻率是不同的，同一材料在不同温度下的电阻率也是不同的。但是，在一定温度下，对于同一种材料，其电阻率是常数。例如，铜在温度为 20℃ 时的 $\rho = 0.0169 \times 10^{-6}\Omega\cdot\mathrm{m}$。材料的电阻率越大，表明材料的导电性能越差。导体的电阻率通常小于 $10^{-6}\Omega\cdot\mathrm{m}$；绝线体的电阻率通常大于 $10^7\Omega\cdot\mathrm{m}$；半导体的电阻率通常为 $10^{-6}\sim10^7\Omega\cdot\mathrm{m}$。

一般金属材料的电阻率随温度变化的规律可利用电阻率温度系数 α 来表示，即温度升高 1℃ 时，电阻率所变动的数值，单位为 1/℃。在温度变化不大的范围内，几乎所有金属的电阻率都随温度作线性变化，如式（1.3.3）所示，式中，t_1、t_2—环境温度，单位为℃。ρ_1、ρ_2—金属材料在温度 t_1、t_2 时的电阻率。

$$\rho_2 = \rho_1\left[1 + \alpha(t_1 - t_2)\right] \tag{1.3.3}$$

一般金属材料的电阻随温度变化的规律可利用电阻温度系数 β 来表示，即温度升高 1℃ 时，电阻所变动的数值，单位为 1/℃。电阻随温度作线性变化，如式（1.3.4）所示，式中，R_1、R_2—金属材料在温度 t_1、t_2 时的电阻。

$$R_2 = R_1[1 + \beta(t_2 - t_1)] \qquad (1.3.4)$$

【例 1.3.1】 一铜线绕成的线圈，铜线截面积为 $1mm^2$ ，铜线长为 2000m。试求（1）这线圈在 20℃ 时的电阻。（2）如果其电阻温度系数为 0.0041/℃ ，试问 100℃ 时此线圈的阻值。

解 由式（1.3.2）解得 $R = \rho \dfrac{l}{S} = 0.0169 \times 10^{-6} \times \dfrac{2000}{1 \times 10^{-6}} = 33.8\Omega$

由式（1.3.4）得 $R_2 = R_1 + R_1\beta(t_2 - t_1) = 33.8 + 33.8 \times 0.0041 \times (100 - 20) = 44.9\Omega$

常常根据实际需要来合理地使用各种导电材料。例如，铜和铝的电阻很小，常用来制成导线；钨丝常用来制作各种灯泡的灯丝；镍铬合金及铁铬合金在高温下具有足够的抗氧化性，且加工性能好，常用来制作电热元件；锰钢、康铜的电阻受温度的影响很小，常用来制作标准电阻器；铂的电阻受温度影响很大，常用来制作成铂电阻温度计；为了安全，电工用的绝缘材料常选择塑料、云母、玻璃、陶瓷、木材等。

2. 欧姆定律

如图 1.3.1 所示为电路的一部分，这部分电路的电阻为 R，在电路的两端施加电压 U，则流过电路的电流 I 与所加电压 U 成正比，与这段电路的电阻成反比，这一规律称为电路的欧姆定律。

欧姆定律是电路的基本定律之一，在电压和电流的参考方向选择一致的情况下，即关联参考方向一致时（如图 1.3.1(a)所示），欧姆定律可写成式（1.3.5）形式

$$U = IR \quad \text{或} \quad I = \frac{U}{R} \quad \text{或} \quad I = GU \qquad (1.3.5)$$

若电流和电压的参考方向选择为非关联参考方向时（如图 1.3.1(b)所示），则欧姆定律的表达式应为式（1.3.6）

$$U = -IR \qquad (1.3.6)$$

式（1.3.5）和（1.3.6）均表明，电阻元件的电压电流的变化规律是一样的，波形相同。欧姆定律式中，电压的单位为伏特（V），电流的单位为安培（A），电阻的单位为欧姆（Ω）。

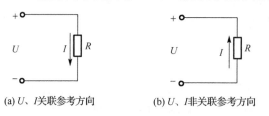

(a) U、I 关联参考方向   (b) U、I 非关联参考方向

图 1.3.1 欧姆定律示例

由于是用 U、I 的参考方向列方程，所以在欧姆定律中有两套正负号。（1）U、I 本身与实际方向是否一致有正负号；（2）公式中 U、I 参考方向是否一致有正负号。

由欧姆定律可知，U、I 是关联参考方向时，$R = \dfrac{U}{I}$，U、I 是非关联参考方向时，$R = -\dfrac{U}{I}$，由于 R 始终是正的，UI 是参考方向，有正负。在电阻 R 上，电流的实际方向总是从高电位点流进去，从低电位点流出来。

如果电阻两端的电压 U 与流过该电阻的电流 I 之比值 R 始终为某一定值，与电流电压大小无关，则这样的电阻称为线性电阻。只有线性电阻上的电压和电流关系才遵守欧姆定律。严格说来，绝对线性的电阻是不存在的，通常对在一定的电压、电流范围内阻值基本不变的电阻作为线性电阻处理，如白炽灯、电炉、电阻器等。

元件的电流与电压的关系曲线叫做元件的伏安特性曲线，线性电阻元件的伏安特性为通过坐标原点的直线，如图 1.3.2(a)所示。线性电阻元件有两种特殊情况值得注意："开路"时电流为零，电阻值 R 为无限大；"短路"时电压是零，电阻为零。

如果电阻两端的电压 U 或流过电阻的电流 I 改变时，电阻的阻值也随之改变，这样的电阻称为非线性电阻，如二极管。非线性电阻上的电压和电流关系是不遵守欧姆定律的，其伏安特性是曲线，如图 1.3.2(b)所示。

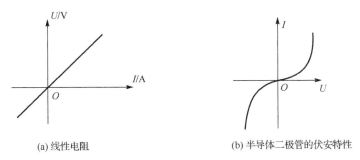

(a) 线性电阻　　　　　　　　(b) 半导体二极管的伏安特性

图 1.3.2　电阻的伏安特性

3. 电阻的功率

当 U、I 是关联参考方向时，由功率公式和欧姆定律可知

$$P = UI = U\frac{U}{R} = \frac{U^2}{R} = I^2R = U^2G \qquad (1.3.7)$$

由此，不管 U、I 参考方向是否相同，电阻元件的功率始终是正值，所以电阻元件是耗能元件，始终是负载。

如果电阻元件把接受的电能转换成热能，在 t_0 到 t 时间内，电阻元件产生的热（量）Q，也就是这段时间内接受的电能 W 为

交流时
$$Q = W = \int_{t_0}^{t} p\mathrm{d}t = \int_{t_0}^{t} Ri^2\mathrm{d}t = \int_{t_0}^{t} \frac{u^2}{R}\mathrm{d}t \qquad (1.3.8)$$

直流时
$$Q = W = P(t - t_0) = PT = RI^2T = \frac{U^2}{R}\cdot T \qquad (1.3.9)$$

当电阻的功率大于额定值时，电阻将因此变得过热，导致电阻开路或发生大幅度阻值变化。电阻过热损坏时，电阻表面会发生变化或有烧焦的痕迹。一般情况下，电阻额定功率应该为其实际可能消耗功率的两倍。

【例 1.3.2】 有 220V，100W 的一个灯泡，其灯丝电阻是多少？每天用 10h，一个月（按 30 天计算）消耗的电能是多少度？

解　灯泡灯丝电阻为
$$R = \frac{U^2}{P} = \frac{220^2}{100} = 484\Omega$$

一个月消耗的电能为　$W = PT = 100 \times 10^{-3} \times 10 \times 30 = 30\mathrm{kW}\cdot\mathrm{h} = 30$ 度

练习与思考

1.3.1　有两根相同材质的电阻丝，它们的长度之比为 $l_1 : l_2 = 1 : 2$，横截面之比 $S_1 : S_2 = 2 : 1$，则它们的电阻值之比 $R_1 : R_2$ 是多少？

1.3.2　白炽灯的灯丝烧断后，再将灯丝搭上使用反而更亮，试说明原因。

1.3.3　用截面积为 6mm^2 的铝线（$\rho = 0.026\Omega \cdot \text{mm}^2 / \text{m}$）从配电房向 100m 的一个临时住房供电，问线路电阻多少？如果导线中的电流 15A，线路压降多少？

1.4　电　源　元　件

把其他形式的能（非电能）转换成电能的设备称为电源。对于一个实际的电源，常用电压源模型或电流源模型来构建它们的电路模型。图 1.4.1 是电源的电压源模型，理想电压源是内阻为零的电压源。图 1.4.5 是电源的电流源模型，理想电流源是内阻无穷大的电流源。

电源又分为独立电源和受控电源，独立电源是指电压源的电压或电流源的电流不受外电路的控制而独立存在的电源。受控电源是指电压源的电压或电流源的电流受电路中其他部分的电流或电压控制的电源。本节先介绍电源的两种电路模型电压源和电流源，然后介绍受控电源。

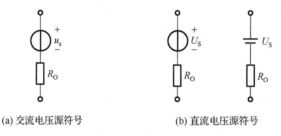

(a) 交流电压源符号　　　　　　　(b) 直流电压源符号

图 1.4.1　电压源

1.4.1　电压源

用一个电压为 U_S 的理想电压源和电源的内阻 R_0 串联组合来表示一个真实的电源，如图 1.4.1 所示，这就是电源的电压源模型，(a)图是交流电压源的符号，交流电压源的 u_s 随时间作周期性变化，(b)图是直流电压源的符号，直流电压源的 U_s 是不随时间变化的，是常数。

1. 电压源有载工作状态

在图 1.4.2(a)电路中，当开关合上时就是电压源有载工作状态，其中，R_L 是负载，U_L 是负载端电压，等于电源的输出电压，I 是电源的输出电流。

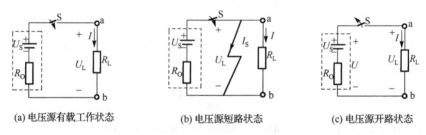

(a) 电压源有载工作状态　　　　(b) 电压源短路状态　　　　(c) 电压源开路状态

图 1.4.2　电压源 3 种工作状态

对图 1.4.2(a)所示电压源带负载电路，根据欧姆定律，负载电阻 R_L 两端的电流、电压为

$$I = \frac{U_\text{S}}{R_0 + R_\text{L}}$$

$$U_{\mathrm{L}} = IR_{\mathrm{L}} = \frac{U_S R_{\mathrm{L}}}{R_0 + R_{\mathrm{L}}} \tag{1.4.1}$$

负载端电压 U_{L} 与负载电阻 R_{L} 的关系是如图 1.4.3(a)所示的一条曲线。

由式（1.4.1）可得　　　　　　　$U_{\mathrm{L}} = U_S - IR_0$ 　　　　　　　(1.4.2)

式（1.4.2）可以看出，电源输出电压 U_{L} 与 I 的关系，电源的电压 U_S 是一个恒量，电源输出的电流由负载确定，IR_0 为电源的内阻压降，电源向负载提供的输出电压 U_{L} 等于电源的电压 U_S 扣除其内阻上的压降 IR_0。由式（1.4.2）可以画出电源的 U_{L} 随 I 变化的曲线，如图 1.4.3(b)所示一条直线，电源向负载提供的输出电压随它向负载提供的输出电流 I 的增加而下降，其斜率与电源内阻有关。

如果式（1.4.2）各项都乘以 I，则得功率平衡式

$$U_{\mathrm{L}} I = U_S I - R_0 I^2$$

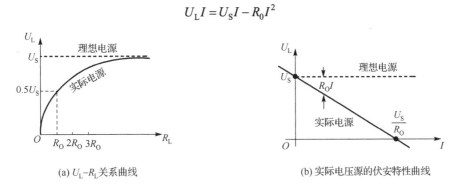

(a) U_{L}–R_{L} 关系曲线　　　　　　　(b) 实际电压源的伏安特性曲线

图 1.4.3　U_{L}–R_{L} 和 U_{L}–I 关系曲线

或　　　　　　　　　　　　$P_{负载} = P_{电源} - \Delta P$ 　　　　　　　　　　　(1.4.3)

电源产生的功率（$P_{电源} = U_S I$）等于电源向负载提供的输出功率（负载取用的功率）（$P_{负载} = U_{\mathrm{L}} I$）加上电源内阻上损耗的功率（$\Delta P = R_0 I^2$）。

2. 电压源短路、开路状态

图 1.4.2(b)电路中，a、b 两点的导线直接相连，电压源被短路，此时，电流不再流过负载，而直接经短路线流回电源。由于在整个回路中，只有电压源的内阻和部分导线电阻，电源中电流数值很大，叫做短路电流 $I_S = \dfrac{U_S}{R_0}$。负载两端的电压、电流、功率都为零，理想电压源发出功率，电源功率全部被内阻消耗掉了，$P_{电源} = \Delta P = R_0 I_S^2$。

短路是电路中的一种严重故障。短路电流远远超过电源和导线的额定电流，如不及时切断，将引起剧烈发热而使电源、导线及电流流过的仪表等设备损坏。为了防止短路引起的事故，通常在电路中接入熔断器或自动断路器，一旦发生短路，它能迅速将事故电路自动切断。

图 1.4.2(c)电路中，开关 S 断开时，电路处于开路状态。开路时外电路的电阻对电源来说等于无穷大，负载和电源的电流、功率都为零，这时电源的开路电压等于电源的电压 $U_{OC} = U_S$。

3. 理想电压源

如果电压源的内阻 $R_0 = 0$，由式（1.4.1）或图 1.4.3(b)可知，此时负载端的电压恒为 $U = U_S$，与负载电阻 R_{L} 的大小无关，这种电压源称为理想电压源或恒压源。理想电压源的伏安特性曲线如图 1.4.3 虚线所示，它是一条平行于横轴的直线，表明其输出电压与电流的大小与方向无关。内阻为

零的理想电压源实际中当然是不存在的，当负载电阻比电源内阻大得多的时候可以看成理想电压源，如稳压电源。

理想电压源具有如下几个性质：

（1）理想电压源的输出电压是常数 U_S，或是时间的函数 $u_S(t)$，与输出电流无关。

（2）理想电压源的输出电流和输出功率取决于外电路。理想电压源开路时，输出电压还是等于 U_S，输出电流和功率均为零。

（3）端电压不相等的理想电压源并联或端电压不为零的理想电压源短路，都是没有意义的。

【例 1.4.1】 有一直流电源，其额定电流 $I_N = 5A$，额定电压 $U_N = 50V$，开路时测得电源端电压 $U_0 = 54V$，负载电阻 R_L 可以调节，其电路如图 1.4.2(a)所示。试求：（1）额定工作状态下的负载电阻；（2）电源短路状态下的电流。（3）半载时电源输出电压和负载电阻。

解 （1）额定工作状态下的负载电阻

$$R_L = \frac{U_N}{I_N} = \frac{50}{5}\Omega = 10\Omega$$

（2）开路状态下电源端电压 U_0 等于电源的电压 U_S，由式（1.4.2）得

$$U_0 = U_S = U_N + I_N \cdot R_0 = 54V$$

由此得

$$R_0 = 0.8\Omega$$

短路状态下的电流

$$I_S = \frac{U_S}{R_0} = \frac{54}{0.8}A = 67.5A$$

（3）半载时就是输出电流是额定电流的一半，电源输出电压由式（1.4.2）得

$$U_L = U_S - IR_0 = 54 - \frac{5}{2} \times 0.8 = 52V \qquad R_L = \frac{U_L}{\frac{1}{2}I_N} = \frac{52}{2.5}\Omega = 20.8\Omega$$

1.4.2　电流源

由图 1.4.2(a)所示的电路，可以计算出流过内电阻 R_0 的电流为

$$I = \frac{U_S - U_L}{R_0} = \frac{U_S}{R_0} - \frac{U_L}{R_0} = I_S - \frac{U_L}{R_0} = I_S - I_{R_0} \qquad\qquad (1.4.4)$$

由 KCL 定律可知，式（1.4.4）可以用图 1.4.4(a)来描述。虚线框可以设想为由一恒定电流为 I_S 的理想电流源与一个内电阻并联组合而成的电源，这就是实际电源的另一种电路模型，简称为电流源。其中，$I_S = \dfrac{U_S}{R_0}$ 是电源的短路电流，其值与负载电阻的大小无关，箭头表示理想电流源的电流参考方向，I_{R_0} 是电源的内电阻分得的电流，I、U_L 是电流源输出的电流和电压，也是负载上的电流和电压。直流理想电流源用大写的 I_S 表示电流源的电流，是个常数，如图 1.4.5(a)所示，交流理想电流源用小写的 i_S 表示电流源的电流，是时间的函数，如图 1.4.5(b)所示。

1. 电流源有载工作状态

当电流源接上负载时，电流源有载工作状态如图 1.4.4(a)所示，a，b 两端电源的内电阻 R_0 和负载电阻 R_L 并联，其两端的电压相等，即 $I_{R_0} \cdot R_0 = I \cdot R_L$ 得到

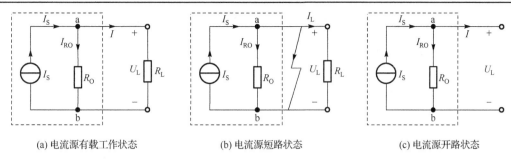

(a) 电流源有载工作状态　　　　　(b) 电流源短路状态　　　　　(c) 电流源开路状态

图 1.4.4　电流源 3 种工作状态

$$I = \frac{I_{R_0} \cdot R_0}{R_L} \tag{1.4.5}$$

由（1.4.4）和（1.4.5）联立可得

$$I = \frac{I_{R_0} \cdot R_0}{R_L} = I_S - I_{R_0} \qquad I_{R_0} = \frac{I_S R_L}{R_0 + R_L}$$

$$I = I_S - I_{R_0} = \frac{I_S R_0}{R_0 + R_L} \tag{1.4.6}$$

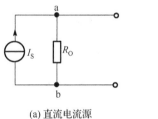　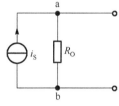

(a) 直流电流源　　　　　　　(b) 交流电流源

图 1.4.5　电流源符号

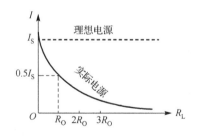　　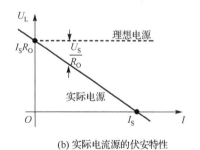

(a) 电流源的输出电流与负载电阻R_L的关系　　　　(b) 实际电流源的伏安特性

图 1.4.6　电流源的输出电流与负载的关系曲线

由式（1.4.6）知道，电流源的输出电流 I 与负载电阻 R_L 的关系是一曲线，如图 1.4.6(a)所示。由式（1.4.4）也可以得到电流源的伏安特性曲线，如图 1.4.6(b)所示，I 随着 U_L 增加是一条下降的直线，当负载 R_L 增加时，U_L 增加，由于 I_S 是恒定的，内阻分得的电流 $I_{R_0} = \dfrac{U_L}{R_0}$ 增加，故负载电流 I 下降，其斜率与电源内阻有关。

由式（1.4.4）等式两边同时乘以 U_L 得 $IU_L = I_S U_L - I_{R_0} U_L$

即　　　　　　　　　　　　$P_{负载} = P_{电源} - \Delta P \tag{1.4.7}$

电源产生的功率（$P_{电源} = U_L I_S$）等于电源向负载提供的输出功率（负载取用的功率）（$P_{负载} = U_L I$）加上电源内阻上损耗的功率（$\Delta P = U_L I_{R_0} = \dfrac{U_L^2}{R_0}$）。

2. 电流源短路、开路状态

图 1.4.4(b)电路中，a、b 两点的导线直接相连，电流源被短路，此时，I_S 电流不再流过负载，而直接经短路线流回电流源。负载、电源的电压、功率都为零。

图 1.4.4(c)电路中，电路被断开，没有电流流过负载，负载的电压、电流、功率都为零，理想电流源有功率输出，电源的功率全部被内阻消耗掉了，$P_{电源} = \Delta P = U_L I_S = R_0 I_S^2$。这时电源的输出电压等于内阻上的电压 $U = R_0 I_S$。

3. 理想电流源

若图 1.4.5 中的内电阻 R_0 无穷大（R_0 支路开路），此时流过负载 R_L 的电流恒为 I_S，与 R_L 的大小无关，则称此电源为理想电流源。由式（1.4.4）或图 1.4.6(a)均可知，当 R_0 无穷大时，负载得到的电流接近为理想电流 I_S。理想电流源的伏安特性曲线如图 1.4.6 虚线所示，它是一条平行于横轴的直线，表明其输出电流与端电压的大小无关。

内阻无穷大的理想电流源实际上也是不存在的，当电源内阻比负载电阻大得多的时候可以看成理想电流源。某些电源在一定条件下可以近似地看成一个理想电流源，如光电池，在一定强度的光线照射下，可激发近乎不变的电流。三极管工作在放大区时，基极电流一定时，发射极电流基本恒定。

理想电流源具有如下几个性质：

（1）理想电流源的输出电流是常数 I_S，或是时间的函数 $i(t)$，与理想电流源的端电压无关。

（2）理想电流源的端电压和输出功率取决于外电路。理想电流源短路时，输出电流还是等于 I_S，输出电压和功率均为零。

（3）输出电流不相等的理想电流源串联或输出电流不为零的理想电流源开路，都是没有意义的。

1.4.3　电源与负载的判断

在电路里面，电源不一定起电源的作用，有时候也可能起负载的作用。1.2 节介绍了用参考方向来判断一个电源在电路里起电源还是负载作用，这里介绍用电流电压的实际方向来判断一个电源起电源还是负载作用。

负载的电流都是从高电位流到低电位，所以，负载的 U 和 I 的实际方向相同，电流从高电位端（"+"端）流进去，低电位端（"–"端）流出来，取用功率，即"吞"进能量。

电源的电流都是从低电位流到高电位，所以，电源的 U 和 I 的实际方向相反，电流从低电位端（"–"端）流进去，从高电位端（"+"端）流出来，产生功率，即"吐"出电能。

【例 1.4.2】 在图 1.4.7 所示的两个电路中。（1）负载电阻 R_L 中的电流 I 及其两端的电压 U 各为多少？如果在图(a)中断开与理想电压源并联的两个理想电流源，在图(b)中短接与理想电流源串联的理想电压源和1Ω 电阻，对计算结果有无影响？为什么？（2）求每个元件的功率，判断哪个是电源，哪个是负载。并求(a)图中 I_2 和(b)图中 U_S。

解　（1）参考方向如图。

对图 1.4.7(a)

$$I = \frac{U}{R_L} = \frac{10}{2} = 5\text{A} \quad U = 10\text{V}$$

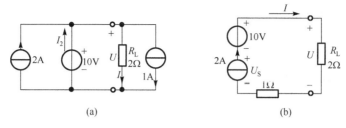

图 1.4.7 例 1.4.2 的电路

对图 1.4.7(b)

$$I = 2\text{A} \quad U = IR_{\text{L}} = 2 \times 2 = 4\text{V}$$

(a)图断开与理想电压源并联的两个理想电流源,在图(b)中短接与理想电流源串联的理想电压源和1Ω 电阻,对计算结果没有影响。因为 R_{L} 上的电压电流不变。

(2)对图 1.4.7(a)(方法一)参考方向方法判断电源还是负载

2A 理想电流源功率 $P_{S_{2\text{A}}} = -2 \times 10 = -20\text{W}(电源)$

1A 理想电流源功率 $P_{S_{1\text{A}}} = 1 \times 10 = 10\text{W}(负载)$

R_{L} 电阻的功率 $P_{R_{\text{L}}} = IU = 5 \times 10 = 50\text{W}(负载)$

因为电路的功率必须平衡 $P_{\text{E}} + P_{S_{2\text{A}}} + P_{R_{\text{L}}} + P_{S_{1\text{A}}} = 0$

所以,理想电压源功率 $P_{\text{E}} = -P_{R_{\text{L}}} - P_{S_{1\text{A}}} - P_{S_{1\text{A}}} = -10I_2 = -40\text{W}(电源)$

所以 $I_2 = 4\text{A}$

对图 1.4.7(a)(方法二)实际方向的方法判断电源还是负载

电流从 2A 理想电流源正端流出,2A 理想电流源处于电源状态,I_2 是正的,I_2 从 10V 理想电压源的正端流出,10V 理想电压源处于电源状态,电流从 1A 理想电流源正端流入,1A 理想电流源处于负载状态。

对图 1.4.7(b)

理想电压源功率 $P_{\text{E}} = -10 \times 2 = -20\text{W}(电源)$

两个电阻的功率 $P_{\text{R}} = 2^2 \times 2 + 2^2 \times 1 = 12\text{W}(负载)$

因为电路的功率必须平衡即 $P_{\text{E}} + P_{\text{R}} + P_{\text{S}} = 0$

2A 理想电流源功率 $P_{\text{S}} = -P_{\text{E}} - P_{\text{R}} = -2U_{\text{S}} = 8\text{W}(负载)$

所以 $U_{\text{S}} = -4\text{V}$

1.4.4 受控电源*

随着电子技术的发展,出现了众多的电子器件,由独立电源和电阻元件组成的模型远远不能反映这些电子器件工作时的性能,因此需要引入新的理想元件——受控源。受控源也是一种电源模型,它们是组成半导体电路模型的主要元件。

独立电源有电压源和电流源模型,受控电源也分为受控电压源和受控电流源。为了与独立源区别,用菱形符号表示受控源,如图 1.4.8 所示,图中的"+"、"-"号表示受控电压源电压的参考方向,箭头表示受控电流源电流的参考方向。

受控源与独立源的不同是受控电压源的电压或受控电流源的电流的大小和方向都受电路中其他支路的电流或某元件两端的电压控制,也就是受控源有个控制量。因此,受控源有两对端钮:一对输出端钮，即对外提供电压或电流的端钮；一对输入端钮，即施加控制量的端钮，用来控制输出端上电压或电流的大小。根据控制量是电压还是电流，受控电源是电压源还是电流源，受控源分为 4 种形式：受控电压源有两种，电压控制电压源（Voltage Controlled Voltage Source，VCVS）（控制量为电压）和电流控制电压源（Current Controlled Voltage Source，CCVS）（控制量为电流）；受控电流源有两种，电压控制电流源（Voltage Controlled Current Source，VCCS）（控制量为电压）和电流控制电流源（Current Controlled Current Source，CCCS）（控制量为电流）。

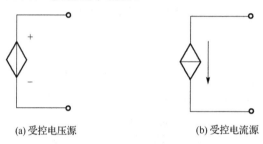

(a) 受控电压源　　　　　　　　　　(b) 受控电流源

图 1.4.8　受控电源的符号

如图 1.4.9 所示为 4 种理想受控源模型。所谓理想受控电源，对于控制端来说，电压控制的受控电源开路（电阻无穷大），电流控制的受控电源短路（电阻很小），对于受控制端来说，受控电压源内阻为零，受控电流源内阻为无穷大。

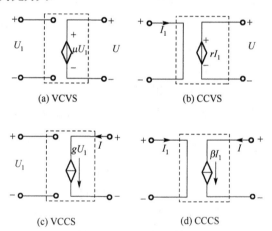

(a) VCVS　　　　　　　　　　(b) CCVS

(c) VCCS　　　　　　　　　　(d) CCCS

图 1.4.9　理想受控源模型

由图 1.4.9 可知，受控源的特性方程

$$\text{VCVS} \quad U=\mu U_1 \qquad \text{CCVS} \quad U=\gamma I_1$$

$$\text{VCCS} \quad I=gU_1 \qquad \text{CCCS} \quad I=\beta I_1$$

上式中的 μ 为电压放大系数、γ 为转移电阻、g 为转移电导、β 为电流放大系数。当这些系数为常数时，被控制量和控制量成正比，这种受控源就是线性受控源。若这些系数不为常数，则相应的受控源是非线性元件。本书只讨论含线性受控源的电路。

受控源和独立源虽然都是电源，都能对电路提供电压或电流，但它们在电路中的作用是不同的。独立电源可以独立地对外电路提供能量，作为电路的输入或激励，它为电路提供恒定的（直流）或按给定时间函数变化的（交流）电压和电流，从而在电路中产生相同的电压和电流。

受控源则不能独立地对外电路提供能量，因此，受控源又称为非独立电源。在电路中，受控源与独立源本质的区别在于受控源不是激励，它只是反映电路中某处的电压或电流控制另一处的电压或电流的关系，描述的是电路中两条支路电压和电流间的一种约束关系，它的存在可以改变电路中的电压和电流，使电路特性发生变化。

受控源的电压或电流受电路中别处电压电流的控制，如果控制量方向或大小发生改变，受控源的电压或电流的方向或大小也要发生改变，如果电路中无独立源，则各处没有电压和电流，于是控制量为零，受控源的电压或电流也就为零。受控源反映的这种控制关系是很多电子器件在工作过程中所发生的物理现象，故很多电子器件都用受控源作为模型例如晶体管的基极电流对集电极电流的控制关系，可用一个电流控制电流源的模型来表征；如场效应晶体管的栅极电压对漏极电流的控制关系，可用一个电压控制电流源的模型来表征。一个电压放大器则可用一个电压控制电压源的模型来表征等。

练习与思考

1.4.1　如图 1.4.2(a)所示的理想电压源带负载的电路中，已知电源的电动势 $E = 32V$，电源内阻 $R_0 = 2\Omega$，负载电阻 $R = 6\Omega$，求电路中的电流、负载上的电压和电源内阻的分压。当负载断开时，电源的端电压；当负载短路时，电源中的电流。

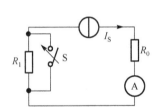　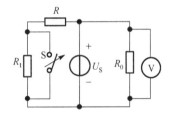

图 1.4.10　练习与思考 1.4.2 电路　　　　图 1.4.11　练习与思考 1.4.3 电路

1.4.2　图 1.4.10 电路，$I_S = 2A$，$R_0 = 3\Omega$，$R_1 = 5\Omega$，当开关 S 闭合后，安培表的读数将怎样改变？求闭合前后理想电流源的功率和电压。

1.4.3　图 1.4.11 电路，$U_S = 10V$，$R_0 = 5\Omega$，$R = 3\Omega$，$R_1 = 4\Omega$，当开关 S 打开后，电压表的读数将怎样改变？求闭合前后理想电压源的功率和电流。

1.4.4　在图 1.4.12 中，一个电压为 20V 的理想电压源和一个电流为 3A 的理想电流源相连，试求两电源的功率，并讨论哪个是电源哪个是负载。

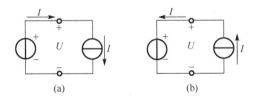

图 1.4.12　练习与思考 1.4.4 电路

1.5　基尔霍夫定律

1847 年，德国物理学家基尔霍夫阐述了复杂电路中电流和电压的关系，即基尔霍夫定律，是集中参数电路的基本定律，它包括基尔霍夫电流定律（Kirchhoff's Current Law，KCL）和基尔霍夫电压定律（Kirchhoff's Voltage Law，KVL），基尔霍夫定律与元件的电压、电流关系（Voltage Current Relation，VCR），它们是电路分析的基础。为了便于讨论，先介绍几个名词。

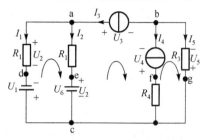

图 1.5.1　电路图举例

（1）支路：电路中流过同一电流的一个分支称为一条支路。在图 1.5.1 中有五条支路，其中电阻 R_3 支路是无源支路，其他几个支路都为有源支路。

（2）支路电流：支路中流过的电流叫支路电流。图 1.5.1 中有 5 条支路，5 个支路电流 I_1、I_2、I_3、I_4、I_5。

（3）节点：3 条或 3 条以上支路的联接点称为节点。图 1.5.1 有 a，b，c 3 个节点，由此可见，每条支路必定连至两个节点上。

（4）回路：由一条或多条支路组成的闭合路径，其中每个节点只经过一次，这条闭合路径称为一个回路。图 1.5.1 中有 aecda，abfcea，bgcfb，abfcda，abgcea，abgcda 这 6 个回路。

（5）网孔回路：网孔是回路的一种，将电路画在平面上，在回路内部不另含有支路的回路称为网孔回路。在图 1.5.1 中有 aecda，abfcea，bgcfb 这 3 个网孔回路。

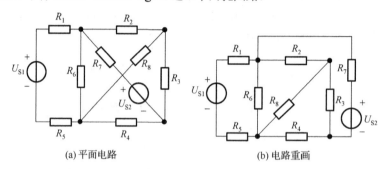

(a) 平面电路　　　　　(b) 电路重画

图 1.5.2　平面电路

（6）平面电路和非平面电路：画在一个平面上没有任何两条支路交叉的电路，叫做平面电路。如图 1.5.2(a)所示电路有交叉重新画为图(b)的形式，因此图 1.5.2(a)电路是平面电路。图 1.5.3 若把电路画在一个平面上，怎么画都是有交叉支路，所以是非平面电路。

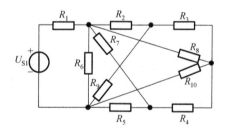

图 1.5.3　非平面电路

1.5.1　基尔霍夫电流定律

基尔霍夫电流定律是用来确定节点电流关系的定律。在电路中，由于电流的连续性，电路中任何一点（包括节点）都不能堆积电荷，流进这点（包括节点）多少电荷，必定同时从这一点（包括节点）流出同样多的电荷，这一结论叫做电流连续性原理。

基尔霍夫电流定律就是电流连续性原理在电路中的体现。对电路中的任一节点，在任一瞬间，流进的电流之和等于流出的电流之和。例如，图 1.5.4 电路为某电路中的节点 a，连接在 a 的支路共有 5 个，所选参考方向下的 5 个支路电流具有如下的关系

$$I_2 + I_5 = I_1 + I_3 + I_4$$

改写成

$$-I_1 + I_2 - I_3 - I_4 + I_5 = 0$$

即

$$\sum I = 0 \tag{1.5.1}$$

式（1.5.1）就是 KCL 的表达式，其中的"$\sum$"是"求和"的意思。KCL 的内容是：电路的任一瞬间，各节点的电流的代数和为零。如果流进节点的电流为正，流出就为负。反之也成立。

对于图 1.5.1 所示电路，有 3 个节点，可以列 3 个 KCL 方程

a 节点　　　　　　　　　$I_1 + I_2 - I_3 = 0$

b 节点　　　　　　　　　$I_3 + I_4 + I_5 = 0$

c 节点　　　　　　　　　$I_1 + I_2 + I_4 + I_5 = 0$

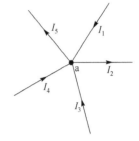

图 1.5.4　KCL 举例

可以看出，任意一个方程都可以由另外两个方程得出，所以 3 个方程只有两个是独立的。在电路里，如果有 n 个节点，独立的 KCL 方程只有（n–1）个。

【例 1.5.1】　图 1.5.5 所示电路中，已知：$I_{S_1} = 1A$，$I_{S_2} = 2A$，$I_{S_3} = 3A$，$R_1 = 4\Omega$，$R_2 = 5\Omega$，$R_3 = 6\Omega$，$R_4 = 1\Omega$。用基尔霍夫电流定律求电流 I_1，I_2 和 I_3。

解　此电路有 4 个节点，分别列出 KCL 方程

节点 1　　　　　　$I_1 = I_{S_3} - I_{S_2} = 3 - 1 = 1A$

节点 2　　　　　　$I_3 = I_{S_1} - I_{S_2} = 1 - 2 = -1A$

节点 3　　　　　　$I_2 = -I_{S_3} - I_3 = -3 - (-1) = -2A$

基尔霍夫电流定律除适用于电路中任一节点外，还可以推广应用于包围部分电路的任意假设的某一闭合面，这个闭合面通常叫广义节点。恰当地选择广义节点可以使计算简单。如图 1.5.6 所示，虚线构成的闭合面包围了部分电路，它有三个节点，应用 KCL 电流定律可列出

a 节点　　　　　　　　　　　　　　$I_1 = I_4 + I_6$

b 节点　　　　　　　　　　　　　　$I_2 = I_5 - I_4$

c 节点　　　　　　　　　　　　　　$I_3 = -I_5 - I_6$

3 式相加，得　　　　　　　　　　　$I_1 + I_2 + I_3 = 0$

或　　　　　　　　　　　　　　　　$\sum I = 0$

可见，在任一瞬间，通过任一闭合面的电流的代数和恒等于零。

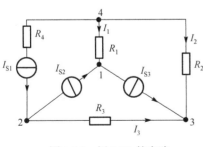

图 1.5.5　例 1.5.1 的电路

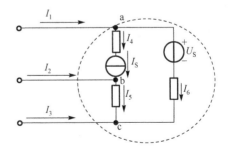

图 1.5.6　基尔霍夫电流定律的推广应用

1.5.2　基尔霍夫电压定律

基尔霍夫电压定律是电压与路径无关这一性质在电路中的体现，描述的是电路中回路电压之间的

关系，它的物理基础为电位单值性原理。即在电路中，对于任何一个回路，从回路中任何一点出发，顺时针方向或逆时针方向循行一周，电位有升有降，电位升之和等于电位降之和，回到出发点，该点的电位不会改变。图 1.5.7 是图 1.5.1 外围的回路 abgcda，从 a 点出发，顺时针方向循行一周，如图中虚线所示。

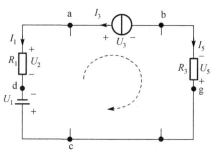

图 1.5.7　KVL 定律例图

因为
$$\sum U_{升} = \sum U_{降}$$

有
$$U_1 + U_3 = U_2 + U_5$$

移项得
$$U_1 - U_2 + U_3 - U_5 = 0$$

$$U_1 - I_1 R_1 + U_3 + I_5 R_3 = 0$$

即：
$$\sum U = 0 \tag{1.5.2}$$

式（1.5.2）表明，KVL 的内容：沿电路中的任一回路绕行一周（顺时针方向或逆时针方向），回路中各段电压的代数和为零。如果电位降为正，电位升就为负，即参考方向与"绕行方向"一致的电压取正号（电位降），参考方向与绕行方向相反的电压取负号（电位升）。如果这个电压是电阻上的电压，就要把这个电压用欧姆定律以电流电阻相乘的形式表示出来，注意电压电流的参考方向是否一致，如 U_5 和 I_5 参考方向相反，就要写成 $U_5 = -I_5 R_3$。一般直接以电阻电流来列方程，电流参考方向与"绕行方向"一致时，所产生的电阻电压取正号（电位降），电流参考方向与"绕行方向"相反时，所产生的电阻电压取负号（电位升）。电压源电压在其参考方向与回路"绕行方向"一致时取正号，反之取负号；有理想电流源的电路用 KVL 计算时，必须先给出理想电流源的电压参考方向。KVL 决定了并联的各个支路的电压相等。

图 1.5.1 有 5 条支路，5 个支路电流，要求 5 个支路电流应该列 5 个方程组，前面讲了用 KCL 定律可以列 2 个独立方程，那么就只需要用 KVL 定律列 3 个回路电压方程组。一般而言，在电路里，如果有 b 条支路，独立的 KVL 方程只有 $[b-(n-1)]$ 个。但图 1.5.1 有 6 个回路，可以列 6 个回路电压方程，可以证明独立的方程组只有 3 个，一般列 3 个网孔回路的回路电压方程组，如下所示

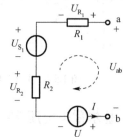

cdaec 回路　$U_1 - I_1 R_1 + I_2 R_2 + U_6 = 0$

abfcea 回路　$U_3 - U_4 + I_4 R_4 - U_6 - I_2 R_2 = 0$

bgcfb 回路　$U_4 + I_5 R_3 - I_4 R_4 = 0$

基尔霍夫电压定律不仅适用于闭合回路，还可以推广应用于电路中的任意假想的回路，但列写回路电压方程时，必须将开口电

图 1.5.8　基尔霍夫电压定律的推广

压或任意两点间的电压列入方程。图 1.5.8 所示为某电路的一部分，a 点和 b 点间没有闭合，为求 a、b 间电压 U_{ab}，把包函 ab 在内的部分看成一个假想的回路，设回路绕行方向为顺时针方向，由 KVL 可得

$$U_{ab} + U - U_{R_2} - U_{S_1} - U_{R_1} = 0$$

$$U_{ab} = -U + U_{R_2} + U_{S_1} + U_{R_1} = \Sigma U_i = -U + IR_2 + U_{S_1} + IR_1 \tag{1.5.3}$$

由式（1.5.3）可见，a 点到 b 点间的电压 U_{ab} 等于从 a 到 b 路径上各个元件电压的代数和，电位降为正，电位升为负。也就是说，若元件电压参考方向与从 a 到 b 方向（电路内）一致时，则该电压取正，反之，取负。如果是电阻电路，电流参考方向与从 a 到 b 方向（电路内）一致时，所产生的电阻电压取正号（电位降）。利用式（1.5.3），可以很方便地计算电路中任意两点之间的电压。

需要特别指出，以上介绍的，并未涉及各支路是由什么元件构成的，KCL 和 KVL 只与支路的连接方式有关，与构成电路的元件的性质没有关系，适用于任何电路。连接在一个节点的各支路的电流，必须受 KCL 的约束；与一个回路相关的各个元件的电压，必须受 KVL 的约束。由 KCL 和 KVL 列出来的方程都有两套正负号，一个是根据定律得出的电压电流前的正负号，一个是因为电路中电压电流是参考方向，所以与实际方向可能相同可能不同。

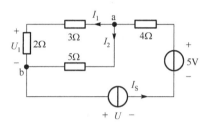

【例 1.5.2】　电路如图 1.5.9 所示，已知 $U_1 = 8V$，试求电流 I_S 及电压 U。

图 1.5.9　例 1.5.2 的电路

解　流过 2Ω 电阻的电流为

$$I_1 = \frac{U_1}{2} = 4A \qquad U_{ab} = 4 \times (2+3) = 20V \qquad I_2 = \frac{20V}{5\Omega} = 4A$$

由 KCL 可列方程

$$I_S = I_1 + I_2 = 4 + 4 = 8A$$

由 KVL 可列方程　　　　　$U - 5 + 4I_S + U_{ab} = 0 \qquad U = 5 - 4I_S - U_{ab} = -47V$

1.5.3　电位的计算

在 1.2 节中已经介绍了电位的概念，利用 KCL、KVL 来进行电位的计算比直接利用电压电位概念来计算要方便得多。

【例 1.5.3】　如图 1.5.10 所示电路，已知 $R_1 = 1\Omega$，$R_2 = 2\Omega$，$R_3 = 3\Omega$，$U_S = 100V$，$I_{S_1} = 1A$，$I_{S_2} = 8A$，$I_2 = 15A$，分别求 a、b、c 点的电位。

解　$V_c = U_c = -I_2 R_2 = -15 \times 2 = -30V$

由 KCL 可得

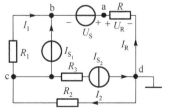

$$I_R = I_{S_2} - I_2 = 8 - 15 = -7A$$

$$I_1 = -I_{S_1} - I_R = -1 - (-7) = 6A$$

$$V_b = U_b = -I_1 R_1 - I_2 R_2 = -6 \times 1 - 15 \times 2 = -36V$$

$$V_a = U_a = U_S + V_b = 100 - 36 = 64V$$

图 1.5.10　例 1.5.3 的电路

为了方便，电子电路有一种习惯的画法，把电源用电位表示出来，如图 1.5.11(a)所示电路可改画为如图 1.5.11(b)所示。这种画法简单明了：a 点电位比参考点高 200V，d 点电位比参考点低 480V。同样，图 1.5.11(b)也可以还原成图 1.5.11(a)。a 端标出+200V，表示 a 端和地之间接了一个电压为+200V 的理想电压源，d 端标出−480V，表示 d 端和地之间接了一个电压为−480V 的理想电压源。

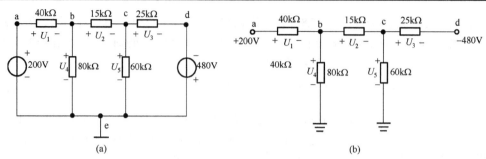

图 1.5.11　电子电路的画法

练习与思考

1.5.1　如图 1.5.12 所示电路中，已知 $I_1 = 2A$，$I_3 = 4A$，$I_5 = 7A$，则 I_2 与 I_4 分别为多少？

1.5.2　如图 1.5.13 电路所示，求理想电流源的电流 I_S 和理想电流源的功率。

1.5.3　已知图 1.5.14 所示电路中的 B 点开路。求 B 点电位。

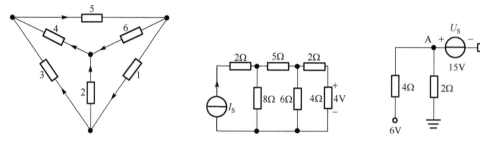

图 1.5.12　练习与思考 1.5.1 电路　　　图 1.5.13　练习与思考 1.5.2 电路　　　图 1.5.14　练习与思考 1.5.3 电路

习　　题

1.2.1　如图 1.01(a)所示，进入某元件 a 端的正电荷 q 随时间而变化的曲线如图 1.01(b)所示。试说明电流的方向，并分别求出 t 等于 1s、3s、6s 时流过元件的电流。

1.2.2　如图 1.02 所示的电路中，已知 $U_1 = 4V$，$U_2 = -6V$，求 U。

1.2.3　一空调器正常工作时的功率为 1214W，设其每天工作 5 小时，若每月按 30 天计算，试问一个月该空调器耗电多少度？若每度电费 0.90 元，那么使用该空调器一个月应缴电费多少元？

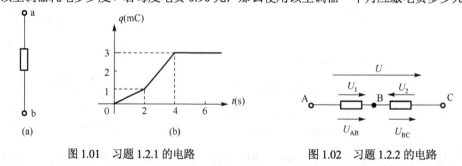

图 1.01　习题 1.2.1 的电路　　　　　　　　　　图 1.02　习题 1.2.2 的电路

1.3.1　如图 1.03 所示电路，求（1）电阻的电压和功率。（2）如果以 b 点电位为 0，求每点电位和电源电动势。（3）校核电路功率是否平衡。

1.3.2　已知一个负载的电阻为 20Ω，额定功率 P_N 为 30W，求：（1）其额定电流为多少？（2）

当此负载两端电压为 40V 时，该负载能否正常工作?（3）若要求该负载正常工作，那么加在它两端的电压不能超过多少伏?

1.3.3 已知一个 110V 15W 的灯泡，接到 220V 的电源上，问要串多大阻值多大功率的电阻?

1.4.1 如图 1.04 所示电路中，已知：$U_{S_1} = 15V$，$U_{S_2} = 5V$，$I_S = 1A$，$R = 5\Omega$，$I = 2A$。求各元件上的功率，指出哪些元件是电源，哪些是负载? 并求 U_{S_1} 的电流大小及方向。

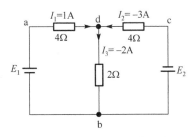
图 1.03 习题 1.3.1 的电路

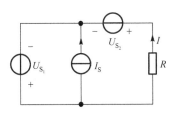
图 1.04 习题 1.4.1 电路

1.4.2 如图 1.05 所示电路，求各元件上的功率，指出哪些元件是电源，哪些是负载? 并校核电路是否满足功率平衡。

1.5.1 如图 1.06 所示，已知 $I_1 = 0.4\mu A$、$I_2 = 0.3\mu A$ 和 $I_5 = 2\mu A$，试求电流 I_3、I_4 和 I_6。

1.5.2 用基尔霍夫电流定律求如图 1.07 所示电路中的电流 I_1、I_2 和 I_3。

1.5.3 如图 1.08 所示电路，求 U_1、U_2、U_3。

1.5.4 如图 1.09 所示电路，求电压 U 和 I_1，I_2 及理想电流源发出的功率。

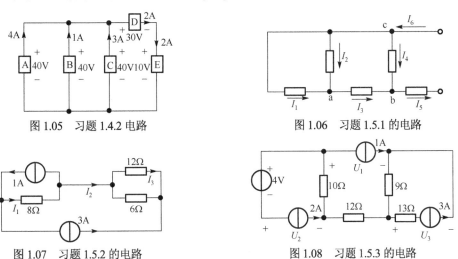

图 1.05 习题 1.4.2 电路

图 1.06 习题 1.5.1 的电路

图 1.07 习题 1.5.2 的电路

图 1.08 习题 1.5.3 的电路

1.5.5 如图 1.10 所示，已知 $I_2 = 0.5mA$。试确定电路元件 3 中的电流 I_3 和其两端电压 U_3，并说明它是电源还是负载。

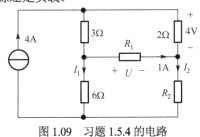
图 1.09 习题 1.5.4 的电路

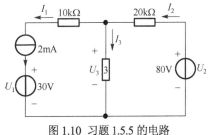
图 1.10 习题 1.5.5 的电路

1.5.6　如图 1.11 所示电路中，已知：$U_1 = U_2 = 12\text{V}$，$I_S = 1\text{A}$，$R_1 = R_2 = 4\text{k}\Omega$。求：（1）S 断开后 A 点电位 V_A；（2）S 闭合后 A 点电位 V_A。

1.5.7　如图 1.12 所示电路中，已知：$U_{S_1} = 10\text{V}$，$U_{S_2} = 15\text{V}$，$U_{S_3} = 18\text{V}$，$U_{S_4} = 12\text{V}$，$R_1 = 60\Omega$，$R_2 = 30\Omega$。计算电位 V_A、V_B 和 V_C。

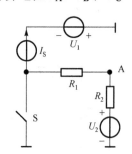
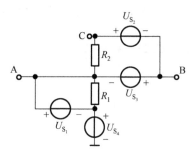

图 1.11　习题 1.5.6 的电路　　　　　　图 1.12　习题 1.5.7 的电路

第 2 章 直流电阻电路分析

本章前部分讲述电阻电路的等效变换和电源的等效变换。然后以线性电阻电路为例介绍 3 种强大的电路分析方法，以便分析复杂电路。这三种电路分析方法实际上都是利用基尔霍夫定律解题的方法。一种是支路电流法，直接利用 KCL、KVL 列方程求解；第二种方法是网孔电流法，以网孔电流为未知数列 KVL 方程的方法；第三种是节点电压法，以节点电压为未知数列 KCL 方程的方法。后面两种方法可以使用最少的联立方程来描述电路。本章介绍的第 3 大内容是电路定律，叠加原理用于分析多个独立源的电路，把多电源电路分组求解，然后求代数和。对于复杂电路求一条支路的电流或某段电压时，用等效电源定理来求解是最方便的方法，二端口网络等效为电压源是戴维南定律，等效为电流源是诺顿定律。戴维南等效电路用来建立最大功率传输条件。最后简要介绍了含受控源电路的分析和非线性电阻电路的图解分析法。本章介绍的所有方法也同样可以应用到第 5 章介绍的正弦交流电路的稳态分析中。

2.1 电阻的串联和并联

2.1.1 电路等效变换的基本概念

在对电路进行分析时，有时可以将电路中某一部分用较为简单的电路替代，从而使整个电路得到简化，电路的分析也更加方便。例如，在图 2.1.1(a)所示的电路中，虚线框内如果用一个电阻 R_{eq} 替代，如图 2.1.1(b)虚线框所示，那么整个电路就简单化了。当然这种替代是有条件的，其条件是替代前后被替代部分的 a-b 端之间的电压和电流保持不变，此时替代与被替代的电路在整个电路中的效果是相同的，这就是 "等效" 的概念，电阻 R_{eq} 称为等效电阻，图 2.1.1(b)是图 2.1.1(a)的等效电路。将电路中的一部分用其等效电路替代的过程，称为**等效变换**。

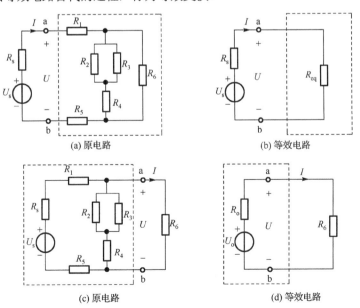

图 2.1.1 电路等效变换

凡是具有两个出线端的部分电路称为二端网络。二端网络中没有电源的称为无源二端网络，如图 2.1.1(a)虚线框部分所示，无源二端网络可用电阻的串并联、电阻的星形连接和三角形连接的等效变换等方法最后简化为一个电阻，图 2.1.1(b)所示。二端网络中含有电源的称为有源二端网络，如图 2.1.1(c)虚线框部分所示，对于 R_6 而言，有源二端网络相当于它的电源，因为它对 R_6 这个支路供给电能，因此，有源二端网络一定可以应用后面电源等效变换、戴维南定理和诺顿定理等方法简化为一个等效电源，如图 2.1.1(d)虚线框部分所示。

值得强调的是，等效变换前后不变的是等效电路以外的部分，所以这种等效是"对外等效"，至于等效电路内部，两者结构显然不同，各处的电流和电压没有相互对应的关系。例如，如果要求取图 2.1.1(a)电路中的相关电压 U 和电流 I，将图 2.1.1(a)虚线框部分用图 2.1.1(b)虚线框部分等效替代，只要求得 R_{eq} 后，a-b 间的电压和电流值可通过等效电路图 2.1.1(b)求得。但是，如果要求图 2.1.1(a)点画线框内各部分的电压和电流值，则必须回到原电路，也就是在图 2.1.1(a)中分析求取，这就是对外等效的概念。同样，对于图 2.1.1(c)和(d)两电路，由于两虚线框部分是等效的，两电路 R_6 上电流和电压相等，但两电路虚线框内部各处的电流和电压却没有相互对应的关系。

2.1.2　电阻的串联

如果电路中有两个及两个以上电阻首尾相连，中间没有分支，外接电源时，在这些电阻中流过同一电流，则这样的连接称为电阻的串联。如图 2.1.2(a)所示，由 KVL 方程得

$$U = U_1 + U_2 + \cdots + U_j + \cdots + U_n$$
$$= (R_1 + R_2 + \cdots + R_j + \cdots + R_n)I$$
$$= RI$$

式（2.1.1）定义 R 为

$$R = R_1 + R_2 + \cdots + R_j + \cdots + R_n = \sum_{K=1}^{n} R_K \qquad (2.1.1)$$

由此，对于 n 个电阻相串联的二端电阻网络可以用一个等效电阻来等效，如图 2.1.2(b)所示，等效电阻 R 等于串联的各电阻之和。

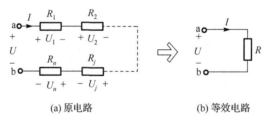

(a) 原电路　　　　　　　　　(b) 等效电路

图 2.1.2　n 个电阻串联及其等效

第 j 个电阻 R_j 上分得的电压为

$$U_j = R_j I = \frac{R_j}{\sum_{k=1}^{n} R_k} U \qquad j = 1,2,\cdots,n \qquad (2.1.2)$$

串联电阻的分压原理：电阻上分得的电压与其电阻值成正比。即电阻值越大，分得的电压也越大。

在图 2.1.2(a)中，各电阻的功率 $P_1 = R_1 I^2$，$P_2 = R_2 I^2$，$\cdots$，$P_n = R_n I^2$

由此得 $$P_1 : P_2 : \cdots : P_n = R_1 : R_2 : \cdots : R_n$$

总功率 $$P = I^2 R = I^2(R_1 + R_2 + \cdots R_n) = P_1 + P_2 + \cdots + P_n \qquad (2.1.3)$$

电阻串联时，各电阻消耗的功率与电阻大小成正比；等效电阻消耗的功率等于各串联电阻消耗功率的总和。

2.1.3 电阻的并联

如果电路中有两个及两个以上电阻连接在两个公共结点之间，外接电源时，各电阻上受到同一电压，则这样的连接方法称为电阻的并联。如图 2.1.3(a)所示。由 KCL 方程得

$$
\begin{aligned}
I &= I_1 + I_2 + \cdots + I_j + \cdots + I_n \\
&= (G_1 + G_2 + \cdots + G_j + \cdots + G_n)U \\
&= GU
\end{aligned}
$$

式中 G 定义为

$$G = G_1 + G_2 + \cdots + G_j + \cdots + G_n = \sum_{K=1}^{n} G_K \qquad (2.1.4)$$

由此，对于 n 个电导并联的二端网络可用一个等效电导来等效，如图 2.1.3(b)所示，其等效电导 G 等于相联的各支路电导之和。

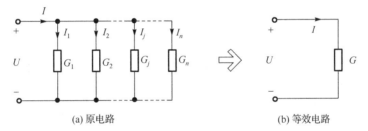

(a) 原电路　　　　　　　(b) 等效电路

图 2.1.3　n 个电阻并联及其等效

等效电阻 R 用各支路电阻表示为

$$\frac{1}{R} = \frac{1}{R_1} + \frac{1}{R_2} + \cdots + \frac{1}{R_j} + \cdots + \frac{1}{R_n} = \sum_{K=1}^{n} \frac{1}{R_K}$$

第 j 个电导 G_j 上分得的电流为

$$I_j = G_j U = G_j \frac{I}{G} = \frac{G_j}{\displaystyle\sum_{k=1}^{n} G_k} I \quad j = 1, 2, \cdots, n \qquad (2.1.5)$$

并联电阻的分流定律：支路电阻上分得的电流与其电导值成正比，与其电阻值成反比。电阻值越大，分得的电流越小。

如果两个电阻并联如图 2.1.4 所示，等效电阻

$$R = \frac{R_1 R_2}{R_1 + R_2} \qquad (2.1.6)$$

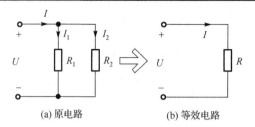

(a) 原电路　　　　　　　　　(b) 等效电路

图 2.1.4　两个电阻并联及其等效

两个电阻并联时的分流公式为

$$\begin{cases} I_1 = \dfrac{R_2}{R_1 + R_2} I \\[2mm] I_2 = \dfrac{R_1}{R_1 + R_2} I \end{cases} \tag{2.1.7}$$

由图 2.1.3 得各电阻的功率 $P_1 = G_1 U^2, P_2 = G_2 U^2, \cdots, P_n = G_n U^2$

由此得 $\qquad\qquad\qquad\qquad P_1 : P_2 : \cdots : P_n = G_1 : G_2 : \cdots : R_n$

总功率 $\qquad\qquad P = GU^2 = (G_1 + G_2 + \cdots + G_n)U^2 = P_1 + P_2 + \cdots + P_n \tag{2.1.8}$

由此，电阻并联时，各电阻消耗的功率与电阻大小成反比；等效电阻消耗的功率等于各并联电阻消耗功率的总和。

2.1.4　电阻的混联

如果相互连接的各个电阻之间既有串联又有并联，则称为电阻的混联。如图 2.1.1(a)虚线框内所示的电路，对于这种电路，根据电阻的串并联关系进行化简，最终能等效为一个电阻，如图 2.1.1(b)所示。如果用 "+" 表示电阻的串联，用 "//" 表示电阻的并联，则其等效电阻为

$$R_{\text{eq}} = [(R_2 //R_3 + R_4) // R_6] + R_1 + R_5$$

对于二端混联电阻网络的等效，关键是要抓住二端网络的两个端钮，假设两端钮接一电源，电流从一个端钮出发，逐个元件地流到另一个端钮，分清每个部分的结构是串联还是并联，最终求得该二端混联网络的等效电路，再利用串联和并联的等效公式，求得等效电阻。

【例 2.1.1】　求如图 2.1.5(a)所示电路 a、b 两端的等效电阻 R_{ab}。

解　电路为多个电阻混联，初看似乎很复杂，但只要抓住端钮 a 和 b，从 a 点出发，逐点缕顺，一直缕到另一端钮 b。为清楚起见，在图 2.1.5(a)中标出节点 c 和 d。就得到图 2.1.5(b)，并可看出 3Ω 和 6Ω 的电阻是并联，两个 8Ω 的电阻也是并联，其等效电阻分别是

$$(3//6)\Omega = \frac{3 \times 6}{3 + 6}\Omega = 2\Omega \qquad (8//8)\Omega = \frac{8}{2}\Omega = 4\Omega$$

由此，进一步得到图 2.1.5(b)的等效电路图 2.1.5(c)。再对图 2.1.5(c)进行等效化简，得到图 2.1.5(d)，其中

$$R_{\text{cb}} = 14//(10 + 4)\Omega = 7\Omega$$

所以 a、b 两端的等效电阻

$$R_{\text{ab}} = (7 + 2 + 1)\Omega = 10\Omega$$

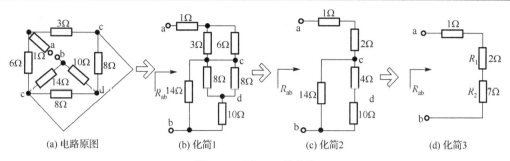

(a) 电路原图　　(b) 化简1　　(c) 化简2　　(d) 化简3

图 2.1.5　例 2.1.1 的电路

练习与思考

2.1.1　如图 2.1.6 所示电路，求 a、b 两端的等效电阻。

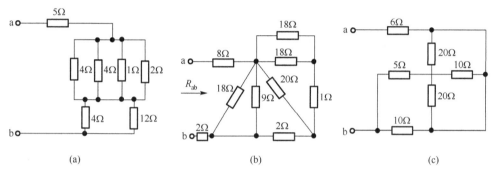

(a)　　　　　　　(b)　　　　　　　(c)

图 2.1.6　练习与思考 2.1.1 的电路

2.2　电阻的星形连接与三角形连接的等效变换

能利用电阻串并联等效变换的方法简化的电路叫简单电路，在电路中有时会遇见电阻的连接既非串联又非并联的情况，不能利用电阻串并联等效变换的方法简化的电路叫复杂电路。如图 2.2.1(a) 所示电路，如果想求流过 10V 电压源的电流，只要求得端口 ab 处的等效电阻就可以了。显然用电阻串并联简化的办法求得端口 ab 处的等效电阻是不可能的。如果能将连接在 1、2、3 这 3 个端子间的 4Ω、5Ω、6Ω 这 3 个电阻构成的三角形（△形）连接电路，等效变换为图 2.2.1(b) 所示的在 1、2、3 这 3 个端子间，由 R_1、R_2、R_3 这 3 个电阻构成的星形（Y 形）连接电路，则可方便地应用电阻串并联简化的办法求得端口 ab 处的等效电阻，这就是工程实际中经常遇到的星形、三角形等效变换问题，简称 Y-△变换。

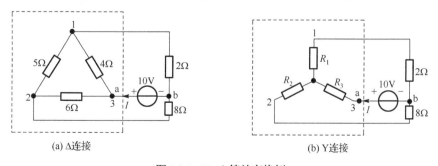

(a) △连接　　　　　　　　　(b) Y 连接

图 2.2.1　Y-△等效变换例

　　如图 2.2.2(a)所示电路中，3 个电阻 R_{12}、R_{23}、R_{31} 首尾相连，连接点处 1、2、3 端接外围电路，这就是三角形（△形）连接，也称 Π 形连接，如图 2.2.2(c)所示。在图 2.2.2(b)所示电路中，3 个电阻 R_1、R_2、R_3 的一端连在一起，另一端 1、2、3 端接外围电路，这就是星形（Y 形）连接，也称 T 形连接，如图 2.2.2(d)所示。

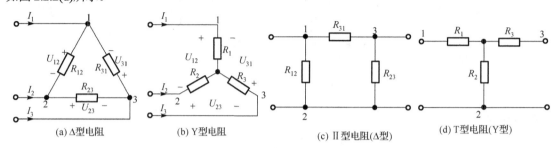

图 2.2.2　电阻的 Y-△ 变换

　　如图 2.2.2(a)所示的△连接与图 2.2.2(b)所示的 Y 连接要等效，就其 1、2、3 这 3 个端子而言，根据等效的概念，必须满足对外等效，经等效变换后，不影响其他部分的电压和电流。即对应的电压、电流相等为两电路等效的条件。也就是两电路对应端子间的电压 U_{12}、U_{23}、U_{31} 分别相等，流入对应端子的电流 I_1、I_2、I_3 分别相等。由此可知，△连接中每一对节点间的等效电阻等于 Y 连接中对应的节点间的等效电阻值。

1. △-Y 变换

　　如图 2.2.2 所示，三角形连接如图 2.2.2(a)所示，等效变换为星形连接图 2.2.2(b)所示，要完成等效变换，应明确 R_1、R_2、R_3 这 3 个 Y 形连接电阻与 R_{12}、R_{23}、R_{31} 这 3 个△形连接电阻应满足什么关系。

　　一种推导等效变换电阻的办法是：两电路在一个对应端子悬空的同等条件下，分别测两电路剩余两端子间的电阻，根据等效的概念知，测得的电阻相等。

　　假设悬空第 3 个端子，得

$$R_1 + R_2 = \frac{R_{12}(R_{23} + R_{31})}{R_{12} + R_{23} + R_{31}} \tag{2.2.1}$$

悬空第 2 个端子，得

$$R_3 + R_1 = \frac{R_{31}(R_{12} + R_{23})}{R_{12} + R_{23} + R_{31}} \tag{2.2.2}$$

悬空第 1 个端子，得

$$R_2 + R_3 = \frac{R_{23}(R_{12} + R_{31})}{R_{12} + R_{23} + R_{31}} \tag{2.2.3}$$

　　联立式（2.2.1）~式（2.2.3），可求得三角形连接等效变换为星形连接时 3 个电阻应满足如下关系：

$$\begin{cases} R_1 = \dfrac{R_{12}R_{31}}{R_{12} + R_{23} + R_{31}} \\[2mm] R_2 = \dfrac{R_{12}R_{23}}{R_{12} + R_{23} + R_{31}} \\[2mm] R_3 = \dfrac{R_{23}R_{31}}{R_{12} + R_{23} + R_{31}} \end{cases} \tag{2.2.4}$$

式（2.2.4）可方便用来求三角形（△形）连接电阻等效变换成星形连接电阻。

式（2.2.4）可归纳公式为式（2.2.5）所示。

$$Y形连接电阻 = \frac{△形相邻两电阻之积}{△形各电阻之和} \quad (2.2.5)$$

图 2.2.3 是电阻的 Y-△变换的辅助记忆图，由此图很容易理解式（2.2.4）、式（2.2.5）。星形连接 3 个电阻应等于连接到某端子（如端子 1）的星接电阻（R_1），等于三角形连接电路中，连接到同一端子（如端子 1）两相邻电阻之积除以 3 个△形连接电阻之和。

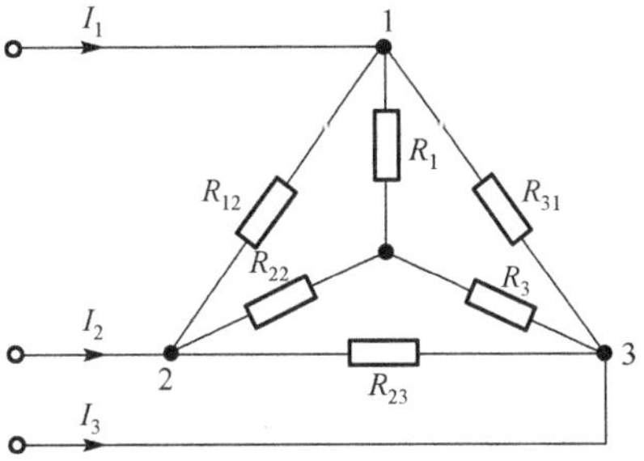

图 2.2.3 电阻的 Y-△变换的辅助记忆图

若三角形连接的 3 个电阻相等，即 $R_{12} = R_{23} = R_{31} = R_△$。经等效变换后，Y 连接的 R_1、R_2、R_3 必然相等，且满足

$$R_1 = R_2 = R_3 = R_Y = \frac{1}{3}R_△ \quad (2.2.6)$$

2．Y-△变换

若如星形连接图 2.2.2(b)所示，变换为三角形连接图 2.2.2(a)所示，求等效三角形连接的 3 个电阻的公式，可将式（2.2.4）经过一系列的代数运算即得到式（2.2.7）

$$\begin{cases} R_{12} = \dfrac{R_1R_2 + R_2R_3 + R_3R_1}{R_3} \\[2mm] R_{23} = \dfrac{R_1R_2 + R_2R_3 + R_3R_1}{R_1} \\[2mm] R_{31} = \dfrac{R_1R_2 + R_2R_3 + R_3R_1}{R_2} \end{cases} \quad (2.2.7)$$

式（2.2.7）可归纳公式为式（2.2.8）所示。

$$△形连接电阻 = \frac{Y形中各电阻两两乘积之和}{对面的Y形电阻} \quad (2.2.8)$$

同样，由图 2.2.3 很容易理解式（2.2.7）和式（2.2.8）。三角形连接三电阻应等于连接两端子（比端子 1、2）的三角形电阻（R_{12}），等于星形连接电路中，三星形连接电阻两两相乘之和，除以另一端子（如端子 3）相连的星形电阻。

若星形连接的 3 个电阻相等 $R_1 = R_2 = R_3 = R_Y$，则等效的三角形连接 3 个电阻也必然相等，由式（2.2.7）或式（2.2.6）得到

$$R_{12} = R_{23} = R_{31} = R_△ = 3R_Y \quad (2.2.9)$$

显然，当 3 个电阻相等，进行等效变换时，三角形电阻比星形电阻大 3 倍。

电阻 Y-△变换用于简化电路，等效对外等效（端钮以外），对内不成立。等效电路与外部电路无关。

【例 2.2.1】　如图 2.2.1(a)所示电路，求流过 10V 电压源的电流 I。

解　将图 2.2.1(a)由 5Ω、4Ω 和 6Ω 这 3 个电阻组成的△连接等效变换成 Y 连接，如图 2.2.1(b)所示。

$$R_1 = \frac{5 \times 4}{5 + 4 + 6} = \frac{4}{3}\Omega \quad R_2 = \frac{5 \times 6}{5 + 4 + 6} = 2\Omega \quad R_3 = \frac{4 \times 6}{5 + 4 + 6} = \frac{8}{5}\Omega$$

$$R_{ab} = (R_1 + 2)//(R_2 + 8) + R_3 = \frac{10}{3}//10 + \frac{8}{5} = 4.1\Omega$$

$$I = 10 \div 4.1 = 2.44A$$

练习与思考

2.2.1 电路如图 2.2.4 所示，(a)(b)两图所有电阻均为 3Ω，求 a，b 两端的等效电阻 R_{ab}。

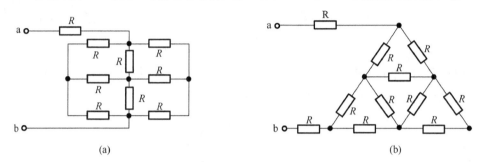

(a)　　　　　　　　　　　　　　　　　(b)

图 2.2.4　练习与思考 2.2.1 的电路

2.3　电源等效变换

2.3.1　理想电压源电路的等效

如图 2.3.1(a)所示为多个理想电压源首尾相连，流过的电流相同，这样的连接可以认为是串联的，通常的处理方法是应用电源等效的概念将其简化。

对图 2.3.1(a)电路列写 KVL 方程

$$U = U_{S1} + U_{S2} + \cdots + U_{Sn} = U_S = \sum_{k=1}^{n} U_{Sk} \tag{2.3.1}$$

这 n 个串联的理想电压源可以等效为一个理想电压源，如图 2.3.1(b)所示，等效理想电压源的电压 U_S 等于这 n 个串联理想电压源电压的代数和。等效理想电压源中电流的大小取决于外电路。在计算 U_S 时必须注意各串联理想电压源电压的参考方向，当 U_{Sk} 的参考方向与图 2.3.1(b)中 U_S 的参考方向一致时，式（2.3.1）中 U_{Sk} 的前面取 "+" 号，不一致时取 "–" 号。

如图 2.3.2(a)、(b)和(c)所示电路为理想电压源与某些支路并联的特殊情况。由于理想电压源的电压是恒定的，与外电路无关，所以 1-1′ 端子间的电压取决于理想电压源，电流则由外电路决定，因此这类典型电路都可以 "对外等效" 为这个理想电压源，如图 2.3.2(d)所示。与理想电压源并联的这些支路处理为开路。注意 "对外等效，对内不等效" 的概念。(a)、(b)和(c)电路内部由于结构不同，显然是不等效的，与理想电压源并联的这些支路的存在，要影响理想电压源的电流、功率的，所以，如果要求解 1-1′ 端子内部各元件的电压、电流、功率，还必须回到(a)、(b)和(c)电路中来计算。

如果图 2.3.2(c)没有电阻 R，这就是理想电压源并联的情况，只有极性一致且电压相等的理想电压源才允许并联，否则将违背 KVL。两并联理想电压源等效电路还是为其中任一理想电压源，电流由外电路决定。

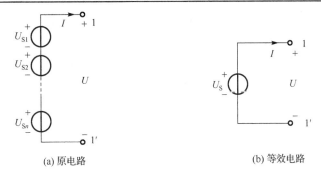

(a) 原电路　　　　　　　　　　　　(b) 等效电路

图 2.3.1　理想电压源串联及其等效

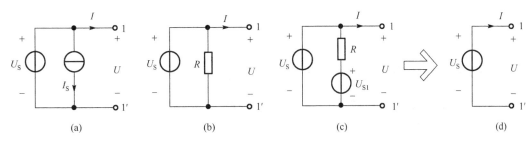

(a)　　　　　(b)　　　　　(c)　　　　　(d)

图 2.3.2　理想电压源与其他支路并联的电路及其等效

2.3.2　理想电流源电路的等效

如图 2.3.3(a)所示，两个及两个以上个理想电流源连接在两个公共节点之间，电压相同，则这样的连接方法称为理想电流源的并联。根据 KCL 有

$$I = I_{S1} + I_{S2} + \cdots + I_{Sn} = I_S = \sum_{k=1}^{n} I_{Sk} \tag{2.3.2}$$

由此可知，这 n 个并联的理想电流源可以等效为一个理想电流源，如图 2.3.3(b)所示，等效理想电流源的电流 I_S 等于这 n 个并联理想电流源电流的代数和。等效理想电流源两端电压的大小取决于外电路。在计算 I_S 时必须注意各并联理想电流源电流的参考方向，如果 I_{Sk} 的参考方向与图 2.3.3(b)中 I_S 的参考方向一致时，式（2.3.2）中 I_{Sk} 的前面取"+"号，不一致时取"−"号。

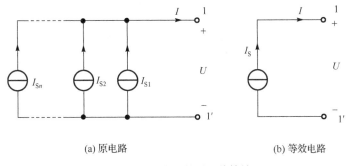

(a) 原电路　　　　　　　　　　　　(b) 等效电路

图 2.3.3　电流源并联及其等效

如图 2.3.4(a)、(b)和(c)所示为理想电流源与某些元件串联的特殊情况。由于理想电流源的电流是恒定的，与外电路无关，所以流过 1-1′这条支路的电流取决于理想电流源，与其他元件没有关系，而其 1-1′端子间的电压则由外电路决定，因此这类典型电路都可以"对外等效"为这个理想电流源，如

图 2.3.4(d)所示。与理想电流源串联的这些元件处理为短路。同样要注意"对外等效，对内不等效"的概念。

如果图 2.3.4(c)没有电阻 R_1，这就是两个理想电流源的串联，只有方向一致且电流相等的理想电流源才允许串联，否则将违背 KCL。其等效电路还是为其中任一电流源，电压由外电路决定。

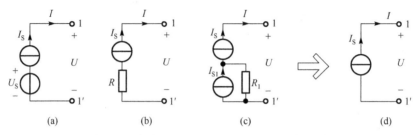

图 2.3.4   理想电流源与其他支路串联的电路及其等效

2.3.3   实际电源两种模型的等效变换

根据 1.4 节所述，一个实际电源有内阻，可以用两种电路模型来描述：一种是电压源模型，如图 2.3.5(a)所示；另一种是电流源模型，如图 2.3.5(b)所示。

电压源模型的伏安特性曲线如图 1.4.3(b)所示。这条伏安特性曲线与电压轴的交点是电源的开路电压 $U_{OC} = U_S$，与电流轴的交点是电源的短路电流 $I_{SC} = \dfrac{U_S}{R_0}$ 。

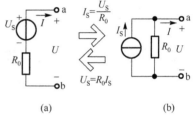

图 2.3.5   电源等效变换

电流源模型的伏安特性曲线如图 1.4.6(b)所示。这条伏安特性曲线与电压轴的交点还是电源的开路电压 $U_{OC} = I_S R_0$，与电流轴的交点还是电源的短路电流 $I_{SC} = I_S$。

如令 $U_S = R_0 I_S$，比较式（1.4.2）和式（1.4.4）可知它们相同，伏安特性曲线图 1.4.3(b)和图 1.4.6(b)也相同，则实际电压源和电流源的输出特性将完全相同，根据电路等效的概念，实际电压源和电流源可以等效变换。

变换的过程为：

电压源变换为电流源，如图 2.3.5 所示，(a)变换到(b)，其中 $I_S = \dfrac{U_S}{R_0}$，R_0 不变，I_S 的参考方向由 U_S 来确定，在电源内部，I_S 从电压源的负端流向正极性端。

电流源变换为电压源，如图 2.3.5 所示，(b)变换到(a)，其中，$U_S = R_0 I_S$，R_0 不变，U_S 的参考方向由 I_S 来确定，在电源内部，I_S 电流箭头所示方向就是 U_S 电位升高的方向。

需要注意的是：

（1）等效变换时，即要满足参数间的关系，还要注意两电源的参考方向要一一对应。即在电源的内部，电流是从电源的低电位流向高电位的。

（2）电源等效互换是电路等效变换的一种方法，这种等效是对电源以外部分电路的等效，对电源内部电路的功率损耗是不等效的。

（3）理想电压源与理想电流源不能相互转换，因为理想电压源的内阻 R_0 为 0，要变换成理想电流源的话，$I_S = \dfrac{U_S}{R_0} \approx \infty$；理想电流源的 R_0 为无穷大，要变换成理想电压源的话，$U_S = I_S R_0 \approx \infty$。都不能得到有限的数值，故两者之间不存在等效变换的条件。

（4）电源等效互换的方法可以推广应用。只要是理想电压源与某电阻 R 的串联，就可以把它看成一个电压源，可以等效变换成电流源形式；同样，只要是理想电流源与某电阻 R 的并联，就可以把它看成一个电流源，可以等效变换为电压源形式。

【例 2.3.1】　利用电源等效变换计算图 2.3.6(a)电路中的电流 I，并求各电源的功率。

解　（1）与理想电流源串联的 20V 理想电压源短路，与理想电压源并联的 20Ω 电阻开路得图(b)，然后利用电源等效变换，把电路依次转换为图(c)至(e)，由图(e)得

$$I = \frac{30-60}{30}A = -1A$$

（2）求各电源的功率必须回到图(a)来计算。要求各电源的功率，需标出各理想电流源的电压及参考方向，如图 2.3.6(a)所示，各电源的功率分别记为 P_1、P_2、P_3、P_4。

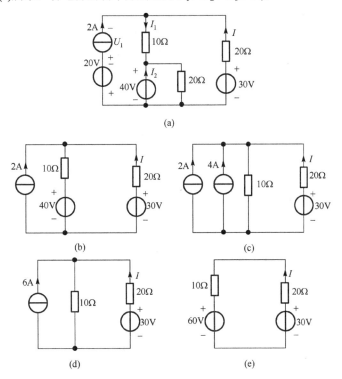

图 2.3.6　例 2.3.1 的电路

由 KCL 和 KVL 可列方程求得各电源的电压电流，然后求出各电源的功率。

$$I_1 = 2 + I = 2 - 1 = 1A \qquad 10 \times I_1 + 40 + 20 + U_1 = 0 \qquad U_1 = -70V$$

2A 理想电流源的功率 $P_1 = 2 \times U_1 = -140W$ （发出功率）

40V 理想电压源的功率 $I_2 = \dfrac{40}{20} - I_1 = 1A$ 　　$P_2 = -40I_2 = -40W$ （发出功率）

20V 理想电压源的功率 $P_3 = 20 \times 2 = 40W$ （吸收功率）

30V 理想电压源的功率 $P_4 = -30 \times I = 30W$ （吸收功率）

练习与思考

2.3.1　利用等效变换的概念，简化图 2.3.7(a)、(b)和(c)所示电路的端口等效电路。

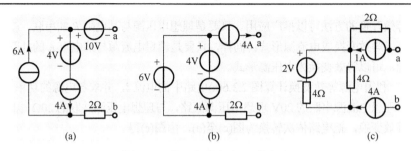

图 2.3.7　练习与思考 2.3.1 的电路

2.4　支路电流法

支路电流法是以支路电流作为电路的变量，直接应用基尔霍夫电压、电流定律，列出与支路电流数目相等的独立 KCL 方程和 KVL 方程，然后联立解出各支路电流的一种方法。如图 2.4.1 所示的电路加以说明。

在图 2.4.1 电路中，支路数 b = 3，节点数 n = 2，以 b 个支路电流 I_1、I_2、I_3 为变量，应该列 3 个方程。

列 KCL 方程，可以看出，对 a 节点和 b 节点列出来的方程都是式（2.4.1）。即 2 个节点只有一个独立方程。

$$\text{KCL:}\quad I_1 + I_2 = I_3 \tag{2.4.1}$$

由此，n 个节点可由 KCL 列写出（$n-1$）个独立的节点电流方程。

从理论上讲，图 2.4.1 中有 3 个变量需要 3 个方程，已经有 1 个 KCL 方程，还需要 2 个方程。电路中有 3 个回路，于是根据 KVL 列写出 3 个回路电压方程。

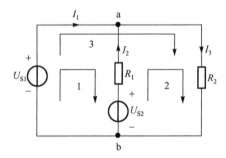

回路 1　　$-U_{S1} - R_1 I_2 + U_{S2} = 0$　　（2.4.2）
回路 2　　$R_1 I_2 + R_2 I_3 = U_{S2}$　　（2.4.3）
回路 3　　$R_2 I_3 = U_{S1}$　　（2.4.4）

可以看出 3 个回路方程中任何一个方程都可以由另外两个方程求得，由此只有两个方程是独立的。

图 2.4.1　支路电流法例电路

一般用网孔回路列方程，即列回路 1、回路 2 方程，也可以根据已知条件和未知条件决定列哪两个方程。式（2.4.2）、式（2.4.3）、式（2.4.4）这 3 个回路方程的任意两个方程与式（2.4.1）联立求解，就可以求得 3 个支路电流。

由此，对于具有 b 条支路（b 个支路电流），n 个节点的电路，应用 KVL 只能列出 $l = b-(n-1) = b-n+1$ 个独立的回路电压方程，应用支路电流法一共可以列写出 $(n-1)+[b-(n-1)] = b$ 个独立方程，解出 b 个支路电流。

关于独立回路的选取，可按下述方法来进行：即每选取一个新回路，都要使这个回路里包含一条以上原来没有用过的支路。也就是该支路的电压源或电阻的电压在已选取过的回路方程里未出现过，因此它不能由前面那些回路方程导出。对于平面电路来讲，每个网孔中都有其他网孔不包含的支路，一个网孔就是一个独立回路，网孔数就是独立回路数。

如遇电流源支路（理想电流源与电阻并联，常常把它叫为有伴电流源）可以用电源等效变换化成电压源，然后用支路电流法求解。对于无伴电流源（即没有并联电阻的理想电流源）有两种处理方法，一种方法是恰当地选择回路，避开理想电流源支路，另一种方法是在理想电流源上增加一个电压变量，如例 2.4.1 所示。

用支路电流法解题的一般步骤如下：

（1）选取支路电流。在电路图中标出各个支路（b 个）电流的参考方向。

（2）对独立节点列出（$n-1$）个 KCL 方程。

（3）设各个回路的绕行方向，对 b-（$n-1$）个独立回路列出 KVL 方程。对于平面电路一般选取网孔回路列写方程；如果是电流源电路要特殊处理。

（4）求解上述 b 个方程，得到待求的各支路电流。

（5）其他分析。如计算各元件的电压或功率。

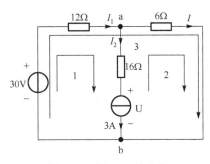

【例 2.4.1】 用支路电流法求图 2.4.2 各支路电流，并判断两电源是电源还是负载。

图 2.4.2　例 2.4.1 的电路

解　方法一：恰当地选择回路

电路如图 2.4.2 所示，由于恒流源的电压不知道，所以，避开恒流源支路，列写外围回路 3 的 KVL 方程。由支路电流法得

$$\begin{cases} \text{节点a} & I_1 = I + I_2 \\ \text{外围回路3} & 12I_1 + 6I = 30 \end{cases}$$

其中

$$I_2 = 3\text{A}$$

解得

$$I = -\frac{1}{3}\text{A} = -0.33\text{A}, \quad I_1 = \frac{8}{3}\text{A} = 2.67\text{A}, \quad I_2 = 3\text{A}$$

方法二：增加一个电压变量

以支路电流为变量，该电路节点数 $n = 2$，支路数 b = 3，则需列写 1 个 KCL 方程，2 个 KVL 方程（选取网孔回路列写方程）。设 3A 理想电流源两端电压为 U，如图 2.4.2 所示。

$$\text{KCL：} \quad I_1 = I_2 + I$$

$$\text{KVL：} \begin{cases} 12I_1 + 16I_2 + U = 30(\text{回路1}) \\ 6I = 16I_2 + U(\text{回路2}) \end{cases}$$

其中

$$I_2 = 3\text{A}$$

整理上述方程组，不难发现与方法一所列写的方程组完全相同。方法二所列方程数比方法一复杂，遇恒流源电路，恰当选择回路可以使计算简单。

由此可知，理想电压源和理想电流源都是电源。

练习与思考

2.4.1　在图 2.4.3 电路中，（1）说明电路的独立节点数和独立回路数；（2）选出一组独立节点和独立回路，列出 $\sum I = 0$ 和 $\sum U = 0$ 的方程。

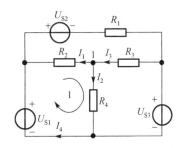

图 2.4.3　练习与思考 2.4.1 的电路

2.5 网孔电流法

1. 网孔电流法

回路电流法是分析和计算复杂电路时常用的一种方法。回路电流是在一个回路中连续流动的假想电流。回路电流法是在回路中，以沿回路连续流动的假想回路电流为未知量列写 KVL 电路方程求解电路的方法。回路电流解出后，支路电流则为这条支路上流过的回路电流的代数和。它适用于平面和非平面电路。如果这个回路是一个网孔回路的话，沿这个网孔回路连续流动的假想的电流就是网孔电流。在网孔回路中，以网孔电流为未知量列写 KVL 电路方程求解电路的方法，就是网孔电流法，网孔电流法适用于平面电路。下面通过电路加以说明。

如图 2.5.1(a)所示电路，仅以支路的形式简化成图(b)形式。（1）、（4）、（5）支路形成一个网孔，由于支路（1）中只有网孔电流 I_1，流过支路（1）的支路电流作为网孔电流 I_1；（2）、（5）、（6）支路形成一个网孔，由于支路（2）中只有网孔电流 I_2，以支路（2）的支路电流作为网孔电流 I_2；（3）、（4）、（6）支路形成一个网孔，由于支路（3）中只有网孔电流 I_3，以支路（3）的支路电流作为网孔电流 I_3；我们假想在网孔 1、网孔 2、网孔 3 中分别有网孔电流 I_1、I_2 和 I_3 沿 3 个网孔回路连续流动着。3 个网孔电流的编号和绕行方向如图 2.5.1(b)所示。支路（5）中则有两个网孔电流 I_1、I_2 同时流过，支路电流 I_5 应为两个网孔电流的代数和，I_1 和 I_2 在支路（5）中的方向与 I_5 的参考方向一致，所以 $I_5 = I_1 + I_2$。如果直接用 KCL 定律，有 $I_5 = I_1 + I_2$。可见，全部支路电流可以通过网孔电流来表达。

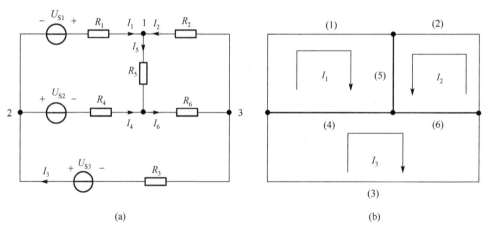

图 2.5.1　网孔电流法示例电路图

网孔电流是沿着网孔回路流动的闭合电流，因此对任一节点来说，网孔电流既流入该节点又流出该节点，所以网孔电流在所有节点处都自动满足 KCL 定律，不需要列写（$n-1$）个 KCL 方程了。独立网孔回路中有一条支路只流过一个网孔电流，这条支路的电流就作为这个独立网孔回路的网孔电流，这是确定独立网孔回路的方法。所以网孔电流是一组相互独立的变量，缺少任何一个网孔电流都不足以求解电路。用网孔电流法求解电路，只需要用 KVL 列写[b-($n-1$)]个独立网孔回路的电压方程就行。

用网孔电流对图 2.5.1(a)电路列出 3 个网孔回路的 KVL 方程如式（2.5.1）

$$
\begin{aligned}
&\text{回路1} \quad R_1 I_1 + R_5(I_1 + I_2) + R_4(I_1 - I_3) = U_{S1} + U_{S2} \\
&\text{回路2} \quad R_2 I_2 + R_5(I_1 + I_2) + R_6(I_2 + I_3) = 0 \\
&\text{回路3} \quad R_3 I_3 + R_4(I_3 - I_1) + R_6(I_2 + I_3) = U_{S3} - U_{S2}
\end{aligned}
\tag{2.5.1}
$$

列方程时注意电流和电源电压的参考方向与我们的回路绕行方向是否一致，用 KVL 列方程有两种方法。如果按电位降之和等于电位升之和列方程，网孔电流与回路绕行方向一致时为正（电位降），等式右边是该网孔回路中理想电压源电压的代数和，电源电压方向（电压方向是电位降方向）与回路绕行方向一致时为负，否则为正。对图 2.5.1(a)电路，回路 1 按网孔电流 I_1 的方向（顺时针方向）作回路绕行方向，等式左边支路（1）中只有网孔电流 I_1 流过，I_1 在支路（1）中的方向与我们的回路绕行方向一致，所以 R_1 的电压是 I_1R_1。支路（5）中流过 I_1、I_2 两个网孔电流，I_1 和 I_2 在 R_5 支路中的方向与我们的回路绕行方向一致，所以 R_5 的电压是 $R_5(I_1+I_2)$，支路（4）中 R_4 上流过 I_1、I_3 两个网孔电流，I_1 的方向与我们的回路绕行方向一致，I_3 的方向与我们的回路绕行方向相反，所以，R_4 的电压是 $R_4(I_1-I_3)$。按我们的回路绕行方向，U_{S1} 和 U_{S2} 都是电位升，所以为正。回路 2 和回路 3 也是一样方式列写。

也可以用 $\sum U=0$ 列方程，电位降为正，电位升为负，即网孔电流和理想电压源电压方向与回路绕行方向一致时为正，否则为负。式（2.5.1）所有电压源电压移到等式左边就得到 $\sum U=0$ 的方程。

需要特别强调的是，列写网孔回路的 KVL 方程时，为了运算简单，与理想电流源串联的电阻或支路作短路处理（如例 2.5.2 的 1Ω 电阻可以先短路），与理想电压源并联的电阻或支路作开路处理（如例 2.5.1 的 R_5 支路可以先开路），不会影响网孔电流的计算结果。

用网孔电流法解题的一般步骤如下：

（1）选取网孔回路。对于有 b 条支路，n 个节点的电路，具有[b-(n-1)]个独立网孔回路。

（2）确定网孔电流的绕行方向。网孔电流的参考方向可以任意指定为顺时针或逆时针方向。

（3）对[b-(n-1)]个独立网孔，以网孔电流为未知量，列写每一网孔回路的 KVL 方程。当电路中有受控源或无伴电流源时需另行处理。

（4）求解上述方程，得到[b-(n-1)]个网孔电流。

（5）求各支路电流以及其他分析。

【例 2.5.1】　电路如图 2.5.2 所示，其中 $U_{S1}=U_{S2}=U_{S3}=2V$，$R_1=R_2=R_3=R_4=R_5=2Ω$，用网孔法求解各支路电流。

解　对于具有电压源和理想电压源电路，直接用网孔电流法列写每一网孔回路的 KVL 方程就行。①取网孔电流 I_1、I_2 和 I_3、I_4；②绕行方向按网孔电流方向，如图 2.5.2 所示。

③ 列写网孔回路电流方程：

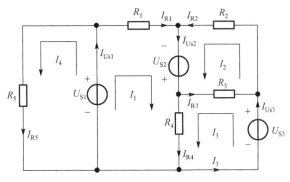

图 2.5.2　例 2.5.1 的电路

网孔 1	$R_1I_1+R_4(I_1+I_3)=U_{S1}+U_{S2}$	方程 1
网孔 2	$R_2I_2+R_3(I_2-I_3)=U_{S2}$	方程 2
网孔 3	$R_3(I_3-I_2)+R_4(I_1+I_3)=U_{S3}$	方程 3

网孔 4 $\qquad$ $I_4 R_5 = U_{S1}$ $\qquad$ 方程 4

代入数据，整理得

$$2I_1 + I_3 = 2$$
$$2I_2 - I_3 = 1$$
$$I_1 - I_2 + 2I_3 = 1$$
$$I_4 = 1$$

④ 解方程组求得

$$I_1 = I_2 = 0.75A$$
$$I_3 = 0.5A$$
$$I_4 = 1A$$

各支路电流

$$I_{R1} = I_1 = 0.75A \quad I_{R2} = I_2 = 0.75A \quad I_{R3} = I_2 - I_3 = 0.25A \quad I_{R4} = I_1 + I_3 = 1.25A$$

$$I_{R5} = I_4 = 1A \quad\quad I_{U_{S1}} = I_1 + I_4 = 1.75A \quad I_{U_{S2}} = I_1 + I_2 = 1.5A \quad I_{U_{S3}} = I_3 = 0.5A$$

用网孔电流法求解电路时，为计算简单，可以先把与理想电压源并联的电阻或支路作开路处理，因为电压由理想电压源确定，与并联支路没有关系。列出方程 1 到方程 3，求得网孔电流 I_1、I_2、I_3 后再回到原始电路求 R_5、U_{S1} 的电流。

2．网孔电流法与无伴电流源问题

当电路中含有电流源电路时，可将它进行等效变换成电压源形式，再按网孔法进行分析，如例 2.5.1 所示。但如果电路里出现无伴电流源支路，就无法进行等效变换，则需要进行一定的处理。有两种处理方法：第一种处理方法是增加方程（及增加变量法）。理想电流源的电流已知电压未知，没办法列 KVL 方程，假设理想电流源的端电压 U，它出现在网孔方程中，多了一个未知量，必须再找出一个理想电流源的电流等于有关网孔电流的代数和的方程；第二种处理方法是适当选取回路，使理想电流源仅出现在一个回路中，且它的电流就是这个回路的回路电流。详见例 2.5.2。

【例 2.5.2】 如图 2.5.3 所示电路，用网孔电流法求各支路电流。

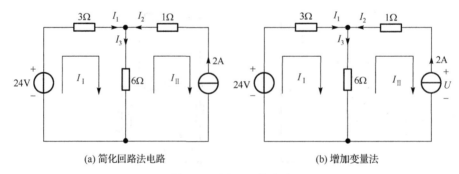

(a) 简化回路法电路 $\qquad\qquad$ (b) 增加变量法

图 2.5.3 例 2.5.2 的电路

解 方法一：设网孔电流方向如图 2.5.3(a)所示，用适当选取回路法得

$$\begin{cases} 回路1 & 3I_I + 6(I_I - I_{II}) = 24 \\ 回路2 & I_{II} = -2A \end{cases}$$

解得

$$I_{\mathrm{I}} = 1.33\mathrm{A}$$
$$I_{\mathrm{II}} = -2\mathrm{A}$$

由此各支路电流　$I_1 = I_{\mathrm{I}} = 1.33\mathrm{A}$　$I_2 = -I_{\mathrm{II}} = 2\mathrm{A}$；$I_3 = I_2 + I_1 = 3.33\mathrm{A}$

方法二：增加变量法

如图 2.5.3(b)所示，设无伴电流源两端电压为 U，列写网孔电流方程为

$$\begin{cases} 3I_{\mathrm{I}} + 6(I_{\mathrm{I}} - I_{\mathrm{II}}) = 24 \cdots\cdots\cdots\cdots\text{方程1} \\ U + 6(I_{\mathrm{II}} - I_{\mathrm{I}}) + I_{\mathrm{II}} = 0 \cdots\cdots\cdots\text{方程2} \\ \text{增加方程：} I_{\mathrm{II}} = -2\mathrm{A} \cdots\cdots\cdots\text{方程3} \end{cases}$$

解得

$$I_{\mathrm{I}} = 1.33\mathrm{A}$$
$$I_{\mathrm{II}} = -2\mathrm{A}$$

与方法一结果相同。此题显然用方法一更简单。也可以先把 1Ω 电阻短路，方程 2 就是 $U + 6(I_{\mathrm{II}} - I_1) = 0$，联立求解 3 个方程，不影响网孔电流的计算结果。

2.6　节点电压法

1. 节点电压法

一个电路只有一个非独立节点，若以这个节点作为电路的参考节点，即作为零电位点，其他节点与此参考节点之间的电压则可以称为节点电压。节点电压的参考极性是以参考节点为负，其余独立节点为正。对于具有 n 个节点和 b 条支路的电路，节点电压法就是以（$n-1$）个独立节点电压为变量，建立 KCL 方程，然后求解节点电压，达到求解电路的一种分析方法。节点电压法适用于结构复杂、非平面电路、独立回路选择麻烦、以及节点少、回路多的电路的分析求解。

如图 2.6.1 所示电路，共有 0、1、2 这 3 个基本节点，以 0 点为参考点，并设其余两个独立节点的电压分别用 U_1、U_2。根据 KCL 有

对节点 1　　　　　　　　　　　　$I_1 + I_3 = I_{\mathrm{S}}$　　　　　　　　　　　　　　(2.6.1)

对节点 2　　　　　　　　　　　　$I_3 + I_4 = I_2$　　　　　　　　　　　　　　(2.6.2)

各支路电流用节点电压表示为

$$I_1 = \frac{U_1 - U_{\mathrm{S1}}}{R_1}; \quad I_2 = \frac{U_2 - U_{\mathrm{S2}}}{R_2}; \quad I_3 = \frac{U_1 - U_2}{R_3}; \quad I_4 = -\frac{U_2}{R_4} \tag{2.6.3}$$

由式（2.6.3）可知，只需求出节点电压，所有的支路电流也就可以求得。

将式（2.6.3）代入式（2.6.1）、式（2.6.2）可得到求解电路的节点电压方程如下

$$\begin{cases} \text{节点1} \quad \dfrac{U_1 - U_{\mathrm{S1}}}{R_1} + \dfrac{U_1 - U_2}{R_3} = I_{\mathrm{S}} \\ \text{节点2} \quad \dfrac{U_1 - U_2}{R_3} - \dfrac{U_2}{R_4} = \dfrac{U_2 - U_{\mathrm{S2}}}{R_2} \text{ 或} \dfrac{U_2 - U_1}{R_3} + \dfrac{U_2}{R_4} + \dfrac{U_2 - U_{\mathrm{S2}}}{R_2} = 0 \end{cases} \tag{2.6.4}$$

联立求解式（2.6.4）后，即可求出节点电压 U_1 和 U_2，代入式（2.6.3）后求出各支路电流和其他待求量。

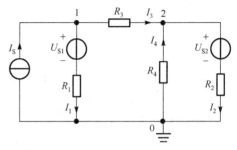

图 2.6.1　节点电压法

列节点电压方程时，因为是针对节点电压列方程，不需要事先指定支路电流的参考方向。针对某一独立节点列 KCL 方程时，连在这节点的某支路电流可以假设流进该节点，也可以假设流出，对另一节点列方程时，该支路电流可以改变方向，如对图 2.6.1 电路，可以假设节点 2 电流都流出节点。

节点电压方程本身已包含了 KVL，而以 KCL 的形式写出，故若要检测答案，应针对节点按支路电流用 KCL 进行。

需要特别强调的是，列写节点电压方程时，与理想电流源串联的电阻（电导）可以先作短路处理，与理想电压源并联的电阻（电导）可以先作开路处理。

节点电压法的解题步骤：

（1）选定参考节点，标定 $n-1$ 个独立节点电压；通常以参考节点为各节点电压的负极性。电路中有理想电压源时，参考节点一般选择理想电压源一端连接的节点。

（2）对 $n-1$ 个独立节点，以节点电压为未知量，列写其 KCL 方程；流入该节点的电流之和等于流出该节点的电流之和；电路有电压源和电流源时，可以直接用节点电压法列方程。当电路中有受控源或无伴电压源时需另行处理。

（3）求解上述方程，得到 $n-1$ 个节点电压。

（4）通过节点电压求各支路电流以及其他分析。

【例 2.6.1】　如图 2.6.2(a)所示，求电流 I 的大小。

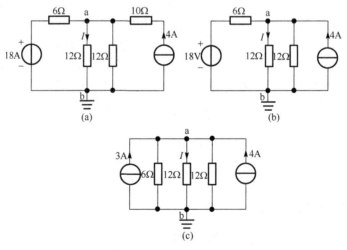

图 2.6.2　例 2.6.1 的电路

解　由图 2.6.2(a)可知，共有 a，b 两个基本节点，设节点 b 为参考节点，即 $U_b = 0$，则节点 a 的电压可设为 U_a。在这里列节点方程时，与理想电流源串联的电阻（或电导）直接将其短路，可等效为图 2.6.2(b)，对于理想电流源电路，可以直接列写 KCL 方程。

对图 2.6.2(b)节点列方程如下

$$\frac{U_a - 18}{6} + \frac{U_a}{12} + \frac{U_a}{12} = 4$$

解之

$$U_a = \frac{\frac{18}{6} + 4}{\frac{1}{6} + \frac{1}{12} + \frac{1}{12}} = 21\text{V} \tag{2.6.5}$$

则

$$I = \frac{U_a}{12} = 1.75\text{A}$$

图 2.6.2(b)电路有一个理想电压源和电阻串联的支路，可以将这个支路等效变换为电流源，如图 2.6.2(c)所示，再列写 KCL 方程如下，计算结果一样。

$$\frac{U_a}{6} + \frac{U_a}{12} + \frac{U_a}{12} = 4 + 3$$

2. 弥尔曼定理

例 2.6.1 中，当电路中只有两个节点时，一个基本节点设为参考节点，另一个基本节点的节点电压可写成式（2.6.6）

$$U = \frac{\sum \dfrac{U_{Sk}}{R_k} + \sum I_{Sj}}{\sum \dfrac{1}{R_i}} \tag{2.6.6}$$

式（2.6.6）被称为弥尔曼定理。分子即是流入该节点的注入电流的代数和，流进节点的电流为正，否则为负。U_{Sk} 和 R_k 是指理想电压源与本支路串联的电阻，注意电压源的电流是从低电位流向高电位的。I_{Sj} 指流入该节点的理想电流源电流的代数和。分母项 R_i 是指汇集于该节点的所有支路的电阻倒数（电导）的代数和。当电路中只有两个节点时直接套用弥尔曼定理非常方便。注意，与理想电流源串联的电阻（电导）不列入公式中。例 2.6.1 直接用弥尔曼定理列方程如式（2.6.5）所示。

3. 节点电压法和无伴电压源问题

当无伴电压源（没有串联电阻的理想电压源）作为一条支路连接于两个节点之间时，该支路的电阻为零，支路电流不能通过节点电压表示，节点电压方程的列写就遇到困难。当电路中存在这类支路时，有两种解决方法。第一种方法叫增加变量法：假设一个无伴电压源的电流，列入 KCL 方程中，有多少无伴电压源，就引入多少无伴电压源的电流，每引入这样的一个变量，同时也增加了一个节点电压与无伴电压源电压之间的一个约束关系。把这些约束关系和节点电压方程合并成一组联立方程组，其方程数仍将与变量数相同；第二种方法叫恰当地选择参考节点法。一般以一个理想电压源的一端为参考节点，另一端的节点电压就是理想电压源的电压，未知节点电压的数目会减少，只需列写其他节点的节点电压方程。

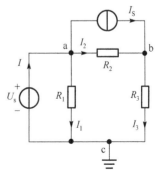

图 2.6.3　例 2.6.2 的电路

【例 2.6.2】如图 2.6.3 所示，已知 $R_1 = 2\Omega$，$R_2 = 1\Omega$，$R_3 = 3\Omega$，$U_s = 4\text{V}$，$I_s = 2\text{A}$，用节点电压法求各支路电流。

解　图中共有 3 个节点，假设节点 c 为参考节点。

方法一：增加变量法。因该电路左边支路仅含有一个理想电压源 U_S，这时可设流过该支路的电流为 I，列节点电压方程如下

$$\begin{cases} \text{节点a} \quad \dfrac{U_a}{R_1} + \dfrac{U_a - U_b}{R_2} + I_S = I \\[3mm] \text{节点b} \quad I_S + \dfrac{U_a - U_b}{R_2} = \dfrac{U_b}{R_3} \end{cases}$$

补充约束方程

$$U_a = U_S = 4V$$

代入数据解上述方程组可得 $U_a = 4V$ 、 $U_b = 4.5V$ 、 $I = 3.5A$

$$\left\{ I_1 = \frac{U_a}{R_1} = 2A; \quad I_2 = \frac{U_a - U_b}{R_2} = -0.5A; \quad I_3 = \frac{U_b}{R_3} = 1.5A \right.$$

方法二：恰当地选择参考节点法。以理想电压源的一端为参考节点，此题假设节点 c 为参考节点。

a 节点 $\qquad\qquad U_a = U_S = 4V$

b 节点 $\qquad\qquad I_S + \dfrac{U_a - U_b}{R_2} = \dfrac{U_b}{R_3}$

解方程组可得 $U_a = 4V$ ， $U_b = 4.5V$ 。显然方法二比方法一要简单容易。

练习与思考

2.6.1　如图 2.6.4 所示电路，利用节点电压法列写节点电压方程，求各节点电压。

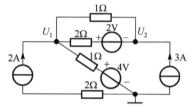

图 2.6.4　练习与思考 2.6.1 的电路

2.7　叠　加　定　理

如图 2.7.1(a)所示电路中有两个电源，各支路中的电流是由这两个电源共同作用产生的。对于线性电路，任何一条支路中的电流或元件上的电压，都可以看成是由电路中各个电源（电压源或电流源）分别作用时，在此支路中所产生的电流的代数和。这就是叠加原理。

叠加原理的思想可用下例说明。

如在图 2.7.1(a)所示的电路中，设已知 U_S、I_S、R_1、R_2、R_3，求电流 I_2 和电压 U。

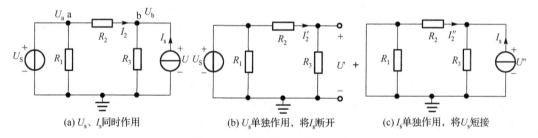

(a) U_s、I_s 同时作用　　　　(b) U_s 单独作用，将 I_s 断开　　　　(c) I_s 单独作用，将 U_s 短接

图 2.7.1　叠加原理示例电路图

电路中有 3 个节点，假设最下面一个节点接地，另外两个是独立节点，假设其节点电压分别是 U_a、U_b，对该两个节点应用节点电压法列 KCL 方程得

a 节点 $\qquad\qquad\qquad U_a = U_S$ $\qquad\qquad\qquad\qquad$ （2.7.1）

b 节点 $\qquad\qquad\qquad \dfrac{U_a - U_b}{R_2} + I_S - \dfrac{U_b}{R_3} = 0$ $\qquad\qquad$ （2.7.2）

解式（2.7.1）、式（2.7.2）的联立方程组得 $U_a = U_S$

$$U = U_b = \frac{R_3}{R_2 + R_3} U_S + \frac{R_2 R_3}{R_2 + R_3} I_S = m_1 U_S + m_2 I_S \qquad （2.7.3）$$

$$I_2 = \frac{U_a - U_b}{R_2} = \frac{1}{R_2 + R_3}U_S - \frac{R_3}{R_2 + R_3}I_S = k_1 U_S + k_2 I_S \qquad (2.7.4)$$

图 2.7.1(b)电路是(a)电路去掉理想电流源（令电流为 0，开路），只有理想电压源作用的电路，由此电路可得 I_2'、U'，显然可见 I_2'、U' 的大小与 U_S 成正比。

$$I_2' = \frac{1}{R_2 + R_3}U_S = k_1 U_S$$

$$U' = I_2' R_3 = \frac{R_3}{R_2 + R_3}U_S = m_1 U_S$$

图 2.7.1(c)电路是(a)电路去掉理想电压源（令电压为 0，短路），只有理想电流源作用的电路，由此电路可得 I_2''、U''，因为 I_2'' 的参考方向同它的实际方向相反，所以带负号。另外，还可以看出 I_2''、U'' 的大小与 I_S 成正比。

$$I_2'' = -\frac{R_3}{R_2 + R_3}I_S = k_2 I_S$$

$$U'' = \frac{R_2 R_3}{R_2 + R_3}I_S = m_2 I_S$$

由此可知，图 2.7.1(a)所示电路求得的电流、电压，即式（2.7.3）、式（2.7.4），等于只有理想电压源作用的图 2.7.1(b)电路和只有理想电流源作用的图 2.7.1(c)电路求得的电流、电压的叠加，即

$$I_2 = I_2' + I_2''$$
$$U = U' + U''$$

应用叠加原理的注意事项：

（1）叠加原理只适用于线性电路。

（2）线性电路的电流或电压均可用叠加原理计算，但功率 P 不能用叠加原理计算。例

$$P_1 = I_1^2 R_1 = (I_1' + I_1'')^2 R_1 \neq I_1'^2 R_1 + I_1''^2 R_1$$

（3）不作用电源的处理：将理想电压源短接，即其电动势为零；将理想电流源开路，即其电流为零，但是它们的内阻（如果给出的话）应保留。

（4）解题时要标明各支路电流、电压的参考方向。单电源起作用的电路中电流、电压的参考方向最好是实际方向，但叠加时一定要注意，若电源单独作用时产生的电流、电压与原电路中电流、电压的参考方向相反时，叠加时相应项前要带负号。

（5）用叠加原理计算复杂电路，就是把一个多电源的复杂电路化为几个单电源电路来进行计算。如图 2.7.1(a)所示电路有两个电源，就画两个电源单独作用的电路分别求解。叠加方式是任意的，可以一次一个独立源单独作用，也可以一次几个独立源同时作用，取决于使分析计算简便，但是每个独立电源必须且只能作用一次。

叠加定理是分析计算线性问题的普遍原理，在线性电路中，各个激励所产生的响应是互不影响的，一个激励的存在并不会影响另一个激励所引起的响应。利用叠加定理分析线性电路，有助于简化复杂电路的计算。其基本思想是将具有多个电源的复杂电路转化为几个具有单个电源的简单电路来分析。但在电路中独立电源个数较多时，其使用并不方便。

【例 2.7.1】 求图 2.7.2(a)所示电路的电压 U。

解 将 3A 电流源作为一组电源，其他电源作为一组。电路的电压可以看成是由图(b)和图(c)所示两个电路的电压叠加起来的。

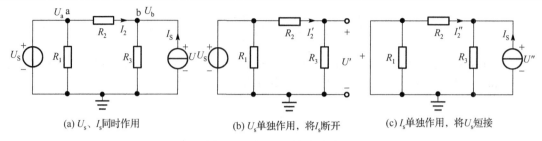

(a) U_s、I_s同时作用   (b) U_s单独作用，将I_s断开   (c) I_s单独作用，将U_s短接

图 2.7.2 例 2.7.1 的电路图

由图(b)，3A 电流源作用

$$U' = (12 \mathbin{/\mkern-5mu/} 6 + 2) \times 3 = 18\text{V}$$

由图(c)，其余电源作用

$$I'' = (6 + 12) / (12 + 6) = 1\text{A}$$

$$U'' = 12I'' - 6 + 2 \times 1 - 2 = 6\text{V}$$

所以

$$U = U' + U'' = 24\text{V}$$

在实际电路中，常常遇到很复杂的电路，甚至电路结构不知道，如图 2.7.4 虚线部分是无源线性网络，内部结构不详，想知道给这个网络中加上电源后，输出端的响应该是多少？利用叠加原理不需要知道其内部结构，通过研究激励和响应关系的实验方法，多次给网络加上电源，同时测出输出端的响应，利用叠加原理，找出输出与输入的关系，就可以解决这个问题。在例 2.7.2 中介绍了这个方法。

【例 2.7.2】 如图 2.7.3 所示电路中，试求当 $U_S = 3\text{V}$，$I_S = 5\text{A}$ 时，U_1 为多少？通过实验知道下列实验数据，当 $U_S = 1\text{V}$、$I_S = 1\text{A}$ 时，$U_1 = 1\text{V}$；当 $U_S = 10\text{V}$、$I_S = 0\text{A}$ 时，$U_1 = 2\text{V}$。

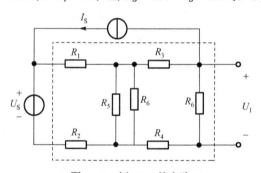

图 2.7.3 例 2.7.2 的电路

解 把虚线内部分看成封装好的电路，无源线性网络的输出响应由 U_S、I_S 两个独立源共同产生。由叠加原理知，U_S 单独作用产生的响应 U_1' 与 U_S 成正比，I_S 单独作用产生的响应 U_1'' 与 I_S 成正比，所以

$$U_1 = U_1' + U_1''$$

设

$$U_1 = k_1 U_S + k_2 I_S$$

代入已知条件得：

$$k_1 + k_2 = 1$$
$$10k_1 = 2$$

解得

$$k_1 = 0.2$$
$$k_2 = 0.8$$

当 $U_S = 3V$，$I_S = 5A$ 时，

$$U_1 = 0.2U_S + 0.8I_S = 4.6V$$

练习与思考

2.7.1　图 2.7.4 电路中，已知：$U_S = 10V$，$I_1 = 2A$，$R_1 = 5\Omega$，N 为电压源，电压源内阻 $R_0 = 5\Omega$，试用叠加原理求当 U_S 由 10V 增为 20V 时的电流 I_1。

2.7.2　如图 2.7.5 所示电路中，已知 $U_{S1} = 8V$，$U_{S2} = 8V$。当 U_{S2} 单独作用时，电阻 R 中的电流是 2mA。那么当 U_{S1} 单独作用时，电压 U_{AB} 是多少？

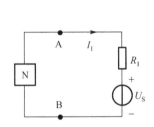

图 2.7.4　练习与思考 2.7.1 的电路

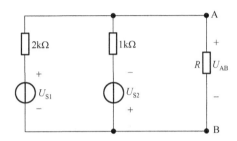

图 2.7.5　练习与思考 2.7.2 的电路

2.7.3　如图 2.7.6(a)所示电路中，已知 $U_{S1} = 4V$，$U_{ab} = 5V$，若将恒压源除去后，如图 2.7.6(b)所示，问 U_{ab} 等于多少？

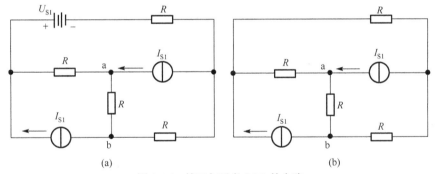

图 2.7.6　练习与思考 2.7.3 的电路

2.8　戴维南定理和诺顿定理

2.8.1　等效电源定理

戴维南与诺顿等效电路是电路简化方法，这种方法将注意力集中在二端网络的两个端子特性上，对电路分析有很大帮助。当只需要计算复杂电路中的一条支路电流或电压的时候，用前面几节所述的方法来计算，要解很多方程。为了使计算简便些，常常应用等效电源定理，即戴维南定理和诺顿定理。待求支路为无源支路或有源支路均可以。戴维南与诺顿等效电路可以用于任何由线性元件组成的电路。

等效电源定理就是将有源二端网络用一个等效电源替代的定理。图 2.1.1(c)虚线框部分是一个有源

二端网络，可以简化为一个等效电源，如图 2.1.1(d)虚线框部分。由于一个电源可以用两种电路模型表示，它们都是实际电源的两种电路模型，有两种等效电源。因此，等效电源定理分为等效为电压源的戴维南定理和等效为电流源的诺顿定理。

2.8.2 戴维南定理

如图 2.8.1 所示电路。(a)图有源二端网络表示由电源（独立电源和非独立电源）和电阻组成的任何电路，字母 a 和 b 表示一对端子。(b)图所示是戴维南等效电路，戴维南等效电路是一个理想电压源 U_S 和一个电阻 R_0 的串联，用它来替代原始的有源二端网络。如果将相同的负载接到图(a)、图(b)两个电路的 a、b 端，则在负载端将得到相同的电压和电流，对于负载电阻所有可能的值，等效性保持不变。

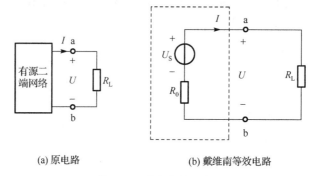

(a) 原电路　　　　　　　　　　　　(b) 戴维南等效电路

图 2.8.1　戴维南等效电路

为了用戴维南等效电路表示图 2.8.1(a)的有源二端网络，必须确定戴维南电压 U_S 和戴维南电阻 R_0。首先应当注意如果负载电阻无穷大，电路就具备了开路的条件，图 2.8.1(b)所示电路 a、b 端的开路电压是 U_S。根据假设，它一定与图 2.8.1(a)有源二端网络 a、b 端的开路电压 U_0 相同，即

$$U_S = U_0$$

那么，要想获得戴维南电压 U_S，就可以简单地计算原始电路有源二端网络 a、b 端的开路电压。

将负载电阻减少到零，电路就具备了短路条件。如果将图 2.8.1(b)戴维南等效电路的 a、b 端短路，则直接从 a 到 b 的短路电流为 I_S，由此，戴维南等效电阻应是式（2.8.1）。根据假设，这个短路电流 I_S 一定与图 2.8.1(a)原始有源二端网络 a、b 端的短路电流相同。

$$R_0 = \frac{U_S}{I_S} \tag{2.8.1}$$

因此，戴维南电阻是计算原始电路有源二端网络 a、b 端的开路电压和短路电流的比。显然，在图 2.8.1(b)中，从 a、b 端向左看，将理想电压源短路后戴维南等效电路就只有戴维南电阻 R_0 了，根据等效概念，戴维南电阻 R_0 也应该等于将原始电路图 2.8.1(a)有源二端网络中所有电源去掉后变为无源二端网络的等效电阻。

戴维南定理总结如下：任何一个有源二端线性网络都可以用一个电压为 U_S 的理想电压源和内阻 R_0 串联的电压源来等效替代。如图 2.8.1 所示。等效电源的电压 U_S 就是有源二端网络的开路电压 U_0，即把负载断开后 a、b 两端之间的电压。等效电源的内阻 R_0 等于有源二端网络中所有独立电源置零（理想电压源短路，理想电流源开路）后所得到的无源二端网络 a、b 两端之间的等效电阻。（R_0 也可以用式（2.8.1）求得）

用戴维南定理计算某一个支路电流的步骤：

（1）求开路电压 U_0。首先把要求支路电流的支路拉出来作为负载，其他部分就是一个有源二端网络，确定 a、b 两端点，支路电流从 a 流到 b，如图 2.8.2(a)所示。计算 a、b 端开路的电压 U_0，注意开路电压的参考方向与所求支路电流参考方向一致，即 a 到 b，如图 2.8.2(a)所示。

（2）求等效电源的内阻 R_0。将有源二端网络变为无源二端网络，求无源二端网络 a、b 端看进去的等效电阻。也可将图 2.8.2(a)的 a、b 短路，求短路线中的电流 I_S，如图 2.8.2(b)所示。注意 I_S 的参考方向与所求支路电流参考方向一致，即从 a 流到 b，然后用式（2.8.1）求得 R_0。

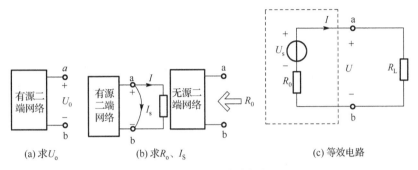

(a) 求 U_0　　　　(b) 求 R_0、I_S　　　　(c) 等效电路

图 2.8.2　解题步骤电路

（3）组成戴维南等效电路，如图 2.8.2(c)所示。因为 a 端为所求开路电压 U_0 参考方向的"+"极性端，则在画等效电压源时使正极向着 a 端。最后用欧姆定律即可算出所求支路电流，如下式

$$I = \frac{U_S}{R_0 + R_L} \tag{2.8.2}$$

【例 2.8.1】　用戴维南定理求图 2.8.3(a)所示电路中的电流 I。图中，$R_1 = R_2 = R = 4\Omega$。

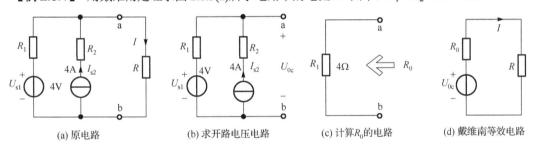

(a) 原电路　　　　(b) 求开路电压电路　　　　(c) 计算 R_0 的电路　　　　(d) 戴维南等效电路

图 2.8.3　例 2.8.1 的电路

解　（1）求开路电压 U_0：将待求支路电阻 R 作为负载断开，电路的剩余部分构成有源二端网络，如图 2.8.3(b)所示。求解网络的开路电压 U_{OC}。

$$U_{OC} = U_{S_1} + I_{S_2} R_1 = 20\text{V}$$

（2）求等效电压源内阻 R_0，将图 2.8.3(a)电路中的理想电压源短路、理想电流源开路，得到如图 2.8.3(c)所示无源二端网络，其等效电阻为

$$R_0 = R_1 = 4\Omega$$

（3）画出戴维南等效电路，接入负载 R 支路，如图 2.8.3(d)所示，求得

$$I = \frac{U_{OC}}{R_0 + R} = \frac{20}{4+4} = 2.5\text{A}$$

2.8.3　诺顿定理

诺顿等效电路由一个理想电流源和诺顿等效电阻并联组成，如图 2.8.4 所示。利用电源变换，可以简单地从戴维南等效电路得到诺顿等效电路，因此诺顿电流等于有源二端网络端口的短路电流，诺顿等效电阻等于戴维南等效电阻。当网络仅包含独立源时，可以利用电源变换得到戴维南或诺顿等效电路。

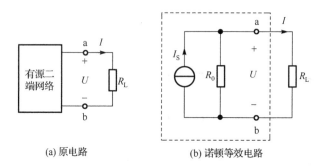

(a) 原电路　　　　　　　　　　　　(b) 诺顿等效电路

图 2.8.4　诺顿等效电路

诺顿定理总结如下：任何一个有源二端线性网络都可以用一个电流为 I_S 的理想电流源和内阻 R_0 并联的电源来等效替代，如图 2.8.4 所示。等效电源的电流 I_S 就是有源二端网络的短路电流，即将 a、b 两端短接后短路线中的电流 I_{ab}。等效电源的内阻 R_0 等于有源二端网络中所有电源均除去（理想电压源短路，理想电流源开路）后所得到的无源二端网络 a、b 两端之间的等效电阻。

用诺顿定理计算某一个支路电流的步骤：

（1）求短路电流 I_S。首先把要求支路电流的支路拉出来作为负载，其他部分就是一个有源二端网络，确定 a、b 两端点，支路电流从 a 流到 b，如图 2.8.5(a)所示。计算 a、b 端短路的短路电流 I_S，注意短路电流的参考方向与所求支路电流参考方向一致，即 a 流到 b。

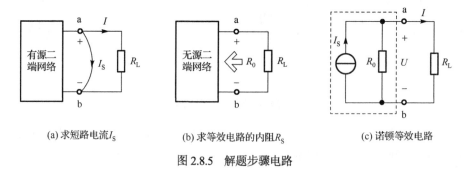

(a) 求短路电流 I_S　　　　　　(b) 求等效电路的内阻 R_S　　　　　　(c) 诺顿等效电路

图 2.8.5　解题步骤电路

（2）求等效电路的内阻 R_0。与戴维南定理的计算方法一样，如图 2.8.5(b)所示。

（3）构成诺顿等效电路。如图 2.8.5(c)所示。因为所求短路电流由 a 流到 b，则诺顿等效电流源的电流 I_S 应该是从 b 流到 a，因为电源内部电流由低电位流到高电位。最后用分流原理即可算出所求支路电流。

$$I = \frac{R_0}{R_0 + R_L} I \qquad\qquad (2.8.3)$$

【例 2.8.2】　用诺顿定理求图 2.8.6(a)电路的电流 I。其中 $R_1 = 4\Omega$，$R_2 = 2\Omega$，$R_3 = 10\Omega$。

　　解　（1）确定 a、b 两端点，求短路电流 I_S，如图 2.8.6(b)所示。

$$I_2 = \frac{12+24}{10} = 3.6A \quad I_2 = 1A$$

$$I_S = I_1 + I_2 = 6A + 1A = 7A$$

（2）求等效电阻 R_0，将理想电压源短路、理想电流源开路，得到如图 2.8.6(c)所示无源二端网络。

$$R_0 = R_2 = 2\Omega$$

（3）组成诺顿等效电路求 I，如图 2.8.6(d)所示，应用分流公式得

$$I = \frac{R_0}{R_0 + R_1} I_S = \frac{2}{4+2} \times 7 = \frac{7}{3}A = 2.33A$$

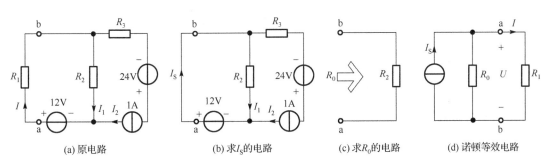

图 2.8.6 例 2.8.2 的电路

练习与思考

2.8.1 如图 2.8.7 所示电路中，网络 N 只含电阻，当 $U_{S1} = 10V$，$U_{S2} = 0$ 时，$I = -4A$；当 $U_{S1} = 0$，$U_{S2} = 2V$ 时，$I = 1A$。则从 a，b 端看去的诺顿等效电路中，I_{SC} 和 R_0 应是多少。

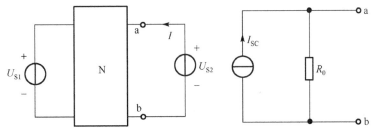

图 2.8.7 练习与思考 2.8.1 的电路

2.8.2 求图 2.8.8 所示电路的戴维南与诺顿等效电路。

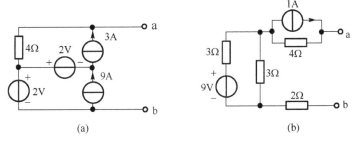

图 2.8.8 练习与思考 2.8.2 的电路

2.8.3 在图 2.8.9 的电路中，N 为一直流电源。当开关 S 断开时，电压表读数为 10V；当开关 S 闭合时，电流表读数为 1A。试求该直流电源 N 的电压源模型与电流源模型。

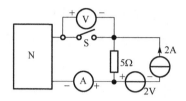

图 2.8.9 练习与思考 2.8.3 的电路

2.9 最大功率传输定理

在工程应用中，经常需要考虑这样一个问题，即负载在什么条件下才能获得最大的功率。比如说，在什么条件下放大器才能得到有效利用，从而使扬声器（作为放大器的负载）输出最大的音量？这就是最大功率传输问题。

该问题可以用图 2.9.1 进行描述，N_S 是一个含源线性二端网络，R_L 是一个变化的负载，当 N_S 已经给定时，负载获得最大功率的条件，即负载为何值时获得最大功率？最大功率又是多少？

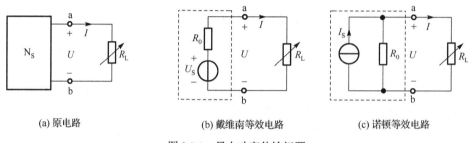

(a) 原电路 (b) 戴维南等效电路 (c) 诺顿等效电路

图 2.9.1 最大功率传输问题

根据等效电源定理，一个有源二端网络总可以等效为一个理想电压源与电阻的串联，戴维南定理，或等效为一个理想电流源与电阻的并联，诺顿定理，如图 2.9.1(b) 所示是等效的戴维南电路，如图 2.9.1(c) 是等效的诺顿等效电路。所以，最大功率传输问题实际上是等效电源定理的应用问题。

由图 2.9.1(b) 知道，流过负载 R_L 的电流为式（2.9.1）

$$I = \frac{U_S}{R_L + R_0} \tag{2.9.1}$$

则负载获得的功率为

$$P_L = I^2 R_L = \frac{U_S{}^2 R_L}{(R_L + R_0)^2} \tag{2.9.2}$$

由数学知识知道，令 $\dfrac{\mathrm{d}P_L}{\mathrm{d}R_L} = 0$，得最大功率时的 R_L 为

$$R_L = R_0 \tag{2.9.3}$$

将式（2.9.2）作图 2.9.2 也可以看出 $R_L = R_0$ 时负载获得最大功率。

将式（2.9.3）代入式（2.9.2），得负载获得的最大功率为

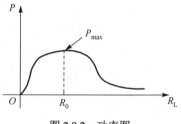

图 2.9.2 功率图

$$P_{Lmax} = \frac{U_S^2}{4R_0} \qquad (2.9.4)$$

如果由如图 2.9.1(c)诺顿等效电路来等效有源二端网络 N_S，由电源等效变换 $U_S = I_S R_0$ 得负载获得的最大功率为

$$P_{Lmax} = \frac{I_S^2 R_0}{4} \qquad (2.9.5)$$

归纳以上结果可得：设一可变负载电阻 R_L 接在有源线性二端网络 N_S 上，二端网络的开路电压计算得 $U_{OC} = U_S$、短路电流 $I_{SC} = I_S$，$R_{eq} = R_0$，当负载电阻 R_L 与该含源二端网络的等效内阻 R_0 相等时，负载电阻上获得最大功率，且最大功率为 $U_S^2/4R_0$（对于戴维南等效电路）或 $P_{Lmax} = I_S^2 R_0/4$（对于诺顿等效电路）。这个定理称为最大功率传输定理。$R_L = R_0$ 称为最大功率匹配条件。

需要注意的是，当负载获得最大功率时，有 $R_L = R_0$，则电源的内阻消耗的功率与负载获得的功率是相等的，都是 $U_S^2/4R_0$，也就是说，电源输出的功率有一半浪费在自己本身的内阻上了。因此，负载获得最大功率时电源的效率并不高，只有 50%。实际电路系统中一般不希望出现这种情况，往往要采取办法来提高效率。

【例 2.9.1】 如图 2.9.3(a)所示电路，R 是可调电阻，欲使 5Ω 电阻获得最大功率，求可调电阻 R 应调到何值，并求 5Ω 电阻获得的最大功率。

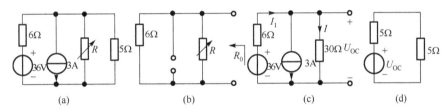

图 2.9.3　例 2.9.1 的电路

解　将 5Ω 电阻左侧电路看成一个含源二端网络，求它的戴维南等效模型，如图 2.9.3(d)所示。

第一步：欲使 5Ω 电阻获得最大功率，求可调电阻 R 应调到何值。

求该含源二端网络的等效内阻 R_0 的电路如图 2.9.3(b)所示，这时等效内阻是 R 与 6Ω 并联，即

$$R_0 = \frac{6R}{R+6}$$

由最大功率的匹配条件，当 $R_0 = R_L = 5\Omega$ 时，5Ω 电阻可以获得最大功率，即

$$\frac{6R}{R+6} = 5$$

解得　　　　　　　　　　　　　　　　　$R = 30\Omega$

这时该含源二端网络的等效内阻为　　　　$R_0 = 5\Omega$

第二步：再求该含源二端网络的开路电压 U_{OC}，电路如图 2.9.3(c)所示，由支路电流法得

$$\begin{cases} I_1 = I + 3 \\ 6I_1 + 30I = 36 \end{cases}$$

解得　　　　　　　　　　　　　　　　　$I = 0.5A$

开路电压 $$U_{OC} = 30I = 15V$$

第三步：用戴维南等效模型替换后的电路如图 2.9.3(d)所示，$U_{OC} = 15V$，$R_0 = 5\Omega$。因此，欲使 5Ω 电阻获得最大功率，可调电阻应为 $R = 30\Omega$，这时 5Ω 电阻获得的最大功率为

$$P_{max} = \frac{U_{OC}^2}{4R_0} = \frac{15^2}{4 \times 5}W = 11.25W$$

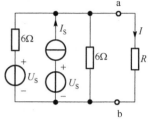

图 2.9.4 练习与思考 2.9.1 的电路

练习与思考

2.9.1 在图 2.9.4 电路中，已知：当 $R = 12\Omega$ 时，$I = 4A$。试问：（1）当 $R = 24\Omega$ 时，I 为多少？（2）R 为多大时，它吸收的功率最大并求此最大功率。

2.10 含受控源电路的分析

网络拓扑的约束和元件的电压电流关系（VCR）是电路分析与综合的依据。前面介绍的各种方法和定理都适用于计算受控源电路，但必须掌握受控源是非独立源这一特点，它的电压电流都随控制量的控制。下面简要介绍受控源的分析方法。

受控源的分析方法：

（1）受控电压源的端电压或受控电流源的输出电流的大小和方向只随其控制量的大小和方向的变化而变化，若控制量不变，受控电压源的端电压或受控电流源的输出电流将不会随外电路变化而变化。即受控源在控制量不变的情况下，其特性与独立源相同。

（2）对于独立源推导得出的结论，基本也适用于受控源。

（3）在对含受控源电路的分析过程中，受控源的控制量所在支路必须保留，不允许有任何改变。

（4）本章介绍的电路分析方法和定理用于受控源电路时，受控电源的控制量，需要用相应变量加以表示，即必须增加由非独立电源提供的约束方程。

受控源和独立源一样可以进行电源转换；但转换过程中要特别小心，注意不要把受控源的控制量变换掉了。受控源的控制量这条支路最好不要动。如【例 2.10.1】【例 2.10.2】所示。

支路电流法用于受控源电路时，受控电源的控制量需要用支路电流加以表示。如【例 2.10.2】所示。

网孔电流法用于受控源电路时，如果受控电源是受控电压源，把它的电压作为电压源暂时列于 KVL 方程中；如果受控电源是受控电流源，可参照前面处理独立电流源的方法进行。但受控电源的控制量，需要用网孔电流加以表示，即网孔电流方程必须增加由非独立电源提供的约束方程。【例 2.10.3】所示。

节点电压法用于包含受控源电路时，如果受控电源是受控电流源，把它的电流作为电流源暂时列于 KCL 方程中；如果受控电源是受控电压源，可参照前面处理独立电压源的方法进行。但受控电源的控制量，需要用节点电压加以表示，即节点电压方程必须增加由非独立电源提供的约束方程。如【例 2.10.4】所示。

叠加原理用于包含受控源电路时，有两种处理方法，一种方法是把受控源当做非独立电源处理，如【例 2.10.5】所示，在图 2.10.5(b)和(c)中，保留了受控电源，但使用叠加原理时要注意，如果控制量的参考方向改变，受控电源的参考方向也应相应改变。另一种方法是把受控电源当做独立电源处理，但当它单独作用时，应保持原来的受控量，本例即为 $2I_1$。

　　戴维南定理和诺顿定理用于包含受控源电路时，由于非独立源的存在需要保持控制电压或电流的特性，而且控制量和受控量之间的约束关系通常禁止用电源变换连续地简化电路，防止控制量支路参与变换。处理原则是：①被等效电路内部与负载内部不应有任何联系（控制量为端口 U 或 I 除外）。②求 R_0 一般不能用电阻的串并联方法，用外加电压法或开路电压除以短路电流法。开路电压除以短路电流法，是在原始电路求 ab 两端口的开路电压和短路电流，开路电压除以短路电流就是等效电阻 R_0。外加电压法首先要把 ab 两端口被等效部分处理为无源二端网络，然后在 ab 两端口加个电源电压，产生电流，求出电源电压电流关系式，电压除以电流就是等效电阻 R_0。如【例 2.10.6】所示。

　　【例 2.10.1】　如图 2.10.1 所示的电路，试用电路等效变换求出电流 I。

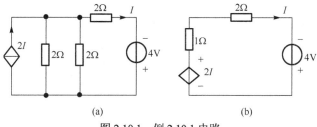

图 2.10.1　例 2.10.1 电路

　　解　利用等效变换，将 CCCS 与电阻的并联组合变换为 CCVS 的串联组合，如图 2.10.1(b)所示，根据 KVL

$$-2I + (1+2)I = 4　　　　求得 I = 4A$$

　　【例 2.10.2】　如图 2.10.2 所示电路，用支路电流法求出电流 I。

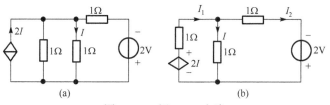

图 2.10.2　例 2.10.2 电路

　　解　将图 2.10.2(a)变换为图(b)，在做题时一定要注意，利用电源等效变换时控制量支路一定不能变换，否则控制量改变了，只能其他部分进行等效变换。对图 2.10.2(b)利用支路电流法来计算。

$$I + I_2 = I_1$$
$$2I - I - I_1 = 0$$
$$I_2 - 2 - I = 0$$

联立求解 3 个方程得

$$I = I_1 = -2V$$
$$I_2 = 0$$

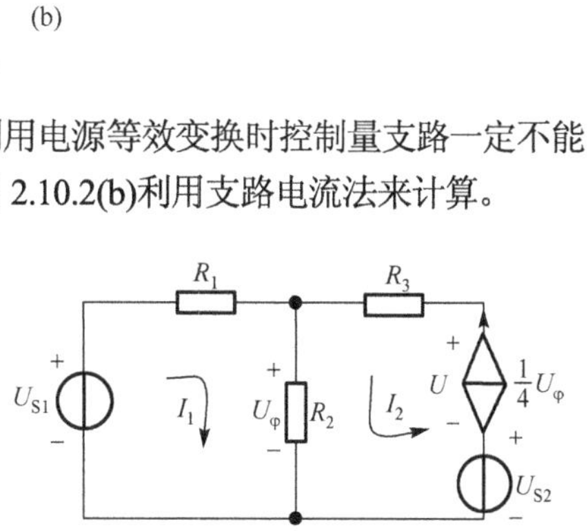

　　【例 2.10.3】　用网孔电流法求解图 2.10.3 电路中受控源的功率。其中 $U_{S1} = 10V$，$U_{S2} = 4V$，$R_1 = 1\Omega$，$R_2 = 2\Omega$，$R_3 = 3\Omega$。

图 2.10.3　例 2.10.3 的电路

　　解　选取图中网孔回路，网孔电流方向如图 2.10.3 所示，列写网孔电流方程

$$R_1 I_1 + U_\varphi = U_{S1}　　　　　　　　　　①$$

$$I_2 = \frac{U_\varphi}{4}　　　　　　　　　　②$$

其中，U_φ 为受控电流源的控制量，需要用网孔电流表示，所以增补一个方程

$$U_\varphi = R_2(I_2 + I_1) \qquad\qquad ③$$

解方程组得 　　　　　　　　　　$U_\varphi = 8 \qquad I_1 = I_2 = 2\text{A}$

受控源两端的电压　　　　　　　$U_\varphi - U_{S2} - U + I_2 R_3 = 0$

解得　　　　　　　　　　　　　$U = 10\text{V}$

受控源的功率　　　　　　　　　$P = -UI_2 = -20\text{W}$

【例2.10.4】 电路如图 2.10.4 所示，使用节点电压法求消耗在 2Ω 电阻上的功率。

解　电路有 3 个基本节点，需要 2 个节点电压方程描述电路。4 个支路终止于较低的节点，所以选择较低的节点作为参考节点。定义 2 个未知节点电压，如图 2.10.4 所示。

对节点 1 列写 KCL 方程得　　$\dfrac{U_1 - 24}{3} + \dfrac{U_1}{6} + \dfrac{U_1 - U_2}{2} = 0$

对节点 2 列写 KCL 方程得　　$\dfrac{U_2 - U_1}{2} + \dfrac{U_2}{4} + \dfrac{U_2 - 2I_S}{1} = 0$

所列的 2 个方程包含 3 个未知数，即 U_1、U_2 和 I_S。为了消去 I_S，必须用节点电压来表示这个控制电流，即

$$I_S = \frac{U_1 - U_2}{2}$$

将上述关系式代入节点 2 的方程，化简两个节点电压方程，得

$$U_1 - \frac{1}{2}U_2 = 8$$

$$11U_2 = 6U_1$$

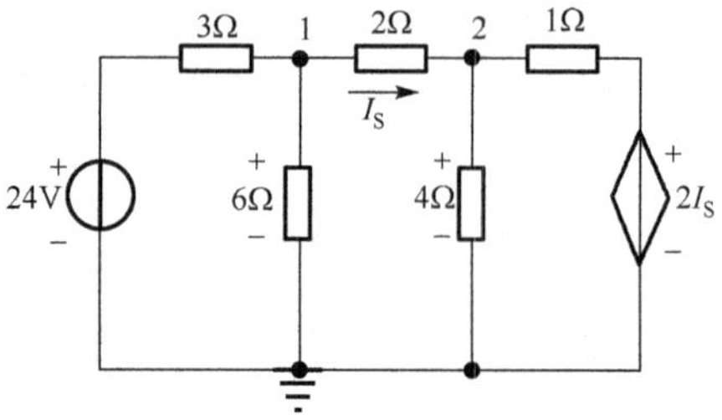

图 2.10.4　例 2.10.4 的电路

解 U_1 和 U_2 得　　　$U_1 = 11\text{V}$ 和 $U_2 = 6\text{V}$ 　　　　$I_S = \dfrac{11-6}{2} = 2.5\text{A}$

$$P_{5\Omega} = 2.5 \times (11-6) = 12.5\text{W}$$

【例2.10.5】 如图 2.10.5 所示，其中 $R_1 = 18\Omega$、$R_2 = 30\Omega$，$R_3 = 30\Omega$，试求电流 I_1。

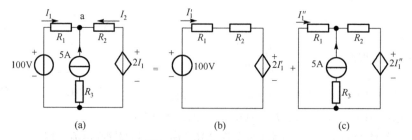

图 2.10.5　例 2.10.5 电路

解　方法一：用支路电流法

对结点 a　　　　　　　　　　　　　　$I_1 + I_2 = -5$

对大回路 $\qquad\qquad\qquad\qquad 18I_1 - 30I_2 + 2I_1 = 100$

解两个方程组得 $\qquad\qquad\qquad\qquad I_1 = -1\text{A}$

方法二：用叠加原理

电压源作用如图 2.10.5(b)所示

$$18I_1' + 30I_1' + 2I_1' = 100$$

$$I_1' = 2\text{A}$$

电流源作用如图 2.10.5(c)所示

对大回路 $\qquad\qquad\qquad\qquad 18I_1'' + 30(5 + I_1'') + 2I_1'' = 0$

$$I_1'' = -3\text{A}$$

所以 $\qquad\qquad\qquad\qquad I_1 = I_1' + I_1'' = 2 - 3 = -1\text{A}$

【**例 2.10.6**】如图 2.10.6(a)所示电路，利用戴维南定理分析含受控源的电路，求电压 U。$R_1 = 2\Omega$、$R_2 = 6\Omega$、$R_3 = 32\Omega$、$R_4 = 10\Omega$。

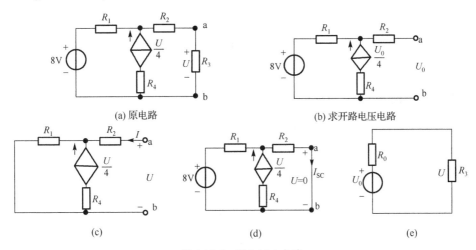

(a) 原电路　　　　　　(b) 求开路电压电路

(c)　　　　　　(d)　　　　　　(e)

图 2.10.6　例 2.10.6 电路

解　1. 求 U_0，如图 2.10.6(b)所示。$U_0 = 2 \times \dfrac{U_0}{4} + 8 \qquad\qquad \therefore U_0 = 16\text{V}$

2. 求 R_0

方法一：外加电压法。如图 2.10.6(c)所示用外加电压法，把 8V 电压源短路，R_3 电阻拿走，ab 两端加电压 U，产生电流 I，注意控制量变为 U 了，受控电流源的电流也要相应变为 $\dfrac{U}{4}$，列 U、I 方程得

$$U = 6I + 2\left(I + \frac{U}{4}\right) \qquad \therefore \frac{U}{2} = 8I \qquad 则 R_0 = \frac{U}{I} = 16\Omega$$

方法二：开路电压除以短路电流法。或将图 2.10.6(a)电路 ab 两端短路，如图 2.10.6(d)所示，求得短路电流，用开路电压除以短路电流法。注意，由于 ab 两端短路，U 为 0，受控电流源的电流变为 0。

$$I_{\mathrm{SC}}=\frac{8}{2+6}\mathrm{A}=1\mathrm{A}\ ,\ \ R_0=\frac{U_0}{I_{\mathrm{SC}}}=16\Omega$$

3．作出戴维南等效电路如图 2.10.6(e)所示，求电压 U

$$U=\frac{32}{16+32}\times16\mathrm{V}=\frac{32}{3}\mathrm{V}=10.67\mathrm{V}$$

练习与思考

2.10.1 图 2.10.7 所示电路，用戴维南定理求 10Ω 电阻的电流。

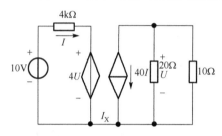
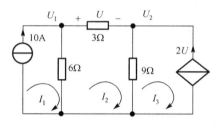

图 2.10.7 练习与思考 2.10.1 的电路　　　图 2.10.8　　练习与思考 2.10.2 的电路

2.10.2 试用节点电压法和网孔电流法求图 2.10.8 电路中电压 U 。

2.11　非线性电阻电路

2.11.1　非线性电阻的伏安特性曲线

　　线性电阻的电阻值是常数，线性电阻两端的电压和通过它的电流成正比，满足欧姆定律。线性电阻的伏安特性曲线是一条通过坐标原点的直线，如图 1.3.2(a)所示。

　　非线性电阻的电阻值不是常数，随电压或电流值的变化而变化，电压与电流不成正比，伏安特性曲线不是通过坐标原点的直线，而是非线性的，可通过实验方法测得，如图 1.3.2(b)所示是半导体二极管的伏安特性曲线。有的非线性电阻的伏安特性关系可以近似用一个表达式来描述。非线性电阻的电路符号如图 2.11.1 所示。

图 2.11.1　非线性电阻电路符号

　　当非线性电阻元件串或并联时，如果已知各非线性电阻元件的伏安特性曲线，可以把非线性电阻元件串联或并联后等效电阻的伏安特性曲线求出来。

　　设有两个非线性电阻（如两个二极管）串联，如图 2.11.2(a)所示，它们的伏安特性曲线分别如图 2.11.2(b)中曲线 D_1、D_2 所示。我们现在要确定它们串联后等效电阻的伏安特性曲线。

　　由 KVL 及 KCL 可知　　　　　　　　　$U=U_1+U_2$

$$I=I_1=I_2$$

　　因此，只要对每一个特定的电流 I，我们把它在 D_1 和 D_2 伏安特性曲线对应的电压值 U_1 和 U_2 相加，便可得到串联后的伏安特性曲线 D，如图 2.11.2(b)所示。根据等效的定义，这条曲线也就是串联等效电阻的伏安特性曲线。

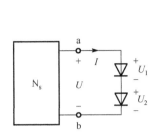
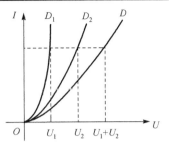

(a) 非线性电阻元件串联　　　　　　(b) 串联等效电阻的伏安特性曲线

图 2.11.2　非线性电阻元件串联

设有两个非线性电阻（如两个二极管）并联，电路如图 2.11.3(a)所示，它们的伏安特性曲线分别如图 2.11.3(b)中曲线 D_1、D_2 所示。由 KCL 及 KVL 可知

$$I = I_1 + I_2$$

$$U = U_1 = U_2$$

只要对每一个特定的电压 U，我们把它在 D_1 和 D_2 伏安特性曲线上所对应的电流值 I_1、I_2 相加，便可得到并联后的伏安特性曲线 D，如图 2.11.3(b)所示。根据等效的定义，这条曲线也就是并联等效电阻的伏安特性曲线。

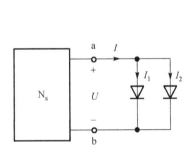
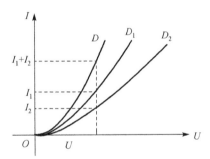

(a) 非线性电阻元件并联　　　　　　(b) 并联等效电阻的伏安特性曲线

图 2.11.3　非线性电阻元件并联

2.11.2　非线性电阻电路的分析与计算

当非线性电阻在直流电源作用下工作时，由于它的阻值是随着电压与电流变化的，计算它的电阻时就必须指明它的工作电流或工作电压，即指明工作点 Q，在工作点处的电压与电流之比，称为静态电阻或直流电阻 R，表示它对直流信号的阻碍大小。如图 2.11.4 所示。

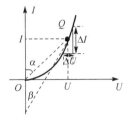

图 2.11.4　静态电阻和动态电阻

$$R = \frac{U}{I} = \tan\alpha \qquad (2.11.1)$$

如果作用在非线性电阻上的电压和电流除了直流成分之外，还有一个比较小的交变成分，那么非线性电阻应在由直流成分所确定的工作点 Q 附近的一段伏安特性曲线上工作。在 Q 点附近的电压的微

小增量与电流的微小增量之比称为**动态电阻或交流电阻 r**，表示它对交变信号的阻碍大小，如图 2.11.4 所示。

$$r = \lim_{\Delta I \to 0} \frac{\Delta U}{\Delta I} = \frac{\mathrm{d}U}{\mathrm{d}I} = \tan \beta \tag{2.11.2}$$

由于非线性电阻的阻值不是常数，在分析与计算非线性电阻电路时一般都采用图解分析法。前提条件是必须已知非线性电阻的伏安特性曲线，假设如图 2.11.5(b)所示。

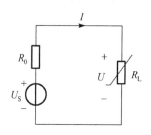 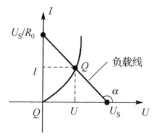

(a) 非线性电阻电路   (b) 非线性电阻电路的图解法

图 2.11.5　非线性电阻电路的图解法

当电路中只含有一个非线性电阻时，可将它单独从电路中提出来，剩下的电路就是一个线性有源二端网络。利用戴维南定理，这个线性有源二端网络可以用一个戴维南等效电源来替代，电路便可简化成如图 2.11.5(a)所示。

对图 2.11.5(a)的电路应用 KVL 定律得

$$U = U_\mathrm{S} - IR_0$$

或

$$I = -\frac{1}{R_0}U + \frac{U_\mathrm{S}}{R_0} \tag{2.11.3}$$

很显然，这是一个直线方程，称为负载线，很容易就可以在图 2.11.5(b)中作出这条负载线。非线性电阻在此电路中的电压和电流之间的关系，既要满足负载线方程式（2.11.3），又必须满足自身的伏安特性。因此，工作点只能在负载线和伏安特性曲线的交点上，如图 2.11.5(b)中 Q 点所示。求得这一交点后，即可从图中查得 U 和 I。工作点随 U_S 和 R_0 的变化而变化。

当非线性电阻元件串联或并联时，如果已知各非线性电阻元件的伏安特性曲线，先把非线性电阻元件串联或并联后等效电阻的伏安特性曲线求出来，然后就可以用图解法来分析与计算。

【例 2.11.1】 图 2.11.6(a)表示一个线性电阻、一个理想二极管和一个理想电压源串联的电路，它们的伏安特性曲线分别如图 2.11.6(b)1、2、3 所示，试绘出这一串联电路的伏安特性曲线。

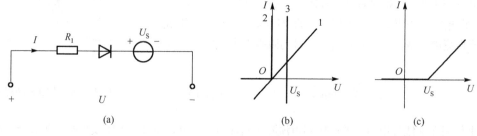

图 2.11.6　例 2.11.1 的电路

解   电路有 3 个元件：

线性电阻 R_1 的伏安特性曲线如图 2.11.6(b)中曲线 1 所示，是一条通过坐标圆点的直线。

理想二极管的特性是：当二极管两端的电压为正时，二极管导通，理想二极管导通电阻为 0，二极管相当于短路，电流由整个电路确定；当二极管两端的电压为负时，二极管截止，二极管相当于开路，电流为 0。理想二极管的伏安特性曲线如图 2.11.6(b)中曲线 2 所示。

理想电压源的伏安特性曲线如图 2.11.6(b)中曲线 3 所示。

在电路里，电源电压 U 是正的，二极管导通，二极管相当于短路，电流为正值，因此

$$U = U_S + IR_1$$

在求等效伏安特性曲线时，可把 1、3 两特性曲线的横坐标相加。由于电流不可能为负值，于是电路的伏安特性曲线如图(c)所示。

【例 2.11.2】 如图 2.11.7(a)所示电路，已知 $I_S = 2\text{mA}$，$R_1 = R_2 = 2\text{k}\Omega$，$R_3$ 的伏安特性曲线如图 2.11.7(c)所示，求非线性电阻 R_3 的电压和电流以及在工作点处的静态电阻和动态电阻。

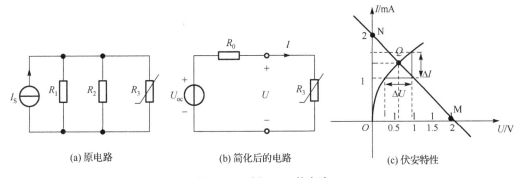

(a) 原电路   (b) 简化后的电路   (c) 伏安特性

图 2.11.7   例 2.11.2 的电路

解   （1）利用戴维宁定理将电路简化成如图 2.11.7(b)所示，图中

$$U_{OC} = \frac{R_1 R_2}{R_1 + R_2} I_S = \frac{2 \times 10^3}{2} \times 2 \times 10^{-3} = 2\text{V} , \qquad R_0 = \frac{R_1 R_2}{R_1 + R_2} = \frac{2 \times 10^3}{2} = 1\text{k}\Omega$$

（2）根据图 2.11.7(b)列出直流负载线方程，在 R_3 的伏安特性曲线上做出直流负载线。

$$U = U_{OC} - IR_0$$

$I = 0$ 时

$$U = U_{OC} = 2\text{V}$$

$U = 0$ 时

$$I = \frac{U_{OC}}{R_0} = \frac{2}{1 \times 10^3}\text{A} = 2 \times 10^{-3}\text{A} = 2\text{mA}$$

（3）由负载线和 R_3 的伏安特性曲线的交点求得工作点 $Q U = 0.6\text{V}$，$I = 1.35\text{mA}$

（4）求静态电阻和动态电阻

$$R = \frac{U}{I} = \frac{0.6}{1.35 \times 10^{-3}}\Omega = 0.5 \times 10^3 \Omega = 0.5\text{k}\Omega$$

$$r = \frac{\mathrm{d}U}{\mathrm{d}I} = \frac{\Delta U}{\Delta I} = \frac{1.65 - 1}{(1 - 0.25) \times 10^{-3}}\Omega = 0.87\text{k}\Omega$$

式中，ΔU、ΔI 应在伏安特性 Q 点附近近似为直线的部分选取。

练习与思考

2.11.1　某非线性电阻的伏安特性曲线如图 2.11.8 所示。已知该电阻两端的电压为 15V，求通过该电阻的电流及静态电阻和动态电阻。

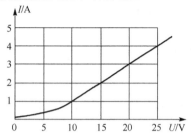

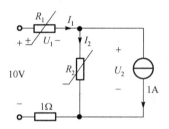

图 2.11.8　练习与思考 2.11.2 的电路　　　　图 2.11.9　练习与思考 2.11.3 的电路

2.11.2　图 2.11.9 电路中的两个非线性电阻的伏安特性曲线均为 $U = 2I - 4$，求通过这两个非线性电阻的电流 I_1 和 I_2。

习　　题

2.1.1　试求图 2.01 各电路的等效电阻 R_{ab}（电路中的电阻单位均为欧姆）。

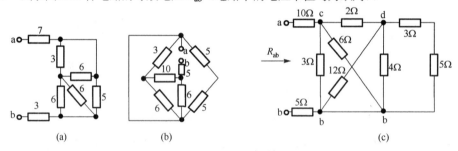

图 2.01　习题 2.1.1 的电路

2.2.1　如图 2.02 所示电路，求电路中 45Ω 电阻两端电压 U。

2.2.2　求如图 2.03 所示电路的等效电阻 R_{ab}。

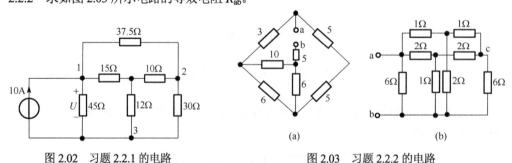

图 2.02　习题 2.2.1 的电路　　　　　图 2.03　习题 2.2.2 的电路

2.3.1　利用电源等效变换计算图 2.04 电路中的电流 I 和电压 U。

2.3.2　如图 2.05 所示电路中，已知 $R_1 = 2\Omega$，$R_2 = 6\Omega$，$R_3 = 10\Omega$，$R_4 = R_5 = 2\Omega$，$I_S = 2A$，$U_{S1} = 5V$，$U_{S2} = 16V$。求：（1）电流 I；（2）A 点电位 V_A；（3）U_{S1} 和 U_{S2} 的功率，并判定其是发出功率还是吸收功率。

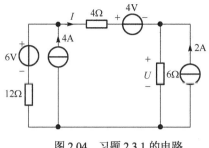

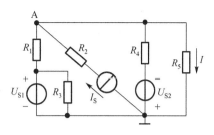

图 2.04　习题 2.3.1 的电路　　　　　　　　　图 2.05　习题 2.3.2 的电路

2.4.1　电路如图 2.06 所示，已知 $U_S = 10V$，$I_S = 1A$，$R_1 = 10\Omega$，$R_2 = 5\Omega$，试用支路电流法求流过 R_2 的电流 I_2 和理想电流源 I_S 两端的电压。

2.4.2　试用支路电流法求解图 2.07 所示电路中 2V 电压源中流过的电流。

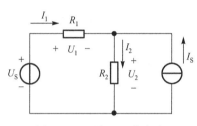

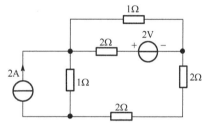

图 2.06　习题 2.4.1 的电路　　　　　　　　　图 2.07　习题 2.4.2 的电路

2.4.3　试用支路电流法求解图 2.08 所示电路中各支路电流。

2.5.1　已知：如图 2.09 所示的电路中，$U_{S1} = U_{S2} = 3V$，$U_{S3} = 6V$，$R_1 = R_2 = R_3 = R_4 = 4\Omega$，试用网孔电流法求 I_5。

2.5.2　试用网孔电流法求解图 2.07 习题 2.4.2 题中 2V 电压源中流过的电流。

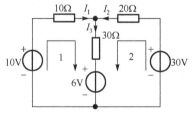

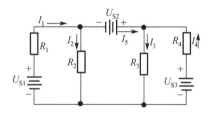

图 2.08　习题 2.4.3 的电路　　　　　　　　　图 2.09　习题 2.5.1 的电路

2.5.3　用网孔电流法求图 2.10 电路中的电流 I_1 和 I_2。

2.6.1　用弥尔曼定理求如图 2.11 所示电路的电流 I_1、I_2 和 I_3。

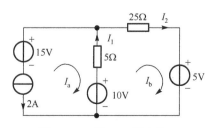

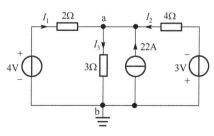

图 2.10　习题 2.5.3 的电路　　　　　　　　　图 2.11　习题 2.6.1 的电路

2.6.2　用节点电压法求如图 2.08 所示习题 2.4.3 电路各支路电流。

2.6.3　用节点电压法求如图 2.12 所示电路中各节点电压。

2.7.1　用叠加原理方法求习题 2.4.1 题图 2.06 电路的电流 I_1、I_2、U_1、U_2。

2.7.2　求如图 2.13 所示电路电压源的电流及功率。

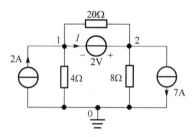

图 2.12　习题 2.6.3 的电路

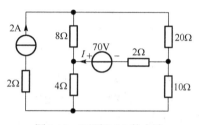

图 2.13　习题 2.7.2 的电路

2.7.3　如图 2.14 所示电路中，已知：$U_{S1} = 10.8\text{V}$，$U_{S2} = 9.6\text{V}$，$R_1 = 3\Omega$，$R_2 = 6\Omega$，$R_3 = 8\Omega$，试用叠加原理求电流 I。

2.8.1　如图 2.15 所示电路，负载电阻 R_L 可以改变，求流过电阻 $R_L = 2\Omega$ 上的电流 I；若 R_L 改变为 10Ω，再求电流 I。其中 $R_1 = 6\Omega$，$R_2 = 8\Omega$，$R_3 = 3\Omega$，$R_4 = 8\Omega$。

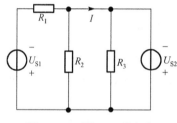

图 2.14　习题 2.7.3 的电路

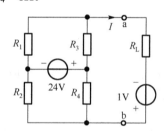

图 2.15　习题 2.8.1 的电路

2.8.2　电路如图 2.16 所示，开关 S 断开时量得电压 $U = 23\text{V}$；S 接通时量得电流 $I = 4.3\text{A}$。求含源电阻网络的戴维南等效电路参数。

2.8.3　用诺顿定理求图 2.17 电路中 1Ω 电阻中的电流 I。

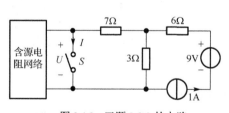

图 2.16　习题 2.8.2 的电路

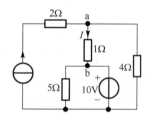

图 2.17　习题 2.8.3 的电路

2.8.4　用电源变换的方法求图 2.18 电路的戴维南和诺顿等效电路。

2.8.5　习题 2.3.1 图 2.04 电路，试用戴维南定理求电流 I 的值。

2.8.6　习题 2.3.2 图 2.05 电路，试用戴维南定理求电流 I 的值。

2.9.1　求图 2.19 电路中，负载得到最大功率时的 R_L 值，并计算这个最大功率。

2.9.2　图 2.18 习题 2.8.4 的电路和参数情况下，ab 端接多大的负载时它获得最大功率，并求这个最大功率的值。

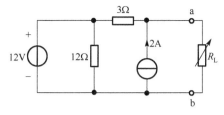

图 2.18　习题 2.8.4 的电路

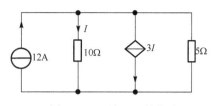

图 2.19　习题 2.9.1 的电路

2.10.1　求图 2.20 电路中电流 I。

2.10.2　电路如图 2.21 所示，试求 I 和 U。并求出受控源的功率。

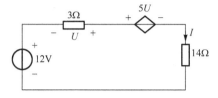

图 2.20　习题 2.10.1 电路

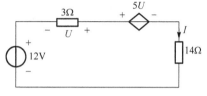

图 2.21　习题 2.10.2 电路

2.11.1　图 2.22 电路中，非线性电阻元件 R，其伏安特性曲线如图 2.22(b) 所示，求通过该电阻 R 的电流、电压。

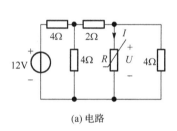

(a) 电路

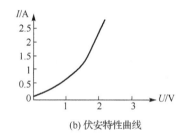

(b) 伏安特性曲线

图 2.22　习题 2.11.1 的电路

2.11.2　如果图 2.19 电路的 ab 端接上的是一个非线性电阻元件 R，其伏安特性曲线如图 2.23 所示，求通过该电阻 R 的电流、电压及静态电阻和动态电阻。

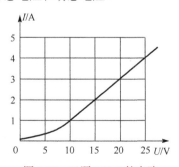

图 2.23　习题 2.11.2 的电路

第3章 储能元件

电容器储存电场能量，电感线圈储存磁场能量，定义电容元件是电容器的理想电路元件；定义电感元件是电感线圈的理想电路元件。电阻元件是耗能元件，电容元件和电感元件不消耗能量，是储能元件。由于它们的电压、电流关系不是代数关系，而是微积分关系，所以它们又称为动态元件。

电容器和电感器是电力工程、电子学、通信、计算机和功率系统中普遍使用的电子元件，是电子技术中的主要元件。广泛应用于耦合电路、滤波电路、调谐电路、振荡电路、波形变换、储能及无功功率补偿等。因此，电容器和电感器基本知识的掌握是学好交流电路和电子技术的基础。

本章将简单介绍电容器、电感器的基础知识，电容元件、电感元件的电容、电感概念和影响因素，电压电流关系、能量计算及与电源之间的能量互相交换过程。最后介绍电容电感的串并联等效计算。

3.1　电容元件

3.1.1　电容器和电容量

1. 电容器

两个任意形状、彼此绝缘而又互相靠近的导体，中间用绝缘物质（叫绝缘介质）分开，它们就组成了一个电容器。最典型的电容器是平行板电容器，如图 3.1.1 所示。电容器两极板接上电源后，开始储存电荷，建立起电场，并储存电场能量。当电源断开后，由于中间有绝缘介质，电荷在一段时间内仍聚集在极板上，内部电场仍然存在，所以电容器反映了电压引起电荷聚集和电场能量储存这一物理现象。

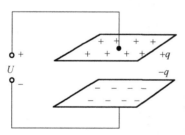
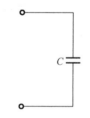

图 3.1.1　平行板电容器的结构　　　　　　图 3.1.2　电容器模型

无漏电流和介质损耗，仅仅储存电场能量的电容器就是理想电容器，一般电容器都可以看成理想电容器，电容元件就是实际电容器的理想化模型，简称为电容，用字母 C 来表示，如图 3.1.2 所示。考虑能量的损耗，电容器的模型中应增添一个并联电阻 R。当电容器两端电压变化率很高时，电流值就较大，将引起较大的磁场，这时电容器的模型中应串一个电感元件。

常用电容器的种类很多，根据电容器极板的形状可分为：平行板电容器、球形电容器、柱形电容器等；根据电容器极板间电介质类型分为：真空电容器、空气电容器、云母电容器、纸介电容器、陶瓷电容器、塑料电容器、薄膜（包括聚苯乙烯、涤纶）电容器、电解电容器等；根据电容器电容是否变化分为：固定电容器、可变电容器、半可变电容器等。不同种类的电容器，其性能、用途、规格各不相同。

除了人为制造的电容器外，还存在自然形成的电容效应，例如，两根架空输电线和其间的空气介质形成电容效应，变压器或电机绕组间、绕组与地壳间都形成电容效应，晶体管的 3 个电极间都形成电容效应，都可以用电容元件来模拟。

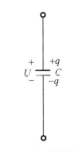

图 3.1.3　电容量的定义

2. 电容量和工作电压值

（1）电容量

把电容器两个极板引出的引线分别接到电源的正负极，如图 3.1.3 所示。两个平行板上带等量的正负电荷 q，电容器的两个极板间就有了电压 U，电容器的电容量为

$$\frac{\mathrm{d}u_C}{\mathrm{d}t} \tag{3.1.1}$$

式中，$w_C(t) = \frac{1}{2} \times 1 \times 10^{-6}(10t)^2 = 50 \times 10^{-6}t^2 = 50t^2\mu J$，为极板上所带电量，单位为库仑（C）；$U = U_1 = U_2 = \cdots = U_n$，为电容器的电容量（简称电容），单位为法拉（F），1F = 1C/V。

法拉是一个很大的单位，所以常用的电容小单位有毫法（mF）、微法（μF）和皮法（pF），它们之间的换算关系是：$1F = 10^{-3}mF = 10^{-6}\mu F = 10^{-12}pF$

电容元件的电特性可以用 q–U 平面上的一条曲线——库伏特性曲线，简称库伏特性来表示。如果库伏特性是一条通过 q–U 平面坐标原点，位于第一、三象限的一条直线，如图 3.1.4 所示，则称其对应的电容元件为线性电容元件。线性电容器的电容量 C 是一个固定的正实常数，与其极板上所加电压 U 和电荷 q 无关。如果电容元件的库伏特性曲线在 q–U 平面上不是通过原点的直线，此元件称为非线性电容元件，非线性电容元件的电容量不能用式（3.1.1）计算。本书仅介绍线性电容元件。

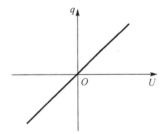

（2）工作电压。

电容器极板间的电介质，通常情况下起隔离电流的作用，

图 3.1.4　电容元件的库伏特性曲线

当两极板间电压超过某一数值时，电介质的绝缘性被破坏，形成较大的漏电流，这种现象叫介质的击穿，使介质击穿的这个极限电压称为击穿电压。额定工作电压就是电容器长时间工作时所能承受的最大工作电压，习惯上也称为耐压。此值一般标在电容器的外壳上。如果电容器接在交流电路中，则交流电压的峰值不能超过电容器的额定工作电压。

3. 平行板电容器

平行板电容器的电容与电容器的几何尺寸绝缘介质有关，如式（3.1.2）公式计算。与外界条件的变化、电容器是否带电、电容器带了多少电都无关系。

$$C = \frac{\varepsilon S}{d} \tag{3.1.2}$$

式中，S 为两极板间的正对面积，单位是 m^2；d 为两极板间的距离，单位是 m；ε 为介电常数，单位是 F/m。介电常数 $\varepsilon = \varepsilon_0\varepsilon_r$，其中 ε_0 是真空的介电常数，其值约为 8.86×10^{-12}F/m，ε_r 是电介质相对于真空的相对介电常数，云母的 $\varepsilon_r = 7$。

3.1.2　线性电容的伏安关系

假设加到电容上的电压和电流是变化的，且为关联参考方向，如图 3.1.5 所示。

因为
$$C = \frac{q}{u}$$

则
$$i_C = \frac{dq}{dt} = C\frac{du_C}{dt} \tag{3.1.3}$$

式（3.1.3）表明：通过电容的电流取决于电容两端电压的变化率 $\frac{du_C}{dt}$。如果电容两端的电压是不随时间变化的恒定值（直流），电容电流为零值，电容相当于开路。电容器在直流电路中相当于开路，在交流电路中有电流，这就是电容的"隔直通交"作用。

实际上由于理想电容元件两极板间有绝缘介质，所以电容元件中不会有电流通过。通常所说的通过电容元件的电流实际是指电容元件所在支路的电流。如果所加电压与图 3.1.5 参考方向一致，当电压增加，即 $\frac{du_C}{dt} > 0$，电荷向极板上聚集，电流的实际方向与图 3.1.5 所示参考方向一致，$i>0$，这时电容进行充电；当电压减小，即 $\frac{du_C}{dt} < 0$，电荷从极板移出，电流方向与图 3.1.5 所示参考方向相反，$i<0$，这时电容在放电。显然，电容在充放电过程中，就在电路中形成电流。

图 3.1.5 电容上电压与电流的关系

电容两端的电压在动态的条件下才有电流，所以电容又称为一种动态元件。电阻元件上电压和电流成代数关系，所以是一种静态元件。

对式（3.1.3）利用微积分关系，从 $-\infty$ 到 t 积分，便可得出电容电压的表达形式如下

$$u_C(t) = \frac{1}{C}\int_{-\infty}^{t} i_C(\xi)d\xi = \frac{1}{C}\int_{-\infty}^{t_0} i_C(\xi)d(\xi) + \frac{1}{C}\int_{t_0}^{t} i_C(\xi)d(\xi) = u_C(t_0) + \frac{1}{C}\int_{t_0}^{t} i_C(\xi)d(\xi) \tag{3.1.4}$$

式中，$u_C(t_0)$ 称为初始电压。

$$u_C(t_0) = \frac{1}{C}\int_{-\infty}^{t_0} i_C(\xi)d(\xi)$$

式（3.1.4）由于要与积分上下限相区别，因此将 t 换成了 ξ。

如果取初始时刻 $t_0 = 0$，则式（3.1.4）可写成

$$u_C(t) = u_C(0) + \frac{1}{C}\int_{0}^{t} i_C(\xi)d(\xi)$$

若 $u_C(0) = 0$，则式（3.1.4）又可简化成

$$u_C(t) = \frac{1}{C}\int_{0}^{t} i_C(\xi)d(\xi) \tag{3.1.5}$$

3.1.3 电容元件储存的电场能量

如图 3.1.5 所示取 u，i 关联参考方向时，电容吸收的功率为

$$p = \frac{dw_C}{dt} = u(t)i(t) = Cu(t)\frac{du(t)}{dt}$$

在极短时间 dt 内，电容吸收的电能为

$$dw_C = Cu(t)du(t)$$

从 $t = t_0$ 到 t 时刻，电容元件吸收的电能为

$$w_C(t) = C \int_{u(t_0)}^{u(t)} u(\xi)\,\mathrm{d}u(\xi) = \frac{1}{2}Cu^2(t) - \frac{1}{2}Cu^2(t_0) \tag{3.1.6}$$
$$= w_C(t) - w_C(t_0)$$

$w_C(t_0)$ 是电容的初始储能，当在 $t = t_0$ 时，$u(t_0) = 0$，其电容的初始储能为零。电容元件在任何 t 时刻存储的电场能量 $w_C(t)$ 可以写为

$$w_C(t) = \frac{1}{2}Cu_C^2(t) \tag{3.1.7}$$

电容元件上储存的电能与电容的电容量和电压有关，与电流的大小、有无没有关系。

【例 3.1.1】 如图 3.1.6(a) 所示为一个 $1\mu F$ 的电容，接于理想电压源 $u(t)$ 上。$u(t)$ 随时间变化的波形如图 3.1.6(b) 所示。求电容电流 $i(t)$，并绘出波形图。

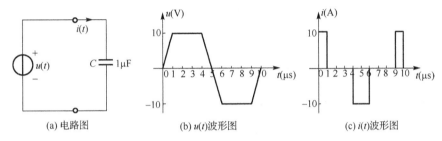

(a) 电路图　　　　　(b) $u(t)$波形图　　　　　(c) $i(t)$波形图

图 3.1.6　例 3.1.1 电路图和 u、i 波形图

解 已知电容两端的电压 $u(t)$，求电容电流 $i(t)$，按式（3.1.3）计算。

从 $0 \sim 1\mu s$ 期间，电压 $u(t)$ 从 $0V$ 上升为 $10V$，其变化率为

$$\frac{\mathrm{d}u}{\mathrm{d}t} = \frac{10}{1 \times 10^{-6}} = 10 \times 10^6$$

故在此期间的电容电流为

$$i = C\frac{\mathrm{d}u}{\mathrm{d}t} = 1 \times 10^{-6} \times 10 \times 10^6 = 10A$$

在 $1 \sim 4\mu s$ 期间，电压 $u = 10V$，$\dfrac{\mathrm{d}u}{\mathrm{d}t} = 0$。故在此期间电容电流为 $i = 0$

在 $4 \sim 6\mu s$ 期间，电压 u 从 $10V$ 下降为 $-10V$，其变化率为

$$\frac{\mathrm{d}u}{\mathrm{d}t} = \frac{-10-10}{2 \times 10^{-6}} = \frac{-20}{2} \times 10^6 = -10 \times 10^6$$

故在此期间的电容电流为

$$i = C\frac{\mathrm{d}u}{\mathrm{d}t} = 1 \times 10^{-6} \times (-10 \times 10^6) = -10A$$

在 $6 \sim 9\mu s$ 期间，电压 $u = -10V$，$\dfrac{\mathrm{d}u}{\mathrm{d}t} = 0$。故在此期间电容电流为 $i = 0$

在 $9 \sim 10\mu s$ 期间，电压 $u(t)$ 从 $-10V$ 上升为 $0V$，其变化率为

$$\frac{\mathrm{d}u}{\mathrm{d}t} = \frac{0-(-10)}{1 \times 10^{-6}} = 10 \times 10^6$$

故在此期间的电容电流为

$$i = C\frac{\mathrm{d}u}{\mathrm{d}t} = 1 \times 10^{-6} \times 10 \times 10^{-6} = 10\mathrm{A}$$

由所求的分段电流，可绘出电流 i 的波形，如图 3.1.6(c)所示。

【例 3.1.2】 计算例 3.1.1 电容的储能，绘出电容的储能特性曲线和功率特性曲线。

解 （1）计算例 3.1.1 电容的储能，绘出电容的储能特性曲线。

电容电压 $u(t)$ 的表达式如下，单位为伏特（V）。

$$u(t) = \begin{cases} 10t & (0 \leq t \leq 1\mu s) \\ 10 & (1 \leq t \leq 4\mu s) \\ 50 - 10t & (4 \leq t \leq 6\mu s) \\ -10 & (6 \leq t \leq 9\mu s) \\ -100 + 10t & (9 \leq t \leq 10\mu s) \end{cases}$$

根据式（3.1.6）按时间分段计算电容的储能

$0 \leq t \leq 1\mu s$： $w_C(t) = \frac{1}{2} \times 1 \times 10^{-6}(10t)^2 = 50 \times 10^{-6}t^2 = 50t^2\mu J$ ； $w_C(0\mu s) = 0$ ； $w_C(1\mu s) = 50\mu J$

$1 \leq t \leq 4\mu s$： $w_C(t) = \frac{1}{2} \times 1 \times 10^{-6}(10)^2 = 50 \times 10^{-6} = 50\mu J$

$4 \leq t \leq 6\mu s$： $w_C(t) = \frac{1}{2} \times 1 \times 10^{-6}(50 - 10t)^2 = (1250 - 500t + 50t^2)\mu J$ ；

$\qquad w_C(4\mu s) = 50\mu J$ ； $w_C(5\mu s) = 0$ ； $w_C(6\mu s) = 50\mu J$

$6 \leq t \leq 9\mu s$： $w_C(t) = \frac{1}{2} \times 1 \times 10^{-6}(-10)^2 = 50 \times 10^{-6} = 50\mu J$

$9 \leq t \leq 10\mu s$： $w_C(t) = \frac{1}{2} \times 1 \times 10^{-6}(-100 + 10t)^2 = (5000 - 1000t + 50t^2)\mu J$

$\qquad w_C(9\mu s) = 50\mu J$ ； $w_C(10\mu s) = 0$

按以上计算结果，将电容的储能特性曲线绘出，如图 3.1.7 所示，它表示每一时刻电容的储能，单位是 μJ。

（2）绘出电容的功率特性曲线

电容的瞬时功率就是 $u(t)$ 和 $i(t)$ 的乘积，由图 3.1.6(b)和(c)逐点电压、电流每一时刻瞬时值的乘积作出，单位是瓦（W）。其曲线如图 3.1.8 所示。

$$P_C(t) = \begin{cases} 10 \times 10t = 100t & (0 \leq t \leq 1\mu s) \\ 10 \times 0 = 0 & (1 \leq t \leq 4\mu s) \\ (50 - 10t) \times (-10) = 100t - 500 & (4 \leq t \leq 6\mu s) \\ -10 \times 0 = 0 & (6 \leq t \leq 9\mu s) \\ (-100 + 10t) \times 10 = 100t - 1000 & (9 \leq t \leq 10\mu s) \end{cases}$$

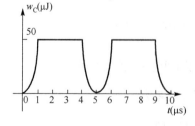

图 3.1.7　例 3.1.2 中电容的储能特性曲线图

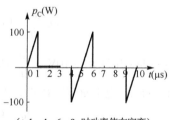

（t=1、4、6、9s 时功率值在突变）

图 3.1.8　例 3.1.2 的功率波形图

比较图 3.1.6 和图 3.1.8 可知，当电容上电压、电流方向一致时功率为正值，电容充电相当于负载；当电容上电压、电流方向相反时功率为负值，电容放电相当于电源。由此可见，电容本身不消耗功率，只是与电源之间有能量的互相交换。

从能量波形图 3.1.7 中可见，电容的储能与电压的平方成正比，所以储能总是为正值。比较图 3.1.7 和图 3.1.8 可知，当储能增长时，瞬时功率为正值，电容充电；当储能减少时，瞬时功率为负，电容放电；当储能为恒定值时，瞬时功率为零值，电容电流也为零，这时电容保持一定的储能。

3.1.4 电容元件的连接

在实际应用中，常会遇到现有的电容器不适合需要，例如，电容的大小不适用，或者是打算加在电容器上的电压超过了电容器的耐压程度等。这时可以把现有的电容器适当地连接起来使用。当几个电容器互相连接后，它们所容纳的电荷与两端的电压之比，称为电容器组的等值电容，或称为总电容。

本节主要介绍电容器的两种基本的连接方式：串联和并联。

1. 电容元件的并联

如图 3.1.9(a)所示，把电容分别为 C_1、C_2、$\cdots$、C_n，储存的电量分别为 q_1、q_2、$\cdots$、q_n 的 n 个电容器，两个极板分别连在两个公共节点上，其等效电路如图 3.1.9(b)所示。

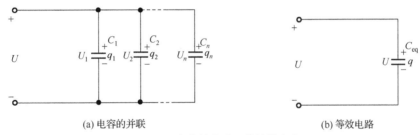

(a) 电容的并联   (b) 等效电路

图 3.1.9 电容的并联及其等效电路

电容并联具有以下几个特点：

（1）各电容元件端电压相等，等于电路两端总电压，即

$$U = U_1 = U_2 = \cdots = U_n$$

（2）电容器并联后储存的总电量等于各电容器储存电量之和，即

$$q = q_1 + q_2 + \cdots + q_n$$

其中
$$q_1 = C_1 U \quad q_2 = C_2 U \quad \cdots \quad q_n = C_n U$$

可见，电容器并联使用时，各电容储存的电荷与其电容量成正比，即电容量越大的电容储存的电荷越多。

（3）电容器并联的总电容（等效电容）等于各电容器电容量之和。

由式（3.1.1）可知
$$C_{eq} = \frac{q}{U} = \frac{q_1 + q_2 + \cdots + q_n}{U} = C_1 + C_2 + \cdots + C_n$$

$$C_{eq} = C_1 + C_2 + \cdots + C_n \tag{3.1.8}$$

电容量并联用于增大电容值。需要注意的是：并联电容器组的耐压值等于各电容器中耐压值最小的那个值。

若有 n 个电容量为 C_0 的电容并联，则总电容 $C = nC_0$

2. 电容元件的串联

把 n 个电容器的极板首尾相接，如图 3.1.10(a)所示，图 3.1.10(b)是其等效电路。

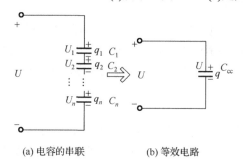

(a) 电容的串联　　　　　　(b) 等效电路

图 3.1.10　电容的串联及其等效电路

电容元件串联使用时，有以下几个特点：

（1）等效电容储存的总电量 q 等于各电容元件上储存的电量。

与电源连接的电容器的两极板上分别有正负 q 电荷，中间各极板由于静电感应而产生等量的电荷 q。

即：
$$q = q_1 = q_2 = \cdots = q_n$$

（2）总电压等于各电容电压之和。

电容元件串联时，其极板上所储存的电荷以正负交替的形式出现，与各电容元件上电压的方向一致，由 KVL 定律可知，总电压等于各电容元件电压之和，即
$$U = U_1 + U_2 + \cdots + U_n$$

（3）电容器串联的总电容量 C_{eq} 的倒数等于各个电容的倒数之和。

由式（3.1.1）可知 $U_1 = \dfrac{q}{C_1}$　　$U_2 = \dfrac{q}{C_2}$　　$\cdots$　　$U_n = \dfrac{q}{C_n}$

则
$$U = \frac{q}{C_{eq}} = U_1 + U_2 + \cdots + U_n = \frac{q}{C_1} + \frac{q}{C_2} + \cdots + \frac{q}{C_n}$$

串联等效电容为
$$\frac{1}{C_{eq}} = \frac{1}{C_1} + \frac{1}{C_2} + \cdots + \frac{1}{C_n} \tag{3.1.9}$$

若 n 个电容为 C_0 的电容器串联时
$$C_{eq} = \frac{C_0}{n}$$

（4）串联电容的分压原理：每个电容上分得的电压与电容量成反比。

两个电容元件串联，则
$$C_{eq} = \frac{C_1 C_2}{C_1 + C_2}$$

每个电容上分得的电压与电容量成反比
$$U_1 = \frac{C_2}{C_1 + C_2} U \qquad U_2 = \frac{C_1}{C_1 + C_2} U$$

（5）串联时工作电压的选择。由式（3.1.9）可知，在电容串联后，等效电容小于串联电容中任何一个电容的电容量，但等效电容的电压比串联的任何一个电容的电压高。当 n 个相同的电容串联时，等效电容的总耐压为单个电容器耐压的 n 倍，故电容器串联可提高耐压。当电容量和耐压都不相同的

电容器串联时，必须使任何一个电容器上的工作电压不超过其耐压，尤其要注意小电容器上的耐压。因为电容元件串联使用时，小电容上分的电压大。

以上是电容器的两种基本连接方法。事实上，利用平行板电容器的电容表达式（3.1.2）最能说明电容串并联电容量变化的问题。电容器串联相当于两极板间距离增大，因此电容减小；电容器并联相当于两极板正对面积增大，因此电容增大。在使用电容器时不能忽视电容器的耐压，任一电容器的耐压均不能低于外加的工作电压，否则该电容器会被击穿。

【例 3.1.3】 电容为 0.5μF，耐压为 300V 的 3 个电容器 C_1、C_2、C_3 连接如图 3.1.11 所示。试求等效电容，并求端口电压不能超过多少？

解 此电路是既有串联又有并联的电容器组合电路，这种电路叫做电容器的混联电路。

C_1 和 C_2 并联，等效电容 $C_{23} = C_2 + C_3 = 2C_2 = 2 \times 0.5 = 1\mu F$

C_1 和 C_{23} 串联，网络的等效电容 $C = \dfrac{C_1 C_{23}}{C_1 + C_{23}} = \dfrac{0.5 \times 1}{0.5 + 1} = \dfrac{1}{3} \mu F$

C_1 小于 C_{23}，$U_1 > U_{23}$，应保证 U_1 不超过其耐压 300V

当 $U_1 = 300V$ 时 $\qquad\qquad U_{23} = \dfrac{C_1}{C_{23}} U_1 = \dfrac{0.5}{1} \times 300 = 150V$

所以端口电压不能超过 $\qquad\qquad U = U_1 + U_{23} = 300 + 150 = 450V$

练习与思考

3.1.1 如图 3.1.12 所示的电路中，两个相同的空气平行板电容器 $C_1 = C_2 = 10\mu F$，串联接入直流电源中，$U = 50V$，现将 C_1 中插入云母介质，问：两电容器 C_1、C_2 各自所带电量和两端电压。

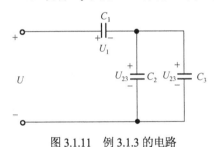
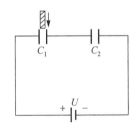

图 3.1.11 例 3.1.3 的电路　　　　图 3.1.12 练习与思考 3.1.1 的电路

3.1.2 电容器 C_1 和 C_2 串联后接在直流电路中，已知 $C_1 = 5C_2$，那么 C_1 两端的电压是 C_2 两端电压的多少倍？

3.1.3 将 "50V，30μF" 的电容器 C_1 和 "50V，20μF" 的电容器 C_2 串联于 $U = 100V$ 的电路中，求等效电容及 C_1、C_2 上的电压，并判断电路能否正常工作。再串一个 "50V，20μF" 的电容器 C_3，电路能否正常工作。

3.2 电 感 元 件

3.2.1 电感器和电感量

1. 电感器

导线中有电流流过时周围就有磁场，通常把导线绕在绝缘骨架或铁心上组成线圈的形式以增强线圈内部的磁场，如图3.2.1(a)所示，这样就做成了电感器。当电流流过线圈时，就会产生磁场，电感线圈是一种储藏磁场能量的储能元件。

由于线圈导线有电阻，实际上电感线圈也要消耗能量，具有电阻性，匝和匝之间还有分布电容，忽略线圈消耗的能量和匝间电容，就是理想电感线圈，用电感元件来模拟它，电路模型如图 3.2.1(b)所示。如果考虑电感线圈的电阻性，其电路模型应该是如图3.2.1(c)所示。

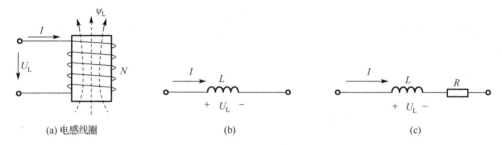

(a) 电感线圈　　　　　　　　　(b)　　　　　　　　　(c)

图 3.2.1　电感线圈及其电路模型

电感器的种类很多，按电感量是否可变分为固定电感和可变电感；按导磁体性质可分为空芯线圈、铁氧体线圈、铁心线圈、铜心线圈；按工作性质可分为天线线圈、振荡线圈、扼流线圈、陷波线圈、偏转线圈；按绕线结构可分单层线圈、多层线圈、蜂房式线圈；按工作频率可分为高频线圈、低频线圈；按结构特点分为磁心线圈、可变电感线圈、色码电感线圈、无磁心线圈等。不同形式的线圈用在不同的场合。

2. 电感量和额定电流

（1）电感量

如图 3.2.1(a)所示的线圈中，加上电压 U，产生电流 I，电压电流是关联参考方向。有电流就要产生磁通，电流参考方向与自感磁通参考方向满足右手螺旋关系。如果一匝绕组的磁通是 Φ_L，若 Φ_L 与 N 匝线圈都交链，则磁通链（总磁通）就是 ψ_L，$\psi_L = N\Phi_L$，由于磁通 Φ_L 和磁通链 ψ_L 都是由线圈本身电流产生的，所以又称为自感磁通和自感磁链。电感量是衡量电感器单位电流产生磁链本领大小的物理量，用 L 表示，即

$$L=\frac{\psi_L}{I_L(t)} \quad \text{或} \quad \psi_L=LI_L(t) \tag{3.2.1}$$

式中，L 为线圈的电感量，又叫电感或自感，单位为亨利，简称亨（H）；比较小的单位还有毫亨（mH）和微亨（μH）。换算关系如下：$1H=10^3 mH=10^6 \mu H$。ψ_L 为线圈中的磁链，单位为韦[伯]（Wb）。

电感元件的电特性可以用 $\psi - I$ 平面上的韦-安特性曲线来表示。如果韦安特性是一条通过 $\psi - I$ 平面坐标原点位于第一、三象限的一条直线，如图 3.2.2 所示，则称其对应的电感元件为线性电感元件。线性电感器的电感量 L 是一个固定的正实常数，L 的大小只与线圈匝数、几何尺寸、有无铁心有关。空芯线圈就是线性电感元件。本书前几章电路分析中的电感元件，如未做特别说明，均指线性电感元件。

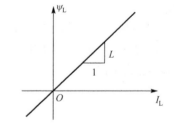

图 3.2.2　线性电感元件的韦安特性

如果电感元件的韦安特性曲线在 $\psi - I$ 平面上不是通过原点的直线，这种线圈称为非线性电感元件，非线性电感元件的电感量不是常数，不能用式（3.2.1）计算。带铁心的电感线圈就是非线性电感元件，本书后面几章介绍的变压器、电机的线圈就是铁心线圈，由于 L 不是常数，其磁路计算非常复杂。

实际上，并非线圈才有电感。任何电路中，如一段导线、一个电阻、一个大容量的电容都存在电感，只是量值很小，影响很小，一般可以忽略不计。

（2）额定电流。

电感元件的额定电流是指电感元件正常工作时，允许通过的最大电流。若工作电流超过额定电流，电感元件就会因发热而改变参数，甚至烧坏。

电感元件的常见故障有：线圈断路、线圈短路、线圈断股（线圈通常是多股导线绕制的）。用万用表合适的欧姆档可以粗测电感线圈的好坏。选择万用表合适的欧姆档位，红黑表笔分别接在电感线圈的两端，测量线圈的直流电阻，与正常的同型号规格线圈的直流电阻比较。若检测出的阻值偏小，说明导线匝与匝（或层与层）之间有局部短路现象；若检测出阻值为零，说明线圈完全短路；若检测出的阻值为无穷大，说明线圈内部已断路。

3.2.2　线性电感的伏安关系

在如图 3.2.1(a)所示线圈中，加上直流电压、电流，产生的磁通也是恒定的磁通，但是线圈中没有感应电动势产生。当线圈中电流发生变化时（如给线圈加上交流），就会产生变化的磁通 Φ_L 穿过线圈，变化的磁通就会在该线圈两端产生感应电动势。由于线圈本身的电流变化而引起的电磁感应现象叫做自感现象，简称自感。在自感现象中产生的感应电动势叫做自感电动势，用 e_L 表示；产生的感应电压叫自感电压，用 u_L 表示。

在图 3.2.3 所示参考方向中，由电磁感应定律可知

$$e_L = -\frac{\mathrm{d}\Phi_L}{\mathrm{d}t}$$

当线圈有 N 匝线圈时，由于各匝感应电动势相等，所以总的感应电动势为

$$e_L = -N\frac{\mathrm{d}\Phi_L}{\mathrm{d}t} = -\frac{\mathrm{d}(N\Phi_L)}{\mathrm{d}t} = -\frac{\mathrm{d}\psi_L}{\mathrm{d}t} \tag{3.2.2}$$

"－"号反映了感应电动势方向与磁通变化之间的关系，即感应电流所产生的磁通总是阻碍原有磁通的变化。

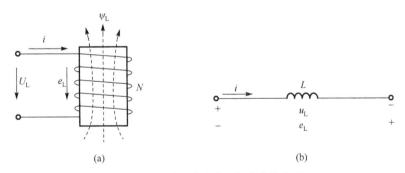

图 3.2.3　电感元件上电压与电流的关系

若选取感应电动势参考方向与感应电压参考方向相同，由于线性电感的 L 是常数，且

$$\psi_L = Li_L(t)$$

则

$$u_L = -e_L = N\frac{\mathrm{d}\Phi_L}{\mathrm{d}t} = \frac{\mathrm{d}\psi_L}{\mathrm{d}t}$$

得
$$u_L(t) = L \frac{di_L(t)}{dt} \tag{3.2.3}$$

电感电压 $u_L(t)$ 取决于电感电流的变化率。如果电感电流是不随时间变化的恒定值（即直流），电感元件相当于短路。线圈在直流电路中相当于短路，在交流电路中有电压，这种情形称为"通直流阻交流"。

由于电感电流在动态的条件下，才能有电感电压，所以电感元件也称为动态元件。

对式（3.2.3），利用数学微积分概念，从 $-\infty$ 到 t 积分，便可得出电感的电流，即

$$i_L(t) = \frac{1}{L} \int_{-\infty}^{t} u_L(\xi)d\xi = \frac{1}{L} \int_{-\infty}^{t_0} u_L(\xi)d\xi + \frac{1}{L} \int_{t_0}^{t} u_L(\xi)d\xi$$
$$= i_L(t_0) + \frac{1}{L} \int_{t_0}^{t} u_L(\xi)d\xi \tag{3.2.4}$$

$i_L(t_0)$ 称为初始电流。如果 $t_0 = 0$ ，电感的初始电流 $i_L(0) = 0$ ，则

$$i_L(t) = \frac{1}{L} \int_{0}^{t} u_L(\xi)d\xi \tag{3.2.5}$$

3.2.3   电感元件储存的磁场能量

在电压电流是关联参考方向的条件下

$$p_L(t) = \frac{dw_L}{dt} = u_L(t) \cdot i_L(t)$$

电感的储能是对瞬时功率 $p_L(t)$ 的时间积分，即

$$dw_L = p_L(t)dt$$

从 $t = t_0$ 到 t 时刻，电感元件储存的磁场能为

$$w_L(t) = \int_{t_0}^{t} u_L(\xi) \cdot i_L(\xi)d\xi = \int_{t_0}^{t} L \frac{di_L(\xi)}{d\xi} \cdot i_L(\xi) \, d\xi$$
$$= \int_{i_L(t_0)}^{i_L(t)} L i_L(\xi)di_L(\xi) = \frac{1}{2} L i_L^2(t) - \frac{1}{2} L i_L^2(t_0) \tag{3.2.6}$$
$$= w_L(t) - w_L(t_0)$$

如果电感开始通电时电流为零，即 $i_L(t_0) = 0$ ，则式（3.2.6）便可写为

$$w_L(t) = \frac{1}{2} L i_L^2(t) \tag{3.2.7}$$

【例 3.2.1】 有一电感线圈，电阻不计，$L = 90mH$ ，通以锯齿波电流如图 3.2.4 所示，试求该线圈的自感电压 $u_L(t)$ 并画出变化波形。

解 设电流 i 与自感电压的参考方向为关联参考方间，由图 3.2.4，根据电流波形按时间分段计算如下。

$0 \leqslant t \leqslant 3ms$ $u_L = L \frac{\Delta i}{\Delta t} = 90 \times 10^{-3} \times \frac{5 \times 10^{-3} - 0}{3 \times 10^{-3} - 0} = 0.15V$

$3ms \leqslant t \leqslant 6ms$ $u_L = L \frac{\Delta i}{\Delta t} = 90 \times 10^{-3} \times \frac{0 - 5 \times 10^{-3}}{(6-3) \times 10^{-3}} = -0.15V$

$6\text{ms} \leqslant t \leqslant 9\text{ms}$ $\qquad u_L = L\dfrac{\Delta i}{\Delta t} = 90 \times 10^{-3} \times \dfrac{5 \times 10^{-3} - 0}{(9-6) \times 10^{-3}} = 0.15\text{V}$

$9\text{ms} \leqslant t \leqslant 12\text{ms}$ $\qquad u_L = L\dfrac{\Delta i}{\Delta t} = 90 \times 10^{-3} \times \dfrac{0 - 5 \times 10^{-3}}{(12-9) \times 10^{-3}} = -0.15\text{V}$

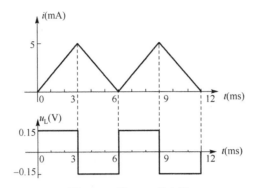

图 3.2.4 例 3.2.1 的电路

根据计算画出电压波形如图 3.2.4 所示。当电流变化率为正时，电压也为正值。当电流变化率为负时，电压也为负值。电感电压与电流的波形不相同，这与电阻元件情况完全不同。

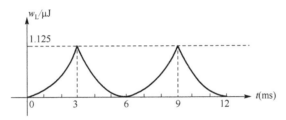

图 3.2.5 $w_L(t)$ 的波形图

【例 3.2.2】 计算例 3.2.1 电感的储能，并绘出能量波形图和功率波形图。

解 （1）计算电感的储能，绘出电感的储能特性曲线。

电感电流的分段表达式如下（电流单位是 mA）。

$$i(t) = \begin{cases} \dfrac{5}{3}t & 0 \leqslant t \leqslant 3\text{ms} \\[2mm] -\dfrac{5}{3}t + 10 & 3\text{ms} \leqslant t \leqslant 6\text{ms} \\[2mm] \dfrac{5}{3}t - 10 & 6\text{ms} \leqslant t \leqslant 9\text{ms} \\[2mm] -\dfrac{5}{3}t + 20 & 9\text{ms} \leqslant t \leqslant 12\text{ms} \end{cases}$$

根据式（3.2.7）按时间分段计算电感的储能。单位是 μJ。

$0 \leqslant t \leqslant 3\text{ms}$ $\quad w_L(t) = \dfrac{1}{2} \times 90 \times 10^{-3} \times \left(\dfrac{5}{3}t \times 10^{-3}\right)^2 = 0.125t^2\mu\text{J}$; $\ w_L(0\text{ms}) = 0$; $\ w_L(3\text{ms}) = 1.125\mu\text{J}$

$3\text{ms} \leqslant t \leqslant 6\text{ms}$ $\quad w_L(t) = \dfrac{1}{2} \times 90 \times 10^{-3} \times \left(-\dfrac{5}{3}t + 10\right)^2 \mu\text{J}$; $\ w_L(3\text{ms}) = 1.125\mu\text{J}$; $\ w_L(6\text{ms}) = 0$

$6\text{ms} \leqslant t \leqslant 9\text{ms}$　$w_L(t) = \dfrac{1}{2} \times 90 \times 10^{-3} \times \left(\dfrac{5}{3}t - 10\right)^2 \mu J$ ；$w_L(6\text{ms}) = 0$ ；$w_L(9\text{ms}) = 1.125\mu J$

$9\text{ms} \leqslant t \leqslant 12\text{ms}$　$w_L(t) = \dfrac{1}{2} \times 90 \times 10^{-3} \times \left(-\dfrac{5}{3}t + 20\right)^2 \mu J$ ；$w_L(9\text{ms}) = 1.125\mu J$ ；$w_L(12\text{ms}) = 0$

按以上计算结果，将电感的储能特性曲线绘出如图 3.2.5 所示。

（2）绘出电感的功率特性曲线。

电感的瞬时功率就是 $u_L(t)$ 和 $i_L(t)$ 的乘积，其波形图如图 3.2.6 所示，单位是 mW。

$$p(t) = \begin{cases} \dfrac{5}{3}t \times 0.15 = 0.25t & 0 \leqslant t \leqslant 3\text{ms} \\[2mm] \left(-\dfrac{5}{3}t + 10\right) \times (-0.15) = 0.25t - 1.5 & 3\text{ms} \leqslant t \leqslant 6\text{ms} \\[2mm] \left(\dfrac{5}{3}t - 10\right) \times (0.15) = 0.25t - 1.5 & 6\text{ms} \leqslant t \leqslant 9\text{ms} \\[2mm] \left(-\dfrac{5}{3}t + 20\right) \times (-0.15) = 0.25t - 3 & 9\text{ms} \leqslant t \leqslant 12\text{ms} \end{cases}$$

如电流波形图 3.2.4、能量波形图 3.2.5、功率波形图 3.2.6 所示，电感的储能总为正值，有电流就有能量，电流为零能量才为零。能量有时增长，有时减少。当通过电感线圈的电流增大，储能增长，瞬时功率为正值，电感是负载吸收功率储存在磁场中；当通过电感线圈的电流减小，储能减少，瞬时功率为负值，电感释放出能量，释放的能量等于吸收的能量，电感相当于电源。如果在一定的时间内，电感电流为恒定值，则电感的储能为一正值并保持不变。由此，电感本身并不消耗功率，只与电源间有能量的互换。

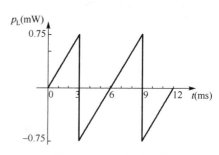

图 3.2.6　$p_L(t)$ 的波形图

3.2.4　电感元件的连接

电感器的基本组合方式有串联、并联和混联。

1. 电感元件的串联

多个电感元件首尾相接，如图 3.2.7 所示。串联使用时有以下几个特点：

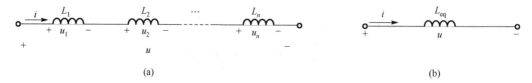

（a）　　　　　　　　　　　　　　　　　　　　　　　（b）

图 3.2.7　电容的串联及其等效电路

（1）总电压等于各电压之和。

由 KVL 得　　　　　　　　$u(t) = u_1(t) + u_2(t) + \cdots + u_n(t)$

（2）串联时电感器组的总电感量 L_{eq} 等于各个电感元件电感量之和。

由式（3.2.3）可知

$$u_1(t) = L_1 \frac{\mathrm{d}i(t)}{\mathrm{d}t} \quad u_2(t) = L_2 \frac{\mathrm{d}i(t)}{\mathrm{d}t} \quad \cdots \quad u_n(t) = L_n \frac{\mathrm{d}i(t)}{\mathrm{d}t}$$

由于各电感中电流相等，根据 KVL 定律可得总电压

$$u(t) = u_1(t) + u_2(t) + \cdots + u_n(t) = (L_1 + L_2 + \cdots + L_n) \frac{\mathrm{d}i(t)}{\mathrm{d}t} = L_{\mathrm{eq}} \frac{\mathrm{d}i(t)}{\mathrm{d}t}$$

等效电感
$$L_{\mathrm{eq}} = L_1 + L_2 \cdots + L_n \tag{3.2.8}$$

若 n 个电感量为 L_0 的电感器串联时，则

$$L_{\mathrm{eq}} = nL_0$$

（3）串联电感的分压原理：与电感量成正比。

$$u_1 = \frac{L_1}{L_{\mathrm{eq}}} u = \frac{L_1}{L_1 + L_2 \cdots + L_n} u \quad u_2 = \frac{L_2}{L_{\mathrm{eq}}} u = \frac{L_2}{L_1 + L_2 \cdots + L_n} u \quad \cdots \quad u_n = \frac{L_n}{L_{\mathrm{eq}}} u = \frac{L_n}{L_1 + L_2 \cdots + L_n} u$$

$$\tag{3.2.9}$$

2. 电感元件的并联

将多个电感元件连接到两个公共节点之间，如图 3.2.8 所示。

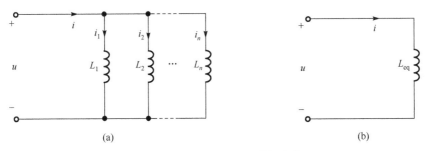

(a)　　　　　　　　　　　　　　　　　　(b)

图 3.2.8　电感的并联及其等效电路

并联使用时有以下几个特点：

（1）各元件端电压等于电路两端总电压，即

$$u = u_1 = u_2 = \cdots = u_n$$

（2）电路总电流等于各电感元件电流之和，由 KCL 得

$$i(t) = i_1(t) + i_2(t) + \cdots + i_n(t)$$

（3）串联时电感器组的总电感量 L_{eq}（等效电感）的倒数等于各个支路电感量的倒数之和。
由式（3.2.5）可知

$$i_1 = \frac{1}{L_1} \int_{-\infty}^{t} u(\xi) \mathrm{d}\xi \quad i_2 = \frac{1}{L_2} \int_{-\infty}^{t} u(\xi) \mathrm{d}\xi \quad \cdots \quad i_n = \frac{1}{L_n} \int_{-\infty}^{t} u(\xi) \mathrm{d}\xi$$

$$i(t) = i_1(t) + i_2(t) + \cdots + i_n(t) = \left(\frac{1}{L_1} + \frac{1}{L_2} + \cdots + \frac{1}{L_n} \right) \int_{-\infty}^{t} u(\xi) \mathrm{d}\xi = \frac{1}{L_{\mathrm{eq}}} \int_{-\infty}^{t} u(\xi) \mathrm{d}\xi$$

等效电感
$$\frac{1}{L_{\mathrm{eq}}} = \frac{1}{L_1} + \frac{1}{L_2} + \cdots + \frac{1}{L_n} \tag{3.2.10}$$

若两个电感元件并联，则 $\qquad L_{eq} = \dfrac{L_1 L_2}{L_1 + L_2}$ （3.2.11）

若 n 个电感量为 L_0 的电感器并联时，则有

$$L_{eq} = \frac{L_0}{n}$$

电感的并联跟电阻的并联公式相似。

（4）并联电感的分流原理：与电感量成反比。

两个电感元件并联，$i(t)$ 为总电流；$i_1(t)$ 为 L_1 支路上分配的电流；$i_2(t)$ 为 L_2 支路上分配的电流。则

$$i_1(t) = \frac{L_2}{L_1 + L_2} i(t) \qquad i_2(t) = \frac{L_1}{L_1 + L_2} i(t)$$

【例 3.2.3】 如图 3.2.9(a)所示为两电感的并联电路，其中 $L_1 = 3$H，$L_2 = 6$H 两电感中的初始电流值分别为 5A 和−3A，端口电压 $u(t) = 9\mathrm{e}^{-t}$V。试求：

（1）电路中的等效电感值和等效电感的初始电流值，并绘出等效电路；

（2）计算电路中的总电流 $i(t)$ 和各电感中的电流 $i_1(t)$ 和 $i_2(t)$。

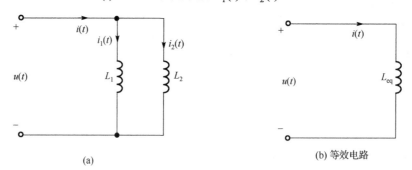

(a)   (b) 等效电路

图 3.2.9 例 3.2.3 的电路图

解 （1）计算等效电感 $\qquad L_{eq} = \dfrac{L_1 \cdot L_2}{L_1 + L_2} = \dfrac{3 \times 6}{3 + 6} = 2$H

等效电感的初始电流为 $\qquad i(0) = i_1(0) + i_2(0) = 5 + (-3) = 2$A

等效电路如图 3.2.9(b)所示。

（2）计算电路中的总电流，按电感伏安关系式（3.2.4）得

$$i(t) = i(0) + \frac{1}{L} \int_0^t u(\xi)\mathrm{d}\xi = 2 + \frac{1}{2} \int_0^t 9\mathrm{e}^{-\xi}\mathrm{d}\xi = 6.5 - 4.5\mathrm{e}^{-t} \, \text{A}$$

计算各电感中的电流，分别为

$$i_1(t) = 5 + \frac{1}{3} \int_0^t 9\mathrm{e}^{-\xi}\mathrm{d}\xi = 8 - 3\mathrm{e}^{-t} \, \text{A} \qquad i_2(t) = -3 + \frac{1}{6} \int_0^t 9\mathrm{e}^{-\xi}\mathrm{d}\xi = -1.5 - 1.5\mathrm{e}^{-t} \, \text{A}$$

练习与思考

3.2.1 如图 3.2.10 所示为某电路的一部分。已知：$R = 5\Omega$，$L = \dfrac{1}{8}$H，$C = \dfrac{1}{2}$F，$u_{cd}(t) = 4\mathrm{e}^{-2t} - 8\mathrm{e}^{-4t}$V，试求每个元件上的电压和 $u_{ad}(t)$。

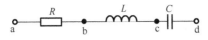

图 3.2.10　练习与思考 3.2.1 的图

3.2.2　求图 3.2.11 电路中 ab 两端的等效电感及其初始电流值。

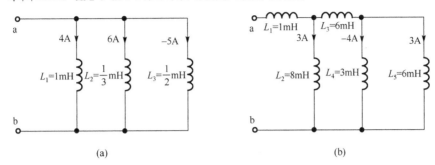

图 3.2.11　练习与思考 3.2.2 的电路

习　　题

3.1.1　电容器所带电量为 $q = 4 \times 10^{-4} C$，两电极之间电压为 $U = 100V$，则电容器的电容 C 是多少？当两电极之间电压为 $U = 300V$ 时，电容器极板所带电量 q 为多少？当电容器所带电量为 $q = 1 \times 10^{-4} C$ 时，两电极之间电压 U 为多少？

3.1.2　一个阻值为 500Ω 的电阻与一个电容为 30pF 的电容器串联在电源电压 $U = 200V$ 的电路中，已知电容器原来不带电荷，试求：充电结束后电容器上的电压及储存的电场能量。

3.1.3　假设平行板电容器的一个极板由 5 块金属板组成，每块金属板面积为 20cm^2，两极板间用云母片分割，设电容器的电容是 0.005μF，求云母的厚度。

3.1.4　3 个耐压都是 500V 的电容串联，$C_1 = 4μF$，$C_2 = 1μF$，$C_3 = 5μF$，求电容器组的总电容和耐压。

3.1.5　电容器 A 的电容为 $C_A = 5μF$，充电后的电压为 $U_A = 25V$，电容器 B 的电容为 $C_B = 40μF$，充电后的电压为 $U_B = 30V$，（1）把它们并联后的电压应是多少？（2）并联后每个电容器存储的电荷量是否发生变化，如果发生变化，发生了怎样的变化？

3.1.6　有 3 个电容器并联，电容分别为 $C_1 = 50μF$、$C_2 = 40μF$、$C_3 = 30μF$，耐受电压分别为 100V、80V 和 40V，试求：（1）电路的等效电容；（2）总电压 U 不能超过多少。

3.1.7　如图 3.01 所示，以空气为介质的 3 个电容器的电容分别为 $C_1 = 10μF$、$C_2 = 20μF$、$C_3 = 12μF$ 电源电压 $U = 50V$。试求：（1）先将开关 S$_1$ 接通、开关 S$_2$ 断开时，电容器 C_1、C_2 的端电压及所带的电量各是多少？（2）最后将开关 S$_1$ 断开，S$_2$ 接通，此时 A、B 两点间的电压是多少?电容 C_1 所带的电量是多少？

3.2.1　空心电感线圈中的电流为 25A 时，磁链为 0.005Wb，求线圈的电感。如果线圈共 2000 匝，当线圈中的电流为 50A 时，求磁链和每匝线圈的磁通量。

3.2.2　如图 3.02(a)所示的电路中，已知线性电感元件的电感 $L = 200mH$，通过电感的电流随时间变化的规律如图 3.02(b)所示，试求：（1）各段时间内元件两端的电压 u_L；（2）作出 u_L 随时间变化的曲线。

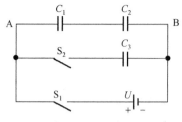

图 3.01　习题 3.1.7 的图

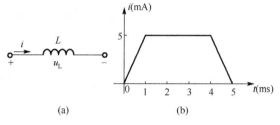

(a)　　　　　　　　(b)

图 3.02　习题 3.2.2 的图

3.2.3　已知电感线圈 $L = 2\text{mH}$，与一个 $R = 4\Omega$ 的电阻串联，且与 $U_s = 20\text{V}$ 的直流电源连接，求稳定后电流存储在磁场中的能量。

3.2.4　线圈的电感 $L = 50\text{mH}$，线圈中的电流 $I = 1\text{A}$。求：

（1）线圈中储存的磁场能；

（2）线圈中的电流增加到 7A，线圈从电路中吸收的电能；

（3）若线圈中的电流增加到 7A 所用的时间为 0.03s，线圈的自感电压的大小。

3.2.5　如图 3.03 所示的电路中，线圈的电感 $L = 0.6\text{H}$，开关闭合前，电路处于稳态，试求将开关闭合电路重新稳定后，线圈存储的磁场能量的变化量。

3.2.6　求图 3.04 电路中的等效电感及其初始电流值。

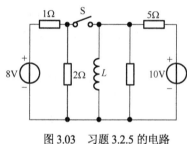

图 3.03　习题 3.2.5 的电路

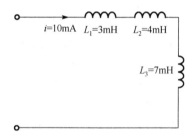

图 3.04　习题 3.2.6 的电路

3.2.7　如图 3.05 所示电路，求 a、b 两端的等效电感。

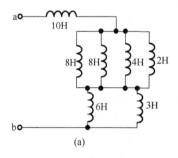

(a)

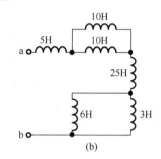

(b)

图 3.05　习题 3.2.7 的电路

第4章　一阶线性电路的暂态分析

本章讨论的是只含有一个储能元件（电容或电感）或可以等效为一个储能元件的电路，这种电路叫一阶动态电路（又叫一阶线性电路），并且使用了一阶线性常微分方程来描述这种电路。本章首先介绍了动态电路的基础，在此基础上引入了一阶线性电路的经典法（时域分析法）和三要素法，然后介绍了 RC 电路和 RL 电路的零输入响应、零状态响应、全响应及微分电路和积分电路，重点掌握三要素法求解一阶线性电路的暂态过程。

4.1　动态电路基础

动态电路指含有动态元件的电路。前面介绍的电感和电容是储能元件又是动态元件。基尔霍夫定律同样适用于动态电路，由电路的 KVL、KCL 和元件的 VCR 所建立的动态电路方程则是以电压（或电流）为变量的微分方程（或微分–积分方程），其方程的阶数取决于动态元件的个数和电路的结构。

如图 4.1.1 所示电路，只有电容一个储能元件，所以为一阶 RC 动态电路。当开关 S 由位置 1 合向位置 2 后，以电容电压 u_C 为变量列写电路的 KVL 方程可以得到

$$R_1\left(i_C + \frac{u_C}{R}\right) + u_C = U_S$$

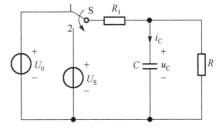

图 4.1.1　一阶 RC 动态电路

其中 $i_C = C\dfrac{du_C}{dt}$，于是可以得到式（4.1.1）

$$R_1 C \frac{du_C}{dt} + \left(\frac{R_1}{R} + 1\right)u_C = U_S \tag{4.1.1}$$

由高等数学知识可知式（4.1.1）是一阶线性常系数非齐次微分方程。当将图 4.1.1 中电容换成电感，列写一阶 RL 动态电路的方程时，可以得到与式（4.1.1）类似的微分方程。一阶动态电路均可以由一阶微分方程描述。通常情况下，一阶线性电路的"一阶"是指所含动态元件的个数为一个，因为列出的微分方程是一阶微分方程，当线性电路中含有 2 个或 n 个动态元件时，建立的电路方程将是二阶常微分方程或 n 阶常微分方程，对应的电路称为二阶线性电路和 n 阶线性电路。

本章涉及到的电路主要是一阶线性电路，包括 RC 和 RL 电路，若动态元件以外的电路比较复杂，则根据戴维南定理或诺顿定理总能将动态元件以外的电路等效转换为电压源或电流源，这样复杂电路就转变成简单的 RC 或 RL 串联电路了。

动态电路的一个重要特征是当电路发生换路时，电路原来的状态（电压、电流值等）将会发生变化，即从一个稳定状态转变到另一个稳定状态，但这种转变并不是一瞬间完成的，而是会经过一个过程，在工程上这个过程被称为过渡过程，从工程角度讲这个过程是短暂的，故也称为暂态过程。

产生暂态过程的必要条件是电路中含有储能元件，这是产生暂态过程的内因，电路发生换路，这是产生暂态过程的外因。换路就是电路状态的改变，如电路接通、断开电源、短路、电源的升高或降

低、电路中元件参数的改变等。换路时储能元件的储能不发生变化，电路虽然有换路过程，但是电路中不产生过渡过程。

产生暂态过程的原因是由于物体所具有的能量不能跃变而造成，如电机启动和停止都有一个过程，动能不能跃变。烧开水也需要一定的时间，是因为水的热能不能跃变。所以，在换路瞬间储能元件的能量不能跃变。

电阻是耗能元件，其上电流随电压成比例按欧姆定律规律瞬时跃变，不存在过渡过程。电感、电容都是储能元件，因为能量的存储和释放需要一个过程，造成某些支路电流、电压将不能瞬时变化，而是经历一个短暂的过渡过程，所以有电容或电感的电路换路过程中存在过渡过程。

研究暂态过程具有重要的实际意义。例如，在电子电路中广泛应用 RC 电路，利用电容的充、放电过程来改善波形或产生特定波形。分析电路的暂态过程，还可以了解电路中可能出现的过电压和过电流，以便采取适当措施防止电器设备受到损坏。

4.2　电路初始值的计算

4.2.1　换路定则

在 4.1 节已经提及换路的概念，为了叙述方便，有必要约定时间概念。换路前电路处于稳定状态叫 $t = -\infty$，通常认为换路是在 $t = 0$ 时刻完成的，并且把换路前的瞬间记为 $t = 0_-$，而换路完成后的瞬间记为 $t = 0_+$。虽然 0_+ 和 0_- 在数值上都等于 0，但前者是指 t 从正值趋近于零，后者是指 t 从负值趋近于零。换路后电路达到稳定后叫 $t = +\infty$。

在 4.3 节中将介绍两种暂态过程的分析方法，当使用经典法求解常微分方程时，必须根据电路的初始条件确定积分常数，用三要素法求解暂态过程时，初始值是一要素，可见，电路的初始值是很重要的。电路的初始条件指的是电路中所有变量（电压或电流）在 $t = 0_+$ 时刻的值，也称初始值。求解初始值需要用到换路定则。

当电容电流和电感电压为有限值时，电容电压和电感电流不能突变，即在 $t = 0_+$ 时刻的值等于 $t = 0_-$ 时刻的值，这就是换路定则。即

$$\left.\begin{array}{l} u_C(0_+) = u_C(0_-) \\ i_L(0_+) = i_L(0_-) \end{array}\right\} \tag{4.2.1}$$

现对换路定则作如下证明。

对于线性电容，在任意时刻 t 时，其电压和电流的关系如下。

$$u(t) = u(t_0) + \frac{1}{C} \int_{t_0}^{t} i_C(\varepsilon)\, d\varepsilon \tag{4.2.2}$$

$u(t_0)$ 表示电容换路前的初始电压。当 t 和 t_0 很接近时，$\int_{t_0}^{t} i_C(\varepsilon) d\varepsilon = 0$，从而 $u(t) = u(t_0)$，即电容电流 $i_C(t)$ 为有限值时，换路瞬间电容电压没有突变。

对于线性电感，其任意时刻电流和电压的关系如下。

$$i(t) = i(t_0) + \frac{1}{L} \int_{t_0}^{t} u_L(\varepsilon)\, d\varepsilon \tag{4.2.3}$$

$i(t_0)$ 表示电感换路前的初始电压。当 t 和 t_0 很接近时，$\int_{t_0}^{t} u_L(\varepsilon) d\varepsilon = 0$，因此 $i(t) = i(t_0)$，即电感电压 $u_L(t)$ 为有限值时，换路瞬间电感电流不能突变。

换路定则还可以从能量不能突变的观点来说明。电容存储的电场能为 $W_C = \frac{1}{2}Cu_C^2$，电能不能突变，说明 u_C 不能突变；电感存储的磁场能为 $W_L = \frac{1}{2}Li_L^2$，磁能不能突变，说明 i_L 不能突变。如果换路前后 u_C、i_L 发生跃变，将导致 W_C 和 W_L 也发生跃变，能量跃变意味着电容、电感上的瞬时功率为无穷大，即 $p = ui = \frac{dw_C}{dt} \rightarrow \infty$，瞬时功率无穷大就意味着电压或电流的瞬时值为无穷大。一般来说，这是不可能出现的情况，同时也与基尔霍夫定律不相符合。

注意：（1）换路定则仅适合于换路瞬间确定电路中电压电流的初始值。换路定则仅表明电路发生换路前后瞬间 u_C 和 i_L 保持不变，随着时间的推移，它们仍旧会向新的稳定值过渡。

（2）换路定则只对 u_C 和 i_L 具有约束作用，对于电路中的其他电量没有约束。因此，其他电量可以发生跃变，如电感电压和电容电流，电阻的电压和电流都可能跃变。变还是不变由电路结构、元件参数决定。

4.2.2　电路初始值的计算

动态电路的独立初始条件为电容电压 $u_C(0_+)$ 和电感电流 $i_L(0_+)$，一般可以根据它们在 $t = 0_-$ 时的值 $u_C(0_-)$ 和 $i_L(0_-)$ 确定，而电路的其他初始条件，如电阻电压和电流、电感电压及电容电流等需要在 $t = 0_+$ 时的等效电路图中，根据独立初始条件和各元件的元件特性进行求解。

具体求解步骤如下：

第 1 步：根据电路换路前的状态，画出 $t = 0_-$ 的电路，求 $u_C(0_-)$ 和 $i_L(0_-)$。

在直流电源激励的电路中，开关箭头所示方向为电路的换路方向。换路前电路是稳定的，如果储能元件储有能量，由于 $W_C = \frac{1}{2}Cu_C^2$，$u_C(0_-) \neq 0$，$W_L = \frac{1}{2}Li_L^2$，$i_L(0_-) \neq 0$，所以在 $t = 0_-$ 的电路中，电容元件可视为开路，求出 $u_C(0_-)$，电感元件可视为短路，求出 $i_L(0_-)$。换路前，如果储能元件没有储有能量，由能量公式可知，$u_C(0_-) = 0$，$i_L(0_-) = 0$，所以，在 $t = 0_-$ 的电路中，电容元件可视为短路，电感元件可视为开路。

第 2 步：由换路定则求得：$u_C(0_+)$、$i_L(0_+)$。$u_C(0_+) = u_C(0_-)$，$i_L(0_+) = i_L(0_-)$。

第 3 步：画出换路后 $t = 0_+$ 时刻的等效电路，然后根据题目要求确定其他电量的初始值。

换路前，如果储能元件储有能量，即 $u_C(0_+) \neq 0$，换路瞬间（$t = 0_+$）等效电路中，电容元件用一理想电压源替代 $u_C = u_C(0_+)$，理想电压源的电压大小和方向与 $u_C(0_+)$ 相同；电感元件用一理想电流源替代 $i_L = i_L(0_+)$，理想电流源的电流大小和方向与 $i_L(0_+)$ 相同。换路前，若储能元件没有储能，换路瞬间（$t = 0_+$）等效电路中，可视电容元件短路，电感元件开路。然后由 $t = 0_+$ 的等效电路确定其他电量的初始值。

【例 4.2.1】 电路如图 4.2.1(a)所示，$t = 0$ 时开关 S 闭合，且 S 闭合前电路已处于稳定状态，动态元件无初始储能，试求 S 闭合后电路中的 $i_1(0_+)$、$i_2(0_+)$、$i_C(0_+)$ 和 $u_L(0_+)$。

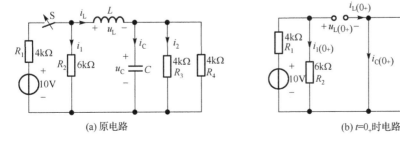

(a) 原电路　　　　　　　　　　　　　　(b) $t = 0_+$ 时电路

图 4.2.1　例 4.2.1 电路

解 此例题开关 S 闭合前电路没有电源，电感电容没有储能，所以 $u_C(0_-)=0$，$i_L(0_-)=0$。闭合开关 S 后瞬间，根据换路定则，有 $u_C(0_+)=0$、$i_L(0_+)=0$。

因此，在 $t=0_+$ 时刻，由于 $u_C(0_+)=0$，则电容短路；$i_L(0_+)=0$，则电感开路，得 $t=0_+$ 时刻的等效电路如图 4.2.1(b)所示。

运用电阻电路的分析方法，计算 $t=0_+$ 时刻的各电量值得

$$i_2(0_+)=0; \quad i_C(0_+)=0; \quad i_1(0_+)=\frac{10}{R_1+R_2}=1\text{mA}; \quad u_L(0_+)=i_1(0_+)R_2-u_C(0_+)=6\text{V}$$

【例 4.2.2】 如图 4.2.2(a)所示电路中，直流电压源的电压为 U_S，当电路中的电压和电流恒定不变时打开开关 S，求换路前后各电压电流的大小，试比较哪些量发生了改变，哪些量没有改变。其中 $U_S=5\text{V}$，$R_1=2\Omega$，$R_2=3\Omega$，$R_3=1\Omega$。

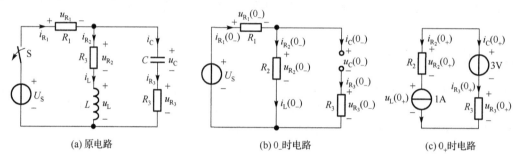

(a) 原电路　　　　　　　(b) 0_- 时电路　　　　　　　(c) 0_+ 时电路

图 4.2.2　例 4.2.2 电路

解 此例题是换路前有储能例题。

由于开关 S 打开前电路已经处于稳定状态，在直流电源激励下，稳定状态下的电容相当于开路、电感相当于短路。如图 4.2.2(b)所示为换路前瞬间电路，因此可以求得换路前各电压电流的大小

$$i_C(0_-)=i_{R_3}(0_-)=0 \text{、} u_{R_3}(0_-)=0 \text{、} u_L(0_-)=0 \text{、} u_C(0_-)=u_{R_2}(0_-)=\frac{U_S R_2}{R_1+R_2}=3\text{V}$$

$$i_L(0_-)=i_{R_1}(0_-)=i_{R_2}(0_-)=\frac{U_S}{R_1+R_2}=1\text{A} \text{、} u_{R_1}(0_-)=U_S-u_{R_2}(0_-)=5-3=2\text{V}$$

开关 S 打开时，根据换路定则，得 $u_C(0_+)=u_C(0_-)=3\text{V}$、$i_L(0_+)=i_L(0_-)=1\text{A}$

换路完成后，由于储能不变，$t=0_+$ 时刻电容相当于理想电压源、电感相当于理想电流源，则 $t=0_+$ 时刻的等效电路如图 4.2.2(c)所示，由此可以求得

$$i_C(0_+)=i_{R_3}(0_+)=-i_L(0_+)=-1\text{A}; \quad i_{R_2}(0_+)=i_L(0_+)=1\text{A}$$

$$u_{R_3}(0_+)=i_{R_3}(0_+)R_3=-1\text{V}; \quad u_{R_2}(0_+)=i_L(0_+)R_2=3 \text{ V}$$

$$u_L(0_+)=-u_{R_2}(0_+)+u_{R_3}(0_+)+u_C(0_+)=-1\text{V}; \quad u_{R_1}(0_+)=0\text{V}; \quad i_{R_1}(0_+)=0\text{A}$$

由此可以看出，换路前后除了电容电压和电感电流没有改变外，其他量都发生了改变。（R_2 上电压电流换路前后没有改变是因为与电感串联，电感电流换路前后没有改变）

练习与思考

4.2.1　如图 4.2.3 所示电路中，换路前各储能元件均未储能，试求在开关 S 闭合后瞬间各元件中的电流及其两端电压。

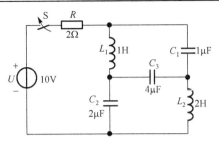

图 4.2.3　练习与思考 4.2.1 的电路

4.3　暂态过程的分析方法

4.3.1　经典法

分析动态电路时，在换路后电路中，根据基尔霍夫定律和元件的伏安关系列写电路的微分方程，然后求解微分方程，从而得到所求电路的响应（电压或电流），这种方法称为经典法。经典法是一种常在时域中进行的分析方法。

如图 4.3.1 所示电路，假设电容的初始值 $u_C(0_+)=U_0$，开关闭合后电路，以电容电压 u_C 为变量列 KVL 方程

$$Ri + u_C = U_S$$

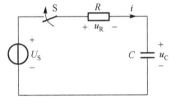

图 4.3.1　经典法电路

其中 $i = C\dfrac{du_C}{dt}$，得

$$RC\frac{du_C}{dt} + u_C = U_S \tag{4.3.1}$$

式（4.3.1）为一阶线性非齐次微分方程，下面将根据高等数学所学知识进行电路方程的求解。当 $U_S = 0$ 时

$$RC\frac{du_C}{dt} + u_C = 0 \tag{4.3.2}$$

式（4.3.2）是一阶线性齐次微分方程，使用分离变量法求方程（4.3.2）的齐次解，经恒等变形得

$$\frac{du_C}{u_C} = -\frac{1}{RC}dt$$

等式两边同时积分可得

$$\ln u_C = -\frac{1}{RC}t + \ln A$$

其中 $\ln A$ 是积分常数，则进一步变换得

$$\ln \frac{u_C}{A} = -\frac{1}{RC}t$$

于是方程（4.3.2）的齐次通解为

$$u_C = A e^{-\frac{1}{RC}t} \tag{4.3.3}$$

将初始值 $u_C(0_+)=U_0$ 代入式（4.3.3）可得

$$u_C = U_0 e^{-\frac{t}{RC}} \tag{4.3.4}$$

也就是说方程（4.3.2）具有如式（4.3.5）所示解的形式，即

$$u_C = 初始值 \times e^{-\frac{t}{RC}} \tag{4.3.5}$$

当 $U_S \neq 0$ 时，方程（4.3.1）为一阶线性非齐次微分方程，它的解由齐次微分方程（4.3.2）的通解 u_C'（即 $u_C' = A e^{-\frac{t}{RC}}$）和非齐次特解 u_C'' 叠加组成。

在这里，非齐次特解指的是能满足方程（4.3.1）的任意解，通常取特解为电路达到稳态后的电容电压，稳态时 $\frac{\mathrm{d}u_C}{\mathrm{d}t} = 0$，式（4.3.1）即是 $u_C'' = U_S$。

从 u_C' 和 u_C'' 的表达式可以看出，齐次通解即 $u_C' = A e^{-\frac{t}{RC}}$ 按指数规律衰减，随时间的推移逐渐减小到零，通常称为暂态分量，且仅存在于暂态过程中；而非齐次特解 u_C'' 与外施激励有关，为恒定值，电路达到稳定状态时的值，通常称为稳态分量。综上所述，电路方程（4.3.1）的解为

$$u_C = u_C' + u_C'' = A e^{-\frac{1}{RC}t} + U_S \tag{4.3.6}$$

当电容有初始储能时，将电容电压初始值 $u_C(0_+) = u_C(0_-) = U_0$ 代入式（4.3.6），$A = U_0 - U_S$，可得电路响应的最终表达式为

$$u_C = U_S + (U_0 - U_S) e^{-\frac{1}{RC}t} \tag{4.3.7}$$

在非零初始状态且有电源激励的情况下，电容电压 u_C 的响应

$$u_C = 稳态值 + (初始值 - 稳态值) e^{-\frac{t}{RC}} \tag{4.3.8}$$

$$u_C = 稳态分量 + 暂态分量$$

若电容无初始储能时，即 $u_C(0_+) = u_C(0_-) = 0$，则式（4.3.7）变为 $u_C = U_S - U_S e^{-\frac{t}{RC}}$。

当电容电压稳态量为零时，即 $U_S = 0$，式（4.3.7）就是式（4.3.4）。

用换路后电路进一步解得电路中其他变量为。

$$i = C \frac{\mathrm{d}u_C}{\mathrm{d}t} = -\frac{U_0 - U_S}{R} e^{-\frac{1}{RC}t} \left(电容无初始储能时：i = \frac{U_S}{R} e^{-\frac{1}{RC}t} \right)$$

$$u_R = Ri = -(U_0 - U_S) e^{-\frac{1}{RC}t} \left(电容无初始储能时：u_R = U_S e^{-\frac{1}{RC}t} \right)$$

由此，方程（4.3.1）的解是式（4.3.7），具有表 4.3.1 所列出的解的多种形式，令 $\tau = RC$，称为 RC 电路的时间常数。

综上所述，使用经典法计算线性电路暂态过程的步骤归纳如下：

（1）根据换路后的电路列写电路的微分方程。注意 RC 电路变量一般选择电容电压 u_C；RL 电路变量一般选择电感电流 i_L。

（2）求微分方程的齐次通解，也就是暂态分量，具有 $A e^{-\frac{t}{\tau}}$ 的形式。

（3）求微分方程的非齐次特解，也就是稳态分量。

（4）按照叠加定理写出电路的响应，并按照换路定则确定暂态过程的初始值，从而定出积分常数 A。

分析 RC 电路并联形式及复杂的电路时，由戴维南定理或诺顿定理可以把电容外部分等效为图 4.3.1 所示 RC 串联电路形式，同样可以用经典法来求解，代入式（4.3.7）就可以求解。

表 4.3.1　方程 4.3.1 的解

u_C	$U_0 = 0$	$U_0 \neq 0$
$U_S = 0$	0	$U_0 e^{-\frac{t}{RC}} = U_0 e^{-\frac{t}{\tau}}$
$U_S \neq 0$	$U_S - U_S e^{-\frac{t}{RC}} = U_S - U_S e^{-\frac{t}{\tau}}$	$U_S + (U_0 - U_S) e^{-\frac{t}{RC}} = U_S + (U_0 - U_S) e^{-\frac{t}{\tau}}$

4.3.2　三要素法

对于一阶线性电路使用经典法求解电路的过程中，得到式（4.3.7）和（4.3.8），如果令 $\tau = RC$ 为电路的时间常数，得出一阶线性电路微分方程解的通用表达式为

$$f(t) = f(\infty) + \left[f(0_+) - f(\infty) \right] e^{-\frac{t}{\tau}} \tag{4.3.9}$$

式中，$f(t)$ 代表一阶线性电路暂态过程中的任一变量（电压、电流值），而 $f(0_+)$ 是函数的初始值，$f(\infty)$ 是函数的稳态值，τ 是电路的时间常数。

求解电路有 3 个要素：$f(0_+)$、$f(\infty)$ 和 τ。只要把这 3 个要素求出来，再代入式（4.3.9），电路中任一变量的响应也就求解出来了。这种利用求三要素来求解暂态过程的方法，称为三要素法。一阶线性电路激励是恒定值时都可以用三要素法求解。三要素法的引入避免了电路微分方程的求解，简化了计算过程，得到大量的应用。

由式（4.3.9）可知，任何函数的响应，都等于稳态分量加上暂态分量，而且是从 $f(0_+)$ 指数规律变化到 $f(\infty)$。如图 4.3.2 所示为初始值、稳态值是否为零时函数响应的 4 种变化曲线，图 4.3.2(a) 和图 4.3.2(b) 是稳态值大于初始值的两种情况，图 4.3.2(a) 初始值为 0，图 4.3.2(b) 初始值不为 0，曲线按照指数规律增长变化；图 4.3.2(c) 和图 4.3.2(d) 是初始值大于稳态值的两种情况，图 4.3.2(c) 稳态值为 0，图 4.3.2(d) 稳态值不为 0，曲线按照指数规律衰减变化。

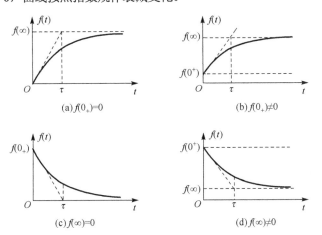

图 4.3.2　电路响应变化曲线

使用三要素法求解电路响应时，按以下步骤进行：

（1）初始值 $f(0_+)$ 的计算

初始值的计算在 4.2 节已举例加以详细说明。

（2）稳态值 $f(\infty)$ 的计算

求换路后电路处于稳定状态时电路中的电压和电流。由于在直流电源激励下，稳定时电容 C 视为开路，电感 L 视为短路。

如图 4.3.3 所示电路，图 4.3.3(a) $u_C(\infty)=\dfrac{20}{4+6}\times 6=12\text{V}$

图 4.3.3(b) $i_L(\infty)=12\times\dfrac{6}{6+4}=7.2\text{mA}$

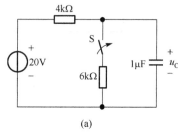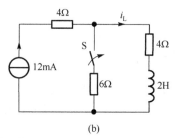

（a）　　　　　　　　　　　　　　　　　　（b）

图 4.3.3　稳态值的计算

（3）时间常数 τ 的计算

由式（4.3.9）可以看出，一阶电路中任一电压、电流随时间变化的曲线增长或衰减的快慢取决于时间常数 τ 的大小，τ 越大暂态过程越慢，τ 越小暂态过程越快，τ 是反应过渡特性的一个重要的量。时间常数 τ 仅仅由电路的结构和元件参数的大小决定。

当电阻和电容均取国际单位制时，τ 的量纲

$$\tau=[R][C]=欧\cdot\frac{库}{伏}=欧\cdot\frac{安\cdot 秒}{伏}=秒$$

乘积 RC 的单位便为时间的单位 s（秒）。

对于一阶 RC 电路　　　　　　　　　　　　$\tau=R_{eq}C$

对于一阶 RL 电路　　　　　　　　　　　　$\tau=\dfrac{L}{R_{eq}}$

对于较复杂的一阶电路，R_{eq} 为换路后的电路除去电源和储能元件后，与应用戴维南定理解题时计算电路等效电阻的方法一样，从储能元件两端看进去的无源网络的等效电阻。

如图 4.3.4 所示　　　　　　$R_{eq}=R_2/\!/R_3+R_4$　　　$\tau=R_{eq}C$

对于图 4.3.3(a)　　　　　$R_{eq}=4\Omega/\!/6\Omega=2.4\Omega$　　　$\tau=R_{eq}C=2.4\times 10^{-6}\,\text{s}$

图 4.3.3(b)　　　　　　　$R_{eq}=6\Omega+4\Omega=10\ \Omega$　　　$\tau=\dfrac{L}{R_{eq}}=\dfrac{1}{5}\,\text{s}$

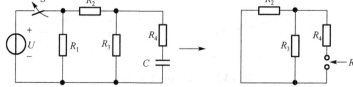

图 4.3.4　时间常数的计算

练习与思考

4.3.1　如图 4.3.5 所示(a)(b)电路，开关在 $t=0$ 时换路，求换路后电路达到稳态时的 $i_L(\infty)$ 和 $u_C(\infty)$，并求电路的时间常数 τ。

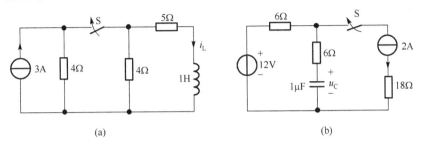

图 4.3.5　练习与思考 4.3.1 的电路

4.4　RC 电路的响应

本节用经典法和三要素法分析 RC 电路的响应，包括零输入响应、零状态响应和全响应，以及由 RC 电路组成的微分和积分电路。

4.4.1　RC 电路的零输入响应

1.　经典法求解 RC 电路的零输入响应

零输入响应指的是电路无外加电源，仅由电容元件初始储能所引起的响应。如图 4.4.1 所示 RC 电路中，开关先接在位置 1 上，电容已充电达到稳定状态，电容相当于开路，$u_C(0_-)=U_S=U_0$。在 $t=0$ 时，开关从位置 1 接到位置 2，电容存储的能量将通过电阻进行消耗。分析 RC 电路的零输入响应，实际上就是分析电容的放电过程。

由开关 S 接到位置 2 后的电路列写 KVL 方程得

$$u_R - u_C = 0$$

式中，$u_R = Ri$、$i = -C\dfrac{du_C}{dt}$。

因电容电压、电流为非关联参考方向 i 有个负号

图 4.4.1　RC 零输入响应电路

代入得
$$RC\frac{du_C}{dt}+u_C=0 \tag{4.4.1}$$

根据 4.3.1 节分析的结果知式（4.4.1）是一阶线性齐次微分方程，其通解是式（4.3.3），代入初始值 $u_C(0_+)=U_0$ 得

$$u_C = U_0 e^{-\frac{1}{RC}t} \tag{4.4.2}$$

2.　三要素法求解 RC 电路的零输入响应

如图 4.4.1 所示，因为 $u_C(0_-)=U_S=U_0$，由换路定则可知换路后 $u_C(0_+)=u_C(0_-)=U_0$。电路达到稳

态，$u_C(\infty) = 0$。电路时间常数为 $\tau = RC$。将 $u_C(0_+)$、$u_C(\infty)$ 和 τ 代入三要素法通式（4.3.9）可得经典法相同的结果式（4.4.2）。

$$u_C = u_C(\infty) + \left[u_C(0_+) - u_C(\infty)\right]e^{-\frac{t}{\tau}} = U_0 e^{-\frac{1}{RC}t}$$

由图 4.4.1 换路后的电路可得电流 i 和电阻电压 u_R 分别为

$$i = -C\frac{du_C}{dt} = \frac{U_0}{R}e^{-\frac{1}{RC}t} \qquad u_R = Ri = U_0 e^{-\frac{1}{RC}t}$$

如果任一函数初始值为 $f(0_+)$，函数的稳态值 $f(\infty)$ 为 0，时间常数为 τ，由三要素法通式（4.3.9）可知，任一函数零输入响应的通式为

$$f(t) = f(0_+)e^{-\frac{t}{\tau}} \tag{4.4.3}$$

u_C、i 和 u_R 随时间变化的曲线如图 4.4.2 所示，函数衰减的快慢取决于时间常数 $\tau = RC$ 的大小。

理论上讲，按照指数规律的特点，需要经过无限长的时间电路的过渡过程才能结束，从表 4.4.1 可以看出，实际上当 $t = (3 \sim 5)\tau$ 时，电容电压 u_C 已达 $(0.0498 \sim 0.0067)U_0$，此时就认为电容放电结束，电路达到了稳定状态。

当 $t = \tau$ 时，$u_C(t) = U_0 e^{-1} = 36.8\% U_0$。

当 $t = \tau$ 时，电容电压 u_C 衰减到初始值的 36.8%。图 4.4.3 为 3 种不同时间常数下 u_C 的变化曲线，其中 $\tau_1 < \tau_2 < \tau_3$。

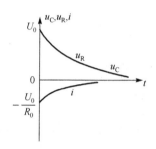

图 4.4.2 u_C、u_R 和 i 的变化曲线

表 4.4.1 u_C 随时间衰减表

t	0	τ	2τ	3τ	4τ	5τ	...	∞
u_C	U_0	$0.368U_0$	$0.135U_0$	$0.050U_0$	$0.018U_0$	$0.007U_0$	...	0

从响应曲线上求取电路时间常数时可以通过两种方法进行。（1）在 u_C 变化曲线上，当 u_C 从初始值衰减到 36.8% 倍初始值时所经历的时间即为 τ，如图 4.4.3 所示的 τ_1、τ_2 和 τ_3；（2）如图 4.4.4 所示，在 u_C 变化曲线上任一点 M 处作切线 MN，可以用数学证明，指数曲线上任意点的次切距的长度等于时间常数 τ。则次切距 mN 为

$$mN = \frac{mM}{\tan\alpha} = \frac{u_C(t_0)}{-\dfrac{du_C}{dt}\Big|_{t=t_0}} = \frac{U_0 e^{-\frac{t_0}{\tau}}}{\dfrac{1}{\tau}U_0 e^{-\frac{t_0}{\tau}}} = \tau$$

这说明对于曲线上任一点，如果以该点的斜率为固定变化率衰减，经过 τ 时间后为零值。

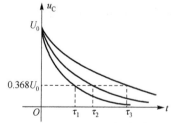

图 4.4.3 不同时间常数时 u_C 的变化曲线

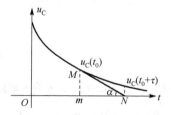

图 4.4.4 时间常数 τ 的几何意义

【例 4.4.1】　如图 4.4.5(a)所示电路中，$C = 0.25\,\mathrm{F}$，开关 S 在位置 1 且电路已达稳定。$t = 0$ 时开关合向位置 2，试求 $t > 0$ 时的 u_C、i 和 i_C，并画出它们的波形。

解法一（经典法）

换路前，开关 S 在位置 1，电路已达稳定电容开路，由图 4.4.5(a)可得 $u_C(0_-) = 7 \times \dfrac{R_3}{R + R_1 + R_3}\,\mathrm{V} = 4\,\mathrm{V}$，则换路后，根据换路定则有 $u_C(0_+) = u_C(0_-) = 4\,\mathrm{V}$。

换路后电路可等效为如图 4.4.5(b)所示。根据图 4.4.5(a)可求得换路后等效电阻：$R_{\mathrm{eq}} = (R_1 + R_2)//R_3 = 2\,\Omega$，则电路时间常数 $\tau = R_{\mathrm{eq}}C = 0.5\,\mathrm{s}$，代入式（4.4.2）得

$$u_C = u_C(0_+)\mathrm{e}^{-\frac{t}{\tau}} = 4\mathrm{e}^{-2t}\,\mathrm{V}$$

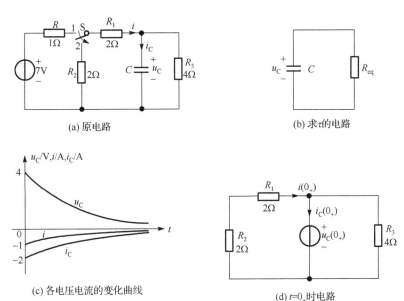

(a) 原电路　　　　　　　　　　　　(b) 求τ的电路

(c) 各电压电流的变化曲线　　　　　(d) $t=0_+$时电路

图 4.4.5　例 4.4.1 的图

由图 4.4.5(a)知道，换路后开关合向位置 2，电容作为一个电压源，可求得其他量

$$i_C = C\frac{\mathrm{d}u_C}{\mathrm{d}t} = -2\mathrm{e}^{-2t}\,\mathrm{A} \qquad i = i_C + \frac{u_C}{R_3} = -\mathrm{e}^{-2t}\,\mathrm{A}$$

u_C、i 和 i_C 随时间变化的曲线如图 4.4.5(c)所示。

解法二（三要素法）

由图 4.4.5(a)知换路前开关 S 合在位置 1 上，求得 $u_C(0_-) = 4\,\mathrm{V}$，当 S 合向位置 2 时，由换路定则可得 $u_C(0_+) = u_C(0_-) = 4\,\mathrm{V}$。

换路后电路再次达到稳态时，$u_C(\infty) = 0$；由图 4.4.5(b)求得电路时间常数 $\tau = R_{\mathrm{eq}}C = 0.5\,\mathrm{s}$。其中，$R_{\mathrm{eq}} = (R_1 + R_2)//R_3 = 2\,\Omega$。将这 3 个量代入三要素法通式，求得电路响应为

$$u_C = u_C(\infty) + \left[u_C(0_+) - u_C(\infty)\right]\mathrm{e}^{-\frac{t}{\tau}} = 4\mathrm{e}^{-2t}\,\mathrm{V}$$

由图 4.4.5(a)换路后电路，可求得其他量。

也可以分别求出 i_C 和 i 的初始值及稳态值，然后和已求得的电路时间常数一起代入三要素法通式，

分别求得 i_C 和 i 随时间的响应。但当需要求其他量的初始值时必须画出 $t = 0_+$ 时的电路，如图 4.4.5(d) 所示，在 $t = 0_+$ 电路里，电容相当于理想电压源，其电压值为 $u_C(0_+) = 4\text{V}$。可求得

$$i(0_+) = -\frac{u_C(0_+)}{R_1 + R_2} = -1\text{A} , \qquad i_C(0_+) = i(0_+) - \frac{u_C(0_+)}{R_3} = -2\text{A}$$

因为是零输入响应，各变量的稳态值都为 0。

代入三要素法通式（4.3.9），或直接代入 RC 电路的零输入响应的通式（4.4.3），则所求各变量为

$$u_C = u_C(0_+)\text{e}^{-\frac{t}{\tau}} = 4\text{e}^{-2t}\text{V} ; \quad i_C = i_C(0_+)\text{e}^{-\frac{t}{\tau}} = -2\text{e}^{-2t}\text{A} ; \quad i = i(0_+)\text{e}^{-\frac{t}{\tau}} = -\text{e}^{-2t}\text{A}$$

从例 4.4.1 两种解法中可以看出，求解 RC 电路响应时，可以从两个方面来进行：一是不管电路所求响应是什么，先由经典法或三要素法求出电容电压的响应 u_C，然后画出换路后电路，在换路后电路中，电容相当于电压值为 u_C 的一个电压源，然后根据基尔霍夫定律和各元件的元件特性求出电路的其他响应；另一种方法则是画出 $t = 0_+$ 时的等效电路，在 $t = 0_+$ 时的电路中，电容相当于恒压源，其电压大小为 $u_C(0_+)$，在 $t = 0_+$ 时的电路中求解各电路变量的初始值，然后代入 RC 电路的零输入响应的通式（4.4.3）即可得到其解。这两种方法都需要计算电路时间常数，从计算量上看没有太大差别。

4.4.2　RC 电路的零状态响应

1. 经典法求解 RC 电路的零状态响应

零状态即动态元件的初始储能为零的状态，零状态响应就是换路前电路在零初始状态下，换路后接上电源，由外施激励所引起的电路响应，因此分析 RC 电路的零状态响应过程，实际上就是分析电容元件的充电过程。

零状态响应电路的输入电压实为输入一个阶跃电压 U_s，如图 4.4.6 所示。其电压的表达式

$$u = \begin{cases} 0 & t < 0 \\ U_S & t \geq 0 \end{cases} \circ$$

如图 4.4.7 所示 RC 串联电路，开关 S 先接在位置 1 上，$u_C(0_-) = 0$，在 $t = 0$ 时接到位置 2 上，由换路后电路列写 KVL 方程有

$$u_R + u_C = U_S$$

将 $u_R = Ri$，$i = C\dfrac{\text{d}u_C}{\text{d}t}$ 代入可得

$$RC\frac{\text{d}u_C}{\text{d}t} + u_C = U_S \tag{4.4.4}$$

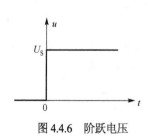

图 4.4.6　阶跃电压

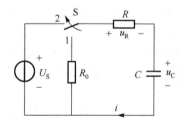

图 4.4.7　RC 零状态响应电路

由 4.3.1 节可知这是一阶线性非齐次微分方程，它的解是式（4.3.6），当 $u_C(0_-) = u_C(0_+) = 0$ 时，

方程（4.4.4）的解便为

$$u_C = U_S - U_S e^{-\frac{1}{\tau}t}$$

2. 三要素法求解 RC 电路的零状态响应

因为是零状态响应，由换路定则可知 $u_C(0_-) = u_C(0_+) = 0$。从图 4.4.7 可以看出，开关闭合后，电容开始充电，当电路达到稳态时 $u_C(\infty) = U_S$。电路时间常数 $\tau = RC$。将 $u_C(0_+)$、$u_C(\infty)$ 和 τ 代入三要素法通式（4.3.9），可以得到与使用经典法相同的计算结果式（4.4.5）

$$u_C = u_C(\infty) + \left[u_C(0_+) - u_C(\infty)\right] e^{\frac{t}{\tau}} = U_S - U_S e^{\frac{t}{RC}} \tag{4.4.5}$$

由图 4.4.7 换路后的电路进一步解得电流 i 和电阻电压 u_R 为

$$i = C\frac{du_C}{dt} = \frac{U_S}{R}e^{-\frac{t}{\tau}} \qquad u_R = Ri = U_S e^{-\frac{t}{\tau}}$$

如果任一函数初始值为 $f(0_+) = 0$，函数的稳态值为 $f(\infty)$，时间常数为 τ，由三要素法通式（4.3.9）可知，任一函数零状态响应的通式为

$$f(t) = f(\infty) - f(\infty)e^{-\frac{t}{\tau}} \tag{4.4.6}$$

如图 4.4.8 所示为电容电压 u_C 和电流 i 的变化曲线。换路后瞬间，u_C 是连续变化的，u_R 和 i 都发生了跃变。时间常数 τ 不同，电容电压 u_C 随时间变化的曲线不同，如图 4.4.9 所示。

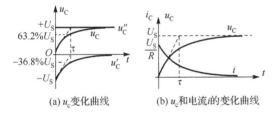

(a) u_C 变化曲线　　(b) u_C 和电流 i 的变化曲线

图 4.4.8　u_C 和 i 的变化曲线

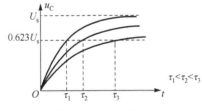

图 4.4.9　u_C 曲线

表 4.4.2　u_C 随时间增长表

t	0	τ	2τ	3τ	4τ	5τ	6τ
u_C	0	$0.632U_S$	$0.865U_S$	$0.950U_S$	$0.982U_S$	$0.993U_S$	$0.998U_S$

由表 4.4.2 可以看出，当 $t = 5\tau$ 时，u_C 达到 $0.993U_S$，暂态过程基本结束。当 $t = \tau$ 时，代入式（4.4.5）得

$$u_C(\tau) = U_S(1 - e^{-1}) = 63.2\%U_S$$

因此，τ 表示电容电压 u_C 从初始值上升到稳态值的 63.2% 时所需的时间。同样，根据指数曲线上任意点的次切距的长度等于时间常数 τ，如图 4.4.8 所示，过初始点的切线与稳态值直线的交点，所需时间就是 τ。

【例 4.4.2】电路如图 4.4.10 所示，电容无初始储能，$t = 0$ 时开关 S 闭合。试求 $t > 0$ 时的 u_C、i_C，并画出它们随时间变化的曲线。

解法一（经典法）

开关 S 闭合后，将图 4.4.10(a)电容以外的部分等效变换为戴维宁等效电路得，图 4.4.10(b)所示电

路。先求开路电压U_{oc}，如图 4.4.10(c)所示，得$U_{oc}=10\times\dfrac{R_3}{R_1+R_3}-10\times\dfrac{R_4}{R_2+R_4}=-2$ V。再用换路后

的电路求电路中 a 和 b 之间的等效电阻，将理想电压源短路，得到，图 4.4.10(d)所示电路，变换为图 4.4.10(e)，进一步整理可得图 4.4.10(f)。则 ab 之间等效电阻为

$$R_{eq}=R_1//R_3+R_2//R_4=4//6+2//8=\frac{4\times6}{4+6}+\frac{2\times8}{2+8}=4\ \Omega \qquad \tau=R_{eq}C=4\times10^{-1}\text{s}=0.4\ \text{s}$$

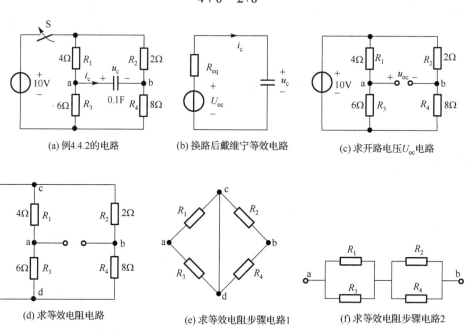

(a) 例4.4.2的电路　　　　　　　　(b) 换路后戴维宁等效电路　　　　　　(c) 求开路电压U_{oc}电路

(d) 求等效电阻电路　　　　　(e) 求等效电阻步骤电路1　　　　(f) 求等效电阻步骤电路2

图 4.4.10　例 4.4.2 图

代入式（4.4.5）得开关 S 闭合后电路响应为

$$u_C=U_{oc}-U_{oc}\text{e}^{\frac{t}{R_{eq}C}}=-2+2\text{e}^{-2.5t}\ \text{V}$$

用如图 4.4.10(a)所示换路后的电路求i_C，得

$$i_C=C\frac{\text{d}u_C}{\text{d}t}=-0.5\text{e}^{-2.5t}\ \text{A}$$

u_C、i_C 的变化曲线如图 4.4.11 所示。

解法二（三要素法）

对于图 4.4.10(a)，电容电压初始值$u_C(0_+)=u_C(0_-)=0$。

换路后电路再次达到稳定时等效电阻如图 4.4.10(c)所示，则

$$u_C(\infty)=10\times\frac{R_3}{R_1+R_3}-10\times\frac{R_4}{R_2+R_4}=-2\text{V}$$

等效电阻是用换路后电路，从电容端看无源网络的等效电阻，即戴维南等效电阻，如图 4.4.10(d)所示，该电路可进一步等效为图 4.4.10(f)所示，则

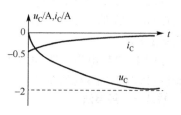

图 4.4.11　u_C 和 i_C 的变化曲线

$$R_{eq} = R_1 // R_3 + R_2 // R_4 = 4\Omega , \quad \tau = R_{eq}C = 4 \times 10^{-1} = 0.4s$$

代入三要素法通式或式（4.4.6）得

$$u_C = u_C(\infty) + \left[u_C(0_+) - u_C(\infty)\right]e^{-\frac{t}{R_{eq}C}} = -2 + 2e^{-2.5t} \text{ V}$$

4.4.3　RC 电路的全响应

1. 经典法求 RC 电路的全响应

换路前电容有初始储能，换路后有电源激励，由电容的初始电压 $u_C(0_+)$ 和电源共同产生的响应，称为 RC 电路的全响应。零输入响应是由电容初始值产生的响应，零状态响应是由电源产生的响应，所以 RC 电路的全响应是零输入响应与零状态响应二者的叠加。

如图 4.4.12 所示电路，开关 S 先接在位置 1 上，稳定时电容电压为 $u_C(0_-) = U_{S0} = U_0$，在 $t = 0$ 时接到位置 2 上，由换路后的电路列 KVL 方程有

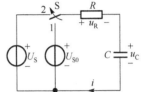

图 4.4.12　RC 电路的全响应

$$Ri + u_C = U_S$$

其中 $i = C\dfrac{du_C}{dt}$，那么

$$RC\frac{du_C}{dt} + u_C = U_S \tag{4.4.7}$$

由 4.3.1 节可以看出这是一阶线性非齐次微分方程，它的解是式（4.3.6），当电容初始电压为 $u_C(0_+) = u_C(0_-) = U_0$，解得

$$u_C = U_S + (U_0 - U_S)e^{-\frac{t}{\tau}}$$

2. 三要素法求 RC 电路的全响应

如图 4.4.12 所示，由换路定则可知换路后电容电压初始值 $u_C(0_+) = u_C(0_-) = U_0$。从图 4.4.12 可以看出，当开关从位置 1 接到位置 2 时，电容开始充电（或放电），由电源电压和电容电压初始值相对大小而定，当电源电压比电容电压初始值大，电容充电（否则电容放电）。当电路达到稳定时 $u_C(\infty) = U_S$。电路时间常数 $\tau = RC$。将 $u_C(0_+)$、$u_C(\infty)$ 和 τ 代入三要素法通式（4.3.9），可以得到经典法相同的结果式（4.4.8）

$$u_C = u_C(\infty) + \left[u_C(0_+) - u_C(\infty)\right]e^{-\frac{t}{\tau}} = U_S + \left[U_0 - U_S\right]e^{-\frac{t}{RC}} \tag{4.4.8}$$

$$全响应 = (稳态响应) + (暂态响应)$$

令式（4.4.8）中 $U_S = 0$，可得零输入响应 $u_C = U_0 e^{-\frac{t}{\tau}}$；令 $U_0 = 0$，可得零状态响应 $u_C = U_S - U_S e^{-\frac{t}{\tau}}$。所以式（4.4.8）可改写成式（4.4.9）

$$u_C = U_0 e^{-\frac{t}{\tau}} + U_S\left(1 - e^{-\frac{t}{\tau}}\right) \tag{4.4.9}$$

$$全响应 = (零输入响应) + (零状态响应)$$

如图 4.4.13 所示是 u_C 的响应曲线。为了对比分析，将稳态响应、暂态响应、零输入响应和零状态响应曲线在同一坐标系中画出，如图 4.4.14 所示。

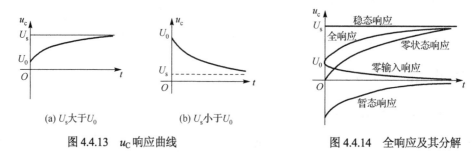

(a) U_s 大于 U_0 (b) U_s 小于 U_0

图 4.4.13 u_C 响应曲线   图 4.4.14 全响应及其分解

【例 4.4.3】 电路如图 4.4.15(a)所示，开关 S 闭合前电路已达稳定状态，$t = 0$ 时开关闭合，求 S 闭合后电容电压 u_C 的零输入响应、零状态响应和全响应。并画出它们的变化曲线。

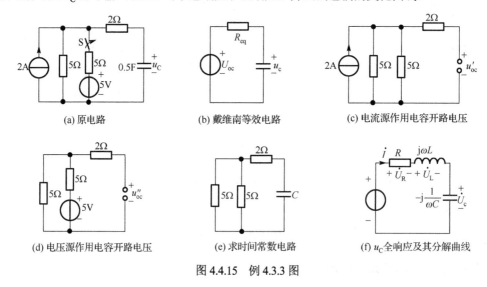

(a) 原电路   (b) 戴维南等效电路   (c) 电流源作用电容开路电压

(d) 电压源作用电容开路电压   (e) 求时间常数电路   (f) u_C 全响应及其分解曲线

图 4.4.15 例 4.3.3 图

解法一（经典法）

开关 S 闭合前 $u_C(0_-) = 2 \times 5 = 10\mathrm{V}$；$t = 0$ 时开关 S 闭合，由换路定则知 $u_C(0_+) = u_C(0_-) = 10\mathrm{V}$。

换路后的戴维南等效电路如图 4.4.15(b)所示，其中开路电压 U_{oc} 使用叠加定理求解。当电流源单独作用时，如图 4.4.15(c)所示，$U'_{oc} = 2 \times (5//5) = 5\mathrm{V}$；当电压源单独作用时，如图 4.4.15(d)所示，$U''_{oc} = 5 \times \dfrac{5}{5+5} = 2.5\mathrm{V}$；S 闭合后电容两端开路电压为：$U_{oc} = U'_{oc} + U''_{oc} = 7.5\mathrm{V}$。利用图 4.4.15(e)电路求得：$R_{eq} = 5//5 + 2 = 4.5\Omega$；$\tau = R_{eq}C = 4.5 \times 0.5 = \dfrac{9}{4}\mathrm{s} = 2.25\mathrm{s}$。

由式（4.4.9）可求得 u_C 各种响应为

零状态响应
$$u'_C = 7.5 - 7.5\mathrm{e}^{-\frac{4}{9}t}\mathrm{V}$$

零输入响应
$$u''_C = 10\mathrm{e}^{-\frac{4}{9}t}\mathrm{V}$$

全响应
$$u_C = u'_C + u''_C = 7.5 + 2.5\mathrm{e}^{-\frac{4}{9}t}\mathrm{V}$$

u_C 全响应及其分解曲线如图 4.4.15(f)所示。

解法二（三要素法）

换路前 $u_C(0_-) = 2 \times 5 = 10\text{V}$，换路后 $u_C(0_+) = u_C(0_-) = 10\text{V}$。换路后电路达到稳态时，电容的开路电压为 2A 电流源和 5V 电压源共同作用的结果，与解法一求 U_{oc} 一样，使用叠加定理由图 4.4.15(c)(d) 求得 $u_C(\infty) = 7.5\text{V}$；将 2A 电流源断路、5V 电压源短路后得图 4.4.15(e)，求得等效电阻为 $R_{eq} = 4.5\Omega$，则 $\tau = R_{eq}C = \dfrac{9}{4}\text{s}$。将 $u_C(0_+)$、$u_C(\infty)$ 和 τ 代入三要素法通式得电容电压全响应为

$$u_C = u_C(\infty) + \left[u_C(0_+) - u_C(\infty)\right]\mathrm{e}^{-\frac{t}{\tau}} = 7.5 + 2.5\mathrm{e}^{-\frac{4}{9}t}\ \text{V}$$

零输入响应为
$$u_C = u_C(0_+)\mathrm{e}^{-\frac{t}{\tau}} = 10\mathrm{e}^{-\frac{4}{9}t}\ \text{V}$$

零状态响应为
$$u_C = u_C(\infty) - u_C(\infty)\mathrm{e}^{-\frac{t}{\tau}} = 7.5 - 7.5\mathrm{e}^{-\frac{4}{9}t}\ \text{V}$$

*4.4.4　微分和积分电路

如图 4.4.16 所示的波形称为矩形脉冲信号。其中 U_S 为脉冲幅度，t_p 为脉冲宽度，T 为脉冲周期。当矩形脉冲作为 RC 串联电路的激励源时，选取不同的时间常数及输出端，就可得到我们所希望的某种输出波形。微分、积分电路就是 RC 电路在矩形脉冲信号激励下的两种应用电路。常用于波形变换，作为触发信号。

1. 微分电路

如图 4.4.17 所示电路中，激励源 u_i 为一矩形脉冲信号，其波形如图 4.4.16 所示，响应是电阻两端的电压 u_o，电路的时间常数远小于脉冲信号的宽度（即 $\tau = RC \ll t_p$），取 $\tau = \dfrac{1}{10}t_p$。

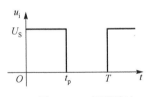

图 4.4.16　矩形脉冲

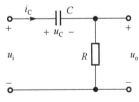

图 4.4.17　微分电路

由 KVL 定律得 $u_i = u_C + u_o$，由于 $\tau = RC \ll t_p$，电容充电和放电速度很快，当 R 很小时，$u_o = u_R$ 也很小，则有 $u_i \approx u_C$，于是

$$u_o = i_C R = RC\frac{\mathrm{d}u_C}{\mathrm{d}t} \approx RC\frac{\mathrm{d}u_i}{\mathrm{d}t} \tag{4.4.10}$$

由式（4.4.10）可知，输出电压 u_o 近似与输入电压 u_i 成微分的关系。下面讨论如图 4.4.17 所示电路中 u_o 的波形。

由于 $t < 0$ 时 $u_i(t) = 0$，$u_C(0_-) = 0$，在 $t = 0$ 时换路，u_i 从零突然上升到 U_S，由换路定则可知 $u_C(0_+) = u_C(0_-) = 0$，所以 $u_o(0_+) = U_S$。

当 $0 \leqslant t < t_p$ 时，电容 C 充电，因为 $\tau \ll t_p$，电容充电速度很快，u_C 很快增长到 U_S 值，u_o 很快衰减到零。在电阻两端就输出一个正的尖脉冲，如图 4.4.18 所示。

当 $t = t_p$ 时电路又发生换路，输入 $u_i(t)$ 变为 0（注意，这时输入端短路），此时，同时由于 u_C 不能跃变，所以在这一瞬间，$u_o = -u_C = -U_S$。而后电容元件经电阻很快放电，u_o 很快衰减到零。这样，就输出一个负的尖脉冲，如图 4.4.18 所示。

如果输入的是周期性的矩形脉冲，则输出的是周期性正、负尖脉冲，如图 4.4.18 所示。在脉冲电路中，常用微分电路将矩形脉冲信号变换成尖顶脉冲信号，此电路的输出波形只反映输入波形的突变部分，即只有输入波形发生突变的瞬间才有输出，而对恒定部分则没有输出。

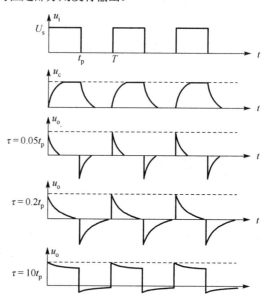

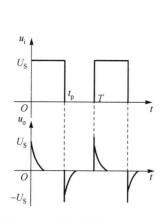

图 4.4.18　微分电路的 u_i 和 u_o 波形　　　　图 4.4.19　不同 τ 时输出电压变化曲线

输出的尖脉冲波形的宽度与电路的时间常数 $\tau = RC$ 有关，RC 越小，电容充放电速度越快，尖脉冲波形越尖，反之电容充放电速度越慢，尖脉冲波形则宽。如图 4.4.19 所示是不同 τ 时输出电压变化曲线。

微分电路应满足 3 个条件：① 激励必须为一周期性的矩形脉冲；② 响应必须是从电阻两端取出的电压；③ 电路时间常数远小于脉冲宽度。

2. 积分电路

如图 4.4.20 所示 RC 串联电路，输出电压从电容两端引出，输入的波形仍然是如图 4.4.16 所示的矩形脉冲，此时电路时间常数应远大于矩形脉冲信号的宽度（即 $\tau = RC \gg t_p$），这样电容充放电速度很慢，通常取 $\tau = 10t_p$。

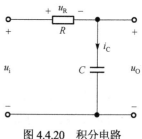

图 4.4.20　积分电路

由 KVL 得

$$u_i = u_R + u_o \approx u_R = i_C R$$

因为 $\tau = RC \gg t_p$，电容充放电速度很慢，u_o 很小。得

$$i_C \approx \frac{u_i}{R}, \quad u_o = u_C = \frac{1}{C}\int i_C \mathrm{d}t \approx \frac{1}{RC}\int u_i \mathrm{d}t \tag{4.4.11}$$

由式（4.4.11）可知，输出电压 u_o 近似与输入电压 u_i 成积分的关系。

如图 4.4.20 所示电路,当输入如图 4.4.16 所示的矩形脉冲时

在 $0 \leqslant t < t_p$ 时,电容充电,由于 $\tau \gg t_p$,电容缓慢充电,输出电压 u_o 在整个脉冲持续时间内缓慢增长,当还未增长到稳定值 U_S 时,在 $t = t_p$ 时脉冲已终止。

当 $t > t_p$ 时,此后电容又经电阻缓慢放电,电容电压也缓慢衰减。

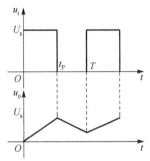

图 4.4.21 是积分电路的输入电压 u_i 和输出电压 u_o 的波形。因此,输出端将形成一个锯齿波电压,时间常数 τ 越大,电容充放电越缓慢,所得锯齿波电压的线性程度也就越好。

积分运算和微分运算互为逆运算,微分电路和积分电路常用做自控系统中的调节环节,以及波形的生成及变换等应用。

积分电路也必须满足 3 个条件:① 激励必须为一周期性的矩形脉冲;② 响应必须是从电容两端取出的电压;③ 电路时间常数远大于矩形脉冲宽度。

图 4.4.21　积分电路的 u_i 和 u_o 波形

【例 4.4.4】 如图 4.4.22(a)所示电路中,$R = 20\,\text{k}\Omega$,$C = 0.01\,\mu\text{F}$,试分析图 4.4.22(b)的方波作用于图 4.4.22(a)电路时的输出电压。从结果中分析积分电路的含义。

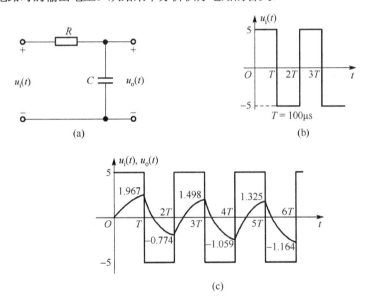

图 4.4.22　例 4.4.4 电路图

解　在 $2nT < t < (2n+1)T$,($n = 0,1,2\cdots$)时间内,$u_i(t)$ 相当于一个 5V 的恒定激励;而在其他时间段内相当于一个 –5V 的恒定激励。所以,方波 $u_i(t)$ 作用图 4.4.22(a)电路时,其物理效果相当于两类直流电源通过电阻 R 对电容 C 反复充电过程的不断累加。

当 $0 \leqslant t \leqslant T$ 时:

$u_o(0_+) = u_o(0_-) = 0$,5V 直流电源通过电阻 R 对电容 C 充电,如果不换路,$u_o(\infty) = 5\text{V}$　$\tau = RC = 2\times10^{-4}\,\text{s} = 200\,\mu\text{s}$,根据三要素法可知 $u_o(t) = 5 - 5\text{e}^{-\frac{t}{200}}\,\text{V}$,当 $t = T_-$ 时,有 $u_o(T_-) = 1.967\,\text{V}$ 作为下一个时间段电路的初始状态。

当 $T \leqslant t \leqslant 2T$ 时:

因为 $u_o(T_+) = u_o(T_-) = 1.967\,\text{V}$,–5V 直流电源通过电阻 R 对电容 C 反方向充电,如果不换路,

$u_o(\infty) = -5\text{V}$，同样，根据三要素法可得 $u_o(t) = -5 + 6.967\mathrm{e}^{\frac{t-100}{200}}\text{V}$，当 $t = 2T_-$ 时，有 $u_o(2T_-) = -0.774\text{V}$ 作为下一个时间段电路的初始状态。

当 $2T \leqslant t \leqslant 3T$ 时，使用类似的方法得 $u_o(t) = 5 - 5.774\mathrm{e}^{\frac{t-200}{200}}\text{V}$，$u_o(3T_-) = 1.498\text{V}$；

当 $3T \leqslant t \leqslant 4T$ 时，$u_o(t) = -5 + 6.498\mathrm{e}^{\frac{t-300}{200}}\text{V}$，$u_o(4T_-) = -1.059\text{V}$；

当 $4T \leqslant t \leqslant 5T$ 时，$u_o(t) = 5 - 6.059\mathrm{e}^{\frac{t-400}{200}}\text{V}$，$u_o(5T_-) = 1.325\text{V}$；

当 $5T \leqslant t \leqslant 6T$ 时，$u_o(t) = -5 + 6.325\mathrm{e}^{\frac{t-500}{200}}\text{V}$，$u_o(6T_-) = -1.164\text{V}$。

将以上 $u_o(t)$ 波形绘于图 4.4.22(c)中，可以清楚地看出，在每个 T 时间段内，电容 C 的充放电电压的绝对值都达不到 3V，这是由于电路的时间常数（$\tau = RC = 2 \times 10^{-4}\text{s} = 200\mu\text{s}$）与方波的半周期（$T = 100\mu\text{s}$）时间比起来数值相当或较大所致。在每个 T 区间内，电容 C 总是在前一个 T 区间内所达到的终值基础上继续充电。

练习与思考

4.4.1　RC 电路的放电响应波形如图 4.4.23 所示。则：（1）当电容电压为 u_{C1} 波形时，若 $R_1 = 20\text{k}\Omega$，$C_1 = ?$（2）当电容电压为 u_{C2} 波形时，若 $C_2 = 4C_1$，$R_2 = ?$

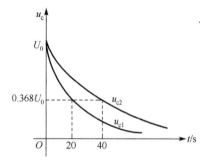

图 4.4.23　练习与思考 4.4.1 图

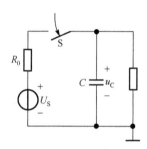

图 4.4.24　练习与思考 4.4.2 电路

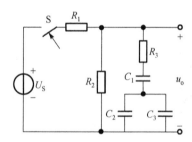

图 4.4.25　练习与思考 4.4.3 电路

4.4.2　如图 4.4.24 示电路，一个 $U_S = 20\text{V}$，内阻为 R_0 的电源对 $C = 20\mu\text{F}$ 的电容器充电，并用示波器观察电容的端电压，示波器的输入电阻 R 远大于 R_0，充电完毕后在 $t = 0$ 时，将开关 S 断开，经过 1s 电容器电压衰减至 2.7V。求 R 为多少？

4.4.3　如图 4.4.25 示电路中，已知：$R_1 = 6\text{k}\Omega$，$R_2 = 12\text{k}\Omega$，$R_3 = 2\text{k}\Omega$，$C_1 = 20\mu\text{F}$，$C_2 = C_3 = 10\mu\text{F}$，$U_S = 12\text{V}$，这 3 个电容器原均未充电，$t = 0$ 时，将开关 S 闭合。求 S 闭合后输出电压 $u_o(t)$。

4.4.4　如图 4.4.26(a)所示电路，$u_C(0_-) = 0$，U_S 的波形如图 4.4.32(b)所示，求电容电压 $u_C(t)$。

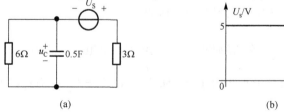

(a)　　　　　　　　　　　　　　　　(b)

图 4.4.26　练习与思考 4.4.4 电路

4.5 RL 电路的响应

分析 RL 一阶电路时，同样可以使用经典法和三要素法来求解，与 RC 电路不同的是 RL 电路的时间常数为 $\tau = \dfrac{L}{R}$。RC 电路一般是先用经典法或三要素法求解 u_C，然后用换路后电路求其他的量，RL 电路一般是先求 i_L。

4.5.1 RL 电路的零输入响应

1. 经典法求解 RL 电路的零输入响应

对于如图 4.5.1 所示 RL 电路，R_1 是线圈的等效电阻，开关 S 动作前电路已达到稳态，在直流电源作用下电感相当于短路，其中的电流 $i_L(0_-) = \dfrac{U_S}{R_0 + R_1} = I_0$，

电感有初始储能。在 $t = 0$ 时开关 S 由位置 1 合向位置 2，根据换路定则 $i_L(0_+) = i_L(0_-) = I_0$，然后电感存储的能量将全部通过电阻以热能的形式释放出来。实际上是讨论电感的放能过程。

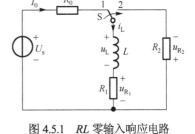

图 4.5.1 RL 零输入响应电路

根据 KVL，列出 $t \geq 0$ 时的电路方程

$$u_{R_1} + u_{R_2} + u_L = 0$$

其中 $u_L = L\dfrac{di_L}{dt}$，令：$R = R_1 + R_2$ 则 $u_{R_1} + u_{R_2} = i_L R$，则有

$$L\frac{di_L}{dt} + Ri_L = 0 \tag{4.5.1}$$

由 4.3.1 的分析可知方程（4.5.1）为一阶线性齐次微分方程，代入初始值 $i_L(0_+) = i_L(0_-) = I_0$ 后得

$$i_L = I_0 e^{-\frac{t}{\tau}} = i_L(0_+)e^{-\frac{t}{\tau}} \tag{4.5.2}$$

2. 三要素法求解 RL 电路的零输入响应

如图 4.5.1 所示电路，由换路定则可知 $i_L(0_+) = i_L(0_-) = I_0$，换路后电路达到稳态 $i_L(\infty) = 0$，电路时间常数 $\tau = \dfrac{L}{R}$，将 $i_L(0_+)$、$i_L(\infty)$ 和 τ 代入三要素法通式同样可得式（4.5.2）

$$i_L = i_L(\infty) + \left[i_L(0_+) - i_L(\infty)\right]e^{-\frac{t}{\tau}} = i_L(0_+)e^{-\frac{t}{\tau}} = I_0 e^{-\frac{t}{\tau}} = I_0 e^{-\frac{R}{L}t} = \frac{U_S}{R_0 + R_1}e^{-\frac{R_1+R_2}{L}t}$$

由图 4.5.1 换路后的电路可得电感电压 u_L 和电阻电压 u_{R_2} 分别为

电感电压

$$u_L = L\frac{di_L}{dt} = -RI_0 e^{-\frac{R}{L}t} = -\frac{R_1+R_2}{R_0+R_1}U_S e^{-\frac{R_1+R_2}{L}t}$$

电阻 R_2 电压

$$u_{R_2} = R_2 i_L = R_2 I_0 e^{-\frac{R}{L}t} = \frac{R_2}{R_0+R_1}U_S e^{-\frac{R_1+R_2}{L}t}$$

电感的时间常数 $\tau = \dfrac{L}{R}$ 与 RC 电路的时间常数具有相同的物理意义。如果 R 的单位是欧姆（Ω），L 的单位是亨利（H），τ 的单位是时间的单位秒（s）。如图 4.5.2 所示为 i_L、u_{R2} 及 u_L 的变化曲线。

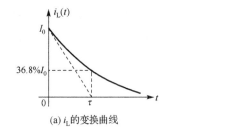

(a) i_L 的变换曲线

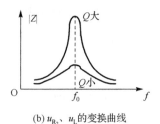

(b) u_{R_2}、u_L 的变换曲线

图 4.5.2　i_L、u_{R_2} 和 u_L 的变化曲线

【例 4.5.1】 如图 4.5.3 所示是一台 300kW 汽轮发电机的励磁回路。已知励磁绕组的电阻 $R = 0.2\Omega$，电感 $L = 0.4\text{H}$，直流电压 $U = 35\text{V}$。电压表的量程为 50V，内阻 $R_V = 5\text{k}\Omega$。开关未断开时，电路中电流已经恒定不变。当 $t = 0$ 时，断开开关。求电流 i、u_L、u_V，并讨论此电路可能出现的问题及解决办法。

解　开关断开前，电路已经稳定，电感相当于短路，故

$$i(0_-) = \frac{U}{R} = \frac{35}{0.2} \text{ A} = 175\text{A}$$

由换路定则 $i(0_+) = i(0_-) = 175\text{A}$。换路后电路达到稳定时

$$i(\infty) = 0\text{A}$$

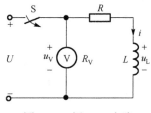

图 4.5.3　例 4.5.1 电路

电路时间常数为

$$\tau = \frac{L}{R + R_V} = \frac{0.4}{0.2 + 5\times 10^3} \text{ s} \approx 8\times 10^{-5}\text{s}$$

由三要素法得

$$i = i_L(\infty) + \left[i_L(0_+) - i_L(\infty)\right]\text{e}^{-\frac{t}{\tau}} = i(0_+)\text{e}^{-\frac{t}{\tau}} = 175\text{e}^{-12500t}\text{A}$$

电压表处的电压为

$$u_V = -R_V i = -5\times 10^3 \times 175\text{e}^{-12500t} \text{ V} = -875\text{e}^{-12500t}\text{kV}$$

由于绕组电阻 R 很小，电压表电压就是电感电压

$$u_L = u_V = -875\text{e}^{-12500t}\text{kV}$$

开关刚断开时，电感电压和电压表处的电压电流为

$$u_V(0_+) = u_V(0_+) = -875\text{kV} \qquad i(0_+) = i(0_-) = 175\text{A}$$

由于励磁绕组的电阻很小，开关没有断开前绕组中电流很大，磁场能量较大，造成开关断开瞬间电压表和励磁绕组中电流很大，由于电压表的内阻很大，在这个时刻电压表和励磁绕组要承受很高的电压，可能损坏电压表和励磁绕组。所以，如果在线圈两端原来并联有内阻很大的电压表，则在开关断开前必须将它去掉。

切断励磁绕组电流时还必须考虑磁场能量的释放，因为原来磁场能量较大，开关断开时，电流变

化很大, 励磁绕组中产生很大的自感电动势, 为了在短时间内完成电流的切断, 必须考虑如何熄灭在开关处出现的电弧问题。所以, 一般在将线圈从电源断开的同时将线圈短路, 以便使电流逐渐减小, 能量逐渐释放。为了加速线圈的放电, 可以给线圈串一个电阻, 如图 4.5.1 所示, 但这个电阻不能太大, 否则线圈两端的电压会很大。

4.5.2　RL 的零状态响应

1. 经典法求解 RL 电路的零状态响应

在如图 4.5.4 所示的 RL 电路中, 开关 S 先合在位置 1 上, 电感无初始储能, 即 $i_L(0_-)=0$, 在 $t=0$ 时闭合 S 到位置 2 上接上电源, 由电源产生的响应叫 RL 的零状态响应。实际上是讨论电感的储能过程。

根据 KVL 列写 $t\geqslant0$ 时的电路方程为

$$U_S = u_R + u_L$$

其中 $u_R = Ri_L$, $u_L = L\dfrac{di_L}{dt}$, 则

$$L\frac{di_L}{dt} + Ri_L = U_S \tag{4.5.3}$$

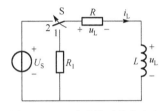

图 4.5.4　RL 电路的零状态响应

由 4.3.1 节可知这是一阶线性非齐次微分方程, 因为是零状态 $i_L(0_+)=i_L(0_-)=0$, 换路后电感电流稳态值为 $\dfrac{U_S}{R}$, 式 (4.5.3) 的解为

$$i_L = \frac{U_S}{R} - \frac{U_S}{R}e^{\frac{R}{L}t} = \frac{U_S}{R} - \frac{U_S}{R}e^{\frac{1}{\tau}t} \tag{4.5.4}$$

2. 三要素法求解 RL 电路的零状态响应

换路前 $i_L(0_-)=0$, 换路后瞬间电感电流初始值 $i_L(0_+)=i_L(0_-)=0$

换路后电路达到稳定状态时电感相当于短路 $i_L(\infty)=\dfrac{U_S}{R}$; 电路时间常数 $\tau=\dfrac{L}{R}$

将 $i_L(0_+)$、$i_L(\infty)$ 和 τ 代入三要素法计算通式得到式 (4.5.4)

$$i_L = i_L(\infty) + [i_L(0_+) - i_L(\infty)]e^{-\frac{t}{\tau}} = \frac{U_S}{R} - \frac{U_S}{R}e^{\frac{R}{L}t}$$

由换路后电路求得电感电压和电阻电压为

$$u_L = L\frac{di_L}{dt} = U_S e^{\frac{R}{L}t} \qquad u_R = Ri_L = U_S - U_S e^{\frac{R}{L}t}$$

i_L、u_L 和 u_R 随时间变化的曲线如图 4.5.5 所示。

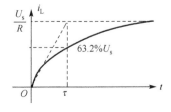

(a) i_L 随时间变化的曲线

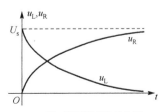

(b) i_L 和 u_R 随时间变化的曲线

图 4.5.5　i_L、u_L 和 u_R 随时间变化的曲线

【例 4.5.2】 电路如图 4.5.6 所示，$t < 0$ 时电路已达稳态，$t = 0$ 时开关 S 断开。试求 $t > 0$ 时的 i_L、u_L，并画出变化曲线。

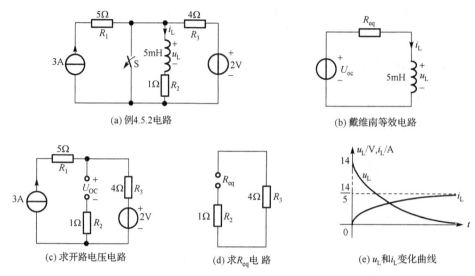

(a) 例4.5.2电路   (b) 戴维南等效电路

(c) 求开路电压电路 (d) 求R_{eq}电路 (e) u_L和i_L变化曲线

图 4.5.6 例 4.5.2 电路

解法一（经典法）

由图 4.5.6(a)可以看出电路为零状态响应。用戴维南定理将换路后电感外部分等效为一个电压源，如图 4.5.6(b)所示，其开路电压用图 4.5.6(c)计算：$U_{oc} = 3R_3 + 2 = 14V$。将理想电流源开路，理想电压源短路，得图 4.5.6(d)电路，求得从电感两端看出去的等效电阻：$R_{eq} = R_2 + R_3 = 1 + 4 = 5\Omega$，其电路时间常数：$\tau = \dfrac{L}{R_{eq}} = 1 \times 10^{-3}$ s；代入式（4.5.4）得

$$i_L = \frac{U_{oc}}{R_{eq}} - \frac{U_{oc}}{R_{eq}} e^{-\frac{t}{\tau}} = \frac{14}{5} - \frac{14}{5} e^{-1000t} \text{ A}$$

用换路后电路求得

$$u_L = L \frac{di_L}{dt} = 14 e^{-1000t} \text{ V}$$

u_L 和 i_L 的变化曲线如图 4.5.6(e)所示。

解法二（三要素法）

从图 4.5.6(a)电路中可以看出

$$i_L(0_+) = i_L(0_-) = 0$$

当开关 S 断开后电路再次达到稳态时，电感相当于短路，如图 4.5.7(a)所示，求得电感电流稳态值

$$R_3[3 - i_L(\infty)] + 2 - R_2 i_L(\infty) = 0$$
$$4[3 - i_L(\infty)] + 2 - i_L(\infty) = 0$$
$$i_L(\infty) = \frac{14}{5} \text{A}$$

由换路后电路，将理想电流源开路、理想电压源短路后得图 4.5.6(d)，求得电感两端等效电阻为 $R_{eq} = R_2 + R_3 = 5 \ \Omega$，则电路时间常数为：$\tau = \dfrac{L}{R_{eq}} = 1 \times 10^{-3}$ s 。

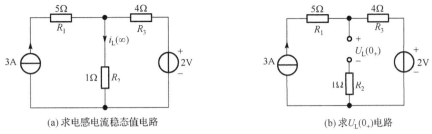

(a) 求电感电流稳态值电路　　　　　　　　(b) 求 $U_L(0_+)$ 电路

图 4.5.7　解法二图

运用三要素法求得电路响应为

$$i_L = i_L(\infty) + [i_L(0_+) - i_L(\infty)]e^{-\frac{t}{\tau}} = \frac{14}{5} - \frac{14}{5}e^{-1000t} \text{ A}$$

用换路后电路求得：$u_L = L\dfrac{di_L}{dt} = 14e^{-1000t}$ V 。

也可以用三要素法求得 u_L，其具体步骤如下：

画出 $t = 0_+$ 时电路，如图 4.5.7(b)所示。由于 $i_L(0_+) = i_L(0_-) = 0$，所以在 $t = 0_+$ 电路里，电感相当于开路，其开路电压 $u_L(0_+) = 3R_3 + 2 = 14$V。换路后电路再次达到稳态时，电感相当于短路，$u_L(\infty) = 0$V；电路时间常数 $\tau = 1 \times 10^{-3}$ s。用三要素法求得 u_L 响应为

$$u_L = u_L(\infty) + [u_L(0_+) - u_L(\infty)]e^{-\frac{t}{\tau}} = 14e^{-1000t} \text{ V}$$

4.5.3　RL 电路的全响应

1. 经典法求解 RL 电路的全响应

如图 4.5.8 所示电路，开关 S 先接在位置 1，稳定时 $i_L(0_-) = \dfrac{U_{S1}}{R} = I_0$；在 $t = 0$ 时从位置 1 换接到位置 2。按照图中标定的参考方向，列写换路后的电路方程为

$$u_R + u_L = U_{S2}$$

$$Ri_L + L\frac{di_L}{dt} = U_{S2} \qquad (4.5.5)$$

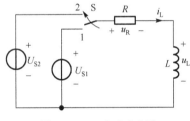

图 4.5.8　RL 全响应电路

式（4.5.5）与式（4.5.3）具有相同的形式，由换路定则知：$i_L(0_+) = i_L(0_-) = \dfrac{U_{S1}}{R} = I_0$，换路后稳态时电感电流为 $\dfrac{U_{S2}}{R}$，由 4.3.1 节求得

$$i_L = \frac{U_{S2}}{R} + \left(\frac{U_{S1}}{R} - \frac{U_{S2}}{R}\right)e^{\frac{R}{L}t} = \frac{U_{S2}}{R} + \left(I_0 - \frac{U_{S2}}{R}\right)e^{\frac{R}{L}t} \qquad (4.5.6)$$

2. 三要素法求解 RL 电路的全响应

换路前电感储有能量，由换路定则知：$i_L(0_+) = i_L(0_-) = \dfrac{U_{S1}}{R} = I_0$；从图 4.5.8 得到换路后电路稳定时 $i_L(\infty) = \dfrac{U_{S2}}{R}$；电路时间常数：$\tau = \dfrac{L}{R}$。利用三要素法通式得到 RL 电路全响应与式（4.5.6）相同

$$i_L = i_L(\infty) + [i_L(0_+) - i_L(\infty)]e^{-\frac{t}{\tau}} = \frac{U_{S2}}{R} + \left(I_0 - \frac{U_{S2}}{R}\right)e^{\frac{R}{L}t}$$

$$i_L = I_0 e^{-\frac{R}{L}t} + \frac{U_{S2}}{R}\left(1 - e^{-\frac{R}{L}t}\right) \tag{4.5.7}$$

式中，右边第一项是 RL 电路的零输入响应，第二项是 RL 电路零状态响应，两者叠加即为全响应 i_L。

由图 4.5.8 换路后电路求得其他量的响应

$$u_L = L\frac{di_L}{dt} = (U_{S2} - U_{S1})e^{-\frac{R}{L}t} \qquad u_R = Ri_L = (U_{S1} - U_{S2})e^{-\frac{R}{L}t} + U_{S2}$$

假设 $U_{S1} > U_{S2}$，则 i_L、u_L 和 u_R 的变化曲线如图 4.5.9 所示。

【例 4.5.3】 如图 4.5.10 所示的电路，当 $t < 0$ 时开关 S 处在位置 1，电路已达稳定状态，如在 $t = 0$ 时开关 S 由位置 1 合向位置 2，试求 $t \geq 0$ 时的电压 u_L，并画出 u_L 的变化曲线。

解法一（经典法）

在 $t = 0_-$ 时，如图 4.5.11(a)所示，求得 $i_L(0_-) = \dfrac{8}{5+6} = \dfrac{8}{11}$ A。当 $t = 0$ 时开关合向位置 2，由换路定则可知 $i_L(0_+) = i_L(0_-) = \dfrac{8}{11}$ A。换路后电路如图 4.5.11(b)所示。经简化求得其戴维南等效电路如图 4.5.11(c)所示。其电路时间常数为 $\tau = \dfrac{9 \times 10^{-3}}{3+6} = 1 \times 10^{-3}$ s。则由式（4.5.6）可得电路响应为

$$i_L = \frac{4}{3} - \frac{20}{33}e^{-1000t} \text{ A}$$

由图 4.5.11(b)求得

$$u_L = L\frac{di_L}{dt} = \frac{60}{11}e^{-1000t} \text{ V}$$

u_L 的变化曲线如图 4.5.11(d)所示。

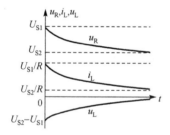

图 4.5.9　i_L、u_L 和 u_R 的变化曲线

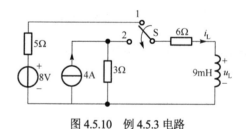

图 4.5.10　例 4.5.3 电路

解法二（三要素法）

在 $t = 0_-$ 时，如图 4.5.11(a)所示，求得 $i_L(0_-) = \dfrac{8}{5+6} = \dfrac{8}{11}$ A，当 $t = 0$ 时开关合向位置 2，由换路定则可知 $i_L(0_+) = i_L(0_-) = \dfrac{8}{11}$ A。

换路后电路如图 4.5.11(b)所示，$i_L(\infty) = 4 \times \dfrac{3}{6+3} = \dfrac{4}{3}$ A，$R_{eq} = 9\,\Omega$，电路时间常数 $\tau = \dfrac{L}{R_{eq}} = 1 \times 10^{-3}$ s。

则电路响应

$$i_L = i_L(\infty) + [i_L(0_+) - i_L(\infty)]e^{-\frac{t}{\tau}} = \frac{4}{3} - \frac{20}{33}e^{-1000t} \text{ A}$$

由图 4.5.11(b)电路求得其他量

$$u_L = L\frac{di_L}{dt} = \frac{60}{11}e^{-1000t} \text{ V}$$

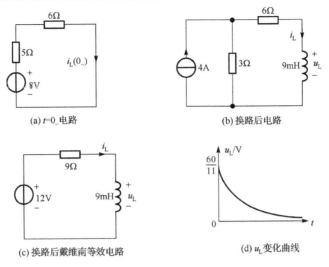

(a) $t=0$_电路　　　　　　　　　　(b) 换路后电路

(c) 换路后戴维南等效电路　　　　　(d) u_L 变化曲线

图 4.5.11　例 4.5.3 步骤电路

练习与思考

4.5.1　如图 4.5.12 所示电路是测量线圈直流电阻的电路，其中 $R_1 = 20\Omega$，$R_2 = 2k\Omega$，$R = 4k\Omega$，$U_S = 5V$，检流计的电阻 $R_g = 100\Omega$，允许的最大电流为 15μA，当电桥平衡时 $R_X = \dfrac{R_1}{R_2}R$，测量完毕后，必须按规定先断开 S_1，后断开 S_2，如果错误地先断开 S_2，试求检流计中电流的变化规律，定量分析 S_2 断开瞬间检流计是否安全，为什么？

4.5.2　设如图 4.5.13(a)所示电路中电流源电流 $i_S(t)$ 的波形如图 4.5.13(b)所示，试求电感电流和电压 $i_L(t)$、$u(t)$，并画出它们的变化曲线。

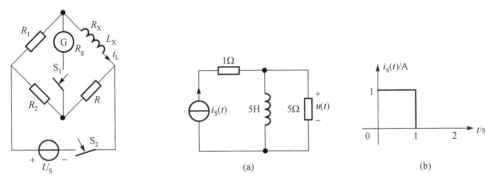

图 4.5.12　练习与思考 4.5.1 电路　　　　　图 4.5.13　练习与思考 4.5.2 电路

习　　题

4.1.1　已知：$U_S = 12V$、$I_S = 2A$、$R_1 = 2k\Omega$、$R_2 = 4k\Omega$、$R = 5\Omega$、$L = 1H$，$C = 2mF$，如图 4.01 所示电路中标示的电压或电流为变量，列写电路的微分方程。

4.2.1　如图 4.02 所示电路原已稳定，已知：$U_S = 50V$，$R_1 = 4\Omega$，$R_2 = 8\Omega$，$R_3 = 8\Omega$。求开关 S 闭合瞬间的 $u_C(0_+)$、$i_C(0_+)$ 及 $u_L(0_+)$、$i_L(0_+)$。

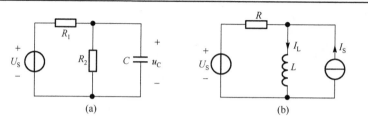

图 4.01　习题 4.1.1 电路

4.2.2　如图 4.03 所示电路，$U_{S1}=30\text{V}$，$U_{S2}=6\text{V}$，$R_1=R_2=6\Omega$，$R_3=12\Omega$，电路原已达稳态，在 $t=0$ 时合上开关 S，求 $u_C(0_+)$、$u_L(0_+)$、$i_L(0_+)$、$i_2(0_+)$、$i(0_+)$、$i_C(0_+)$。

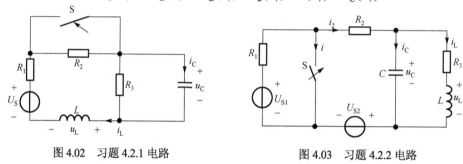

图 4.02　习题 4.2.1 电路　　　　　　　图 4.03　习题 4.2.2 电路

4.3.1　如图 4.02 习题 4.2.1、图 4.03 习题 4.2.2 所示电路，开关在 $t=0$ 时换路，求换路后电路达到稳态时的 $i_L(\infty)$ 和 $u_C(\infty)$。

4.3.2　如图 4.04 所示电路原已稳定，已知：$U_S=16\text{V}$，$R_1=4\Omega$，$R_2=R_3=8\Omega$，$L=5\text{H}$，$t=0$ 时将开关 S 由 "1" 换接至 "2"。求换路后电路达到稳态时的 $i_L(\infty)$，并求电路的时间常数 τ。

4.4.1　如图 4.05 所示电路，开关 S 合在位置 1 时电路已达稳态，$t=0$ 时开关由位置 1 合向位置 2，试求 $t \geqslant 0$ 时的电阻电流 $i(t)$、电容电压 $u_C(t)$ 和电容电流 $i_C(t)$，并在同一图上画出它们随时间的变化曲线。

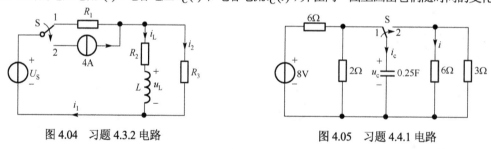

图 4.04　习题 4.3.2 电路　　　　　　　图 4.05　习题 4.4.1 电路

4.4.2　如图 4.06 所示电路原已稳定，已知：$R_1=8\text{k}\Omega$，$R_2=R_3=4\text{k}\Omega$，$I_S=20\text{mA}$，$C=2\text{mF}$。求开关 S 闭合后的 $u_C(t)$、$i_C(t)$ 和 $i_{R_3}(t)$，并画出它们随时间变化的曲线。

4.4.3　电路如图 4.07 所示，开关 S 闭合前电容无初始储能，$t=0$ 时 S 闭合，求开关闭合后的电容电流 $i_C(t)$ 和电阻电流 $i(t)$，并画出它们的变化曲线。

4.4.4　如图 4.08 所示电路原已稳定，已知：$U_S=120\text{V}$，$R_1=8\Omega$，$R_2=R_3=4\Omega$，$R_4=2\Omega$，$C=1\text{μF}$。求：S 断开后的 $u_C(t)$ 和 $i_C(t)$、$i_2(t)$ 和 $i_3(t)$，并画出它们随时间变化的曲线。

4.4.5　如图 4.09 所示电路，开关 S 闭合前电路已稳定，试求开关闭合后的电容电压 u_C，画出 u_C 的变化曲线。

4.4.6　如图 4.10 所示电路，开关原合在位置 1 已达稳定，$t=0$ 时开关 S 由位置 1 合向位置 2，求 $t \geqslant 0$ 时的电容 u_C、i_C 和电阻电流 i。画出 u_C、i_C 和 i 的变化曲线。

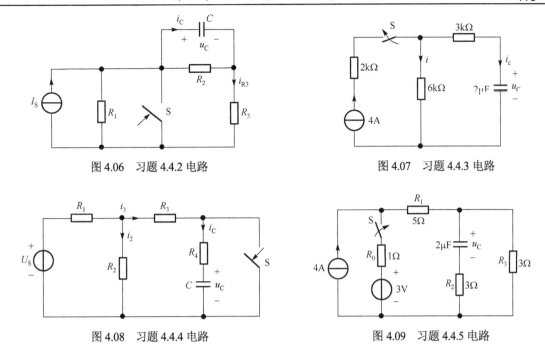

图 4.06　习题 4.4.2 电路　　　　　　　　图 4.07　习题 4.4.3 电路

图 4.08　习题 4.4.4 电路　　　　　　　　图 4.09　习题 4.4.5 电路

4.5.1　如图 4.11 所示电路中，开关 S 在 $t=0$ 时断开，且 S 断开前电路已达稳态，试求 $t \geq 0$ 时的电感电流 i_L 和电感电压 u_L，并画出变化曲线。

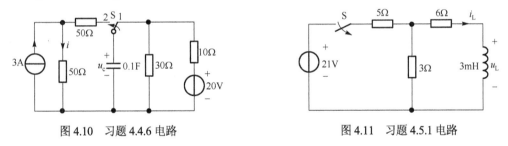

图 4.10　习题 4.4.6 电路　　　　　　　　图 4.11　习题 4.5.1 电路

4.5.2　在工作了很长时间的图 4.12 电路中，$t=0$ 时 S_1 和 S_2 同时开、闭，以切断电源并接入放电电阻 R_f。试选择 R_f 的阻值，以便同时满足下列要求：（1）放电电阻端电压的初始值不超过 550V；（2）放电过程在 1s 内基本结束。

4.5.3　如图 4.13 所示电路中，试求电流 i_L、i，并画出它们的变化曲线。

4.5.4　如图 4.14 电路原已稳定，已知：$R_1=6\Omega$，$R_2=2\Omega$，$R_3=3\Omega$，$L=4$H，$U_S=12$V，$t=0$ 时将开关 S 闭合。求 S 闭合后的 i_L、i_2、i。

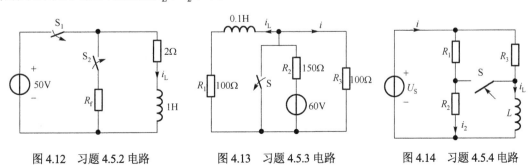

图 4.12　习题 4.5.2 电路　　　图 4.13　习题 4.5.3 电路　　　图 4.14　习题 4.5.4 电路

第5章 正弦交流电路分析

交流电是目前应用最广泛的电能形式。如工业用电、生活用电、农村用电、科学研究用电等使用的都是交流电。所谓正弦交流电路，是指含有正弦电源（激励）而且电路各部分所产生的电压和电流（响应）随时间均按正弦规律变化的电路。交流发电机和正弦信号发生器是常用的正弦电源。本章依次介绍正弦交流电路的基本概念、正弦量的相量表示法、3 种基本电路元件电压电流关系的相量形式、交流电路的串联（KVL 定律、RLC 串联电路、阻抗的串联等效、串联谐振）、交流电路的并联（KCL 定律、RLC 并联、阻抗的并联等效、功率因素的提高、并联谐振）、复杂正弦稳态电路的分析和正弦稳态电路的功率计算。

5.1 正弦交流电路的基本概念

5.1.1 正弦交流电的参考方向

随时间按正弦规律周期性变化的电流或电压，称为正弦交流电，简称正弦量。正弦量有电流、电压、电位、电动势。通常所说的交流电就是指正弦交流电。

以正弦电流为例，其瞬时表达式为

$$i = I_{\mathrm{m}} \sin(\omega t + \psi_i) \tag{5.1.1}$$

其波形如图 5.1.1 所示（$\psi_i \geq 0$），横轴可用 ωt 表示，也可用 t 表示。

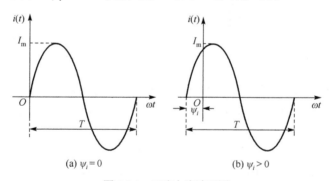

(a) $\psi_i = 0$ (b) $\psi_i > 0$

图 5.1.1 正弦电流波形图

在正弦交流电路分析中，电压和电流等电路物理量我们还是要先给一个参考方向的，参考方向的表示方法与第 1 章介绍的方法一样。但是由于正弦电流或电压是周期性变化的，有正有负，所以，在电路图上标的参考方向是假设正半周时候的方向，负半周时候的方向与标的参考方向相反。由于实际方向和参考方向可能相同也可能不同，所以实际方向要看这些物理量的正负了。

正弦电动势参考方向是上正下负，电动势的波形如图 5.1.2 所示，假设负载是电阻性负载。由于交流电每过半个周期，正负方向改变一次，则电流实际方向是在前半周期内，电流 A→B 流过负载，后半周期里，电流 B→A 流过负载。

如果参考方向如图 5.1.2(b)所示，电流箭头方向取 A→B，则设电流 A→B 的流动方向记为（+），

B→A 的流动方向为（−）。求解电路可以得到电流 i_{AB} 为正，参考方向与实际电流方向一致，因此前半周期流过（+）的电流，而后半周期流过（−）的电流。

如果参考方向如图 5.1.2(c)所示，电流箭头方向取 B→A，则设电流 B→A 的流动方向假定为（+），则 A→B 的流动方向就为（−）。求解电路时得到电流 i_{BA} 必为负，参考方向与实际电流方向相反，因此前半周期流过（−）的电流，而后半周期流过（+）的电流。显然 $i_{AB} = -i_{BA}$。

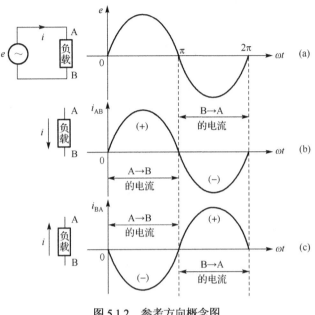

图 5.1.2　参考方向概念图

5.1.2　正弦量的三要素

式（5.1.1）中 3 个常数 I_m、ω、ψ_i 称为正弦量的三要素。只要知道这 3 个要素，一个正弦量就唯一确定了。

正弦量在任一瞬间的值称为瞬时值，用小写字母表示，如 i、u、v、e 分别表示电流、电压、电位及电动势的瞬时值。瞬时值中最大的值称为幅值、峰值或最大值，用带下标 m 的大写字母来表示，如 I_m、U_m、V_m 及 E_m 分别表示电流、电压、电位及电动势的幅值。

正负交变一次所需的时间称为正弦交流电的周期，用 T 表示，单位是秒（s）。每秒变化的次数称为正弦交流电的频率，用 f 表示，单位是 1/秒（1/s），称为赫兹（Hz），较高的频率用千赫兹（kHz）、兆赫兹（MHz）作单位。我国电力工业用的正弦交流电的标准频率是 50Hz，称为工频。有些国家（如日本、美国等）则采用 60Hz 的频率。不同领域使用的频率不同。

周期和频率是用来表示正弦量变化的快慢的物理量，周期与频率的关系互为倒数，即

$$T = \frac{1}{f} \tag{5.1.2}$$

ω 称为正弦量的角频率，表示正弦交流电每秒所经历的电角度弧度数，角频率的单位是弧度·秒$^{-1}$（rad/s）。如果电角度用 α 表示，则

$$\omega = \frac{\alpha}{t} \tag{5.1.3}$$

在一个周期 T 内，正弦量所经历的电角度为 2π 弧度，所以，角频率、周期、频率的关系为

$$\omega = 2\pi f = \frac{2\pi}{T} \qquad (5.1.4)$$

式（5.1.1）中，$\omega t + \psi$ 是反映正弦量随时间变化进程的电角度，称为正弦量的相位角，简称为相位。

ψ 为 $t = 0$ 时的相位角，称为初相位角，简称初相位。初相位的单位用弧度或度表示，习惯用度表示，通常规定 $\psi \leqslant \pi$，即小于等于 3.14159 弧度或 180°。

由于正弦量在一个周期中瞬时值两次为零，所以规定由负值向正值变化之间的一个零点叫做正弦量的"零值"，即 $i = I_m \sin(\omega t + \psi_i) = 0$，此时 $\omega t + \psi_i = 0$，$\omega t = -\psi_i$。

初相位和相位与计时起点（$t = 0$ 时）有关，计时起点选择不同，相位和初相位不同，正弦量的初始值（$t = 0$ 时的值）也不同。如选取正弦量的"零值"瞬间为计时起点，则初相位 $\psi_i = 0$，它的初始值为零，其波形如图 5.1.1(a) 所示，瞬时表达式为：$i = I_m \sin \omega t$。如计时起点选取不为正弦量的"零值"瞬间，瞬时表达式为 $i = I_m \sin(\omega t + \psi_i)$，电流的初相位为 ψ_i，图 5.1.1(b) 是 $\psi_i > 0$ 时的波形图，"零值"在坐标原点的左侧；若 $\psi_i < 0$，"零值"在坐标原点的右侧。它们的初始值为 $i = I_m \sin \psi_i$。由于在工程上通常以"弧度"或"度"为单位计量 ψ_i，因此在计算中需要把 ωt 与 ψ_i 变换成相同的单位。习惯于用度表示。

正弦量的初相、相位及解析式都是相对于参考方向而言。同一正弦量，参考方向选的相反，瞬时值异号，即 $-I_m \sin(\omega t + \psi_i) = I_m \sin(\omega t + \psi_i + \pi)$，通常改变参考方向的结果就是将正弦量的初相加上（或减去）180°，不影响振幅和角频率。

【例 5.1.1】 求幅值 $E_m = 100\,\text{V}$、频率 $f = 60\,\text{Hz}$，初始相位 $\psi = -\dfrac{\pi}{6}$ 的正弦波电压的瞬时表达式，以及在 $t = \dfrac{1}{240}\,\text{s}$ 时的瞬时值 e，并用图表示该波形。

解 正弦波电压的瞬时值 e 可写成

$$e = E_m \sin(\omega t + \psi) = E_m \sin(2\pi f t + \psi)$$

依题意，e 的瞬时表达式

$$e = 100 \sin\left(120\pi t - \frac{\pi}{6}\right)$$

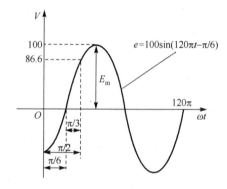

图 5.1.3 例 5.1.1 的波形图

在 $t = \dfrac{1}{240}\,\text{s}$ 时的瞬时值 e

$$e = 100 \sin\left(2\pi \times 60 \times \frac{1}{240} - \frac{\pi}{6}\right) = 100 \sin\left(\frac{\pi}{2} - \frac{\pi}{6}\right) = 100 \sin\left(\frac{\pi}{3}\right)\,\text{V} = 86.6\,\text{V}$$

e 的波形图如图 5.1.3 所示。

5.1.3 正弦交流电的有效值和相位差

在电工技术中，常用有效值来衡量正弦交流电的大小。用大写字母表示，如 I 和 U。有效值的定义：以交流电流为例，当某一交流电流和直流电流分别通过同一电阻 R 时，如果在一个周期 T 内产生的热量相等，那么这个直流电流 I 的数值叫做交流电流的有效值。

正弦交流电流 i 一个周期内在电阻 R 上产生的能量为

$$W = \int_0^T i^2 R\,\mathrm{d}t$$

直流电流 I 在相同时间 T 内，在电阻 R 上产生的能量为

$$W = I^2 RT$$

根据有效值的定义，有

$$I^2 RT = \int_0^T i^2 R \mathrm{d}t$$

于是得

$$I = \sqrt{\frac{1}{T} \int_0^T i^2 \mathrm{d}t} \tag{5.1.5}$$

正弦电流的有效值又称为**均方根值**。式（5.1.5）适用于任何周期变化的电流、电压及电动势。将正弦交流电流 $i = I_\mathrm{m} \sin(\omega t + \psi_i)$ 代入式（5.1.5）得

$$I = \sqrt{\frac{1}{T} \int_0^T I_\mathrm{m}^2 \sin^2(\omega t + \psi_i) \mathrm{d}t} = \sqrt{\frac{1}{T} \int_0^T I_\mathrm{m}^2 \left[\frac{1 - \cos 2(\omega t + \psi_i)}{2} \right] \mathrm{d}t}$$
$$= \frac{1}{\sqrt{2}} I_\mathrm{m} = 0.707 I_\mathrm{m} \tag{5.1.6}$$

同理

$$U = \frac{1}{\sqrt{2}} U_\mathrm{m} = 0.707 U_\mathrm{m} \tag{5.1.7}$$

正弦量的最大值与有效值之间有固定的 $\sqrt{2}$ 倍关系。通常所说的交流电的数值都是指有效值。交流电压表、电流表的表盘读数及电气设备铭牌上所标的电压、电流也都是有效值。通常说照明用电电压 220V，其最大值是 $U_\mathrm{m} = 220\sqrt{2} = 311\,\mathrm{V}$。

用有效值表示正弦电流的数学表达式为

$$i = \sqrt{2} I \sin(\omega t + \psi_i)$$

两个同频率正弦量的相位之差，称为相位差，用 φ 加下标表示。例如，设两个同频正弦量电流 i_1、电压 u_2 分别为

$$i_1 = \sqrt{2} I_1 \sin(\omega t + \psi_{i1}); \quad u_2 = \sqrt{2} U_2 \sin(\omega t + \psi_{u2})$$

设 φ_{12} 表示电流 i_1 与电压 u_2 之间的相位差，则有

$$\varphi_{12} = (\omega t + \psi_{i1}) - (\omega t + \psi_{u2}) = \psi_{i1} - \psi_{u2} \tag{5.1.8}$$

同频正弦量的相位差等于初相位之差，为一个与时间无关的常数。规定相位差还是小于 180°。电路常采用"超前"和"滞后"的概念来说明两个同频正弦量相位比较的结果。

当 $\varphi_{12} > 0$ 时，称为 i_1 超前 u_2；当 $\varphi_{12} < 0$ 时，称为 i_1 滞后 u_2；当 $\varphi_{12} = 0$ 时，称为 i_1 和 u_2 同相；当 $|\varphi_{12}| = \dfrac{\pi}{2}$，称为 i_1 和 u_2 正交；当 $|\varphi_{12}| = \pi$，称为 i_1 和 u_2 彼此反相。

相位差可通过观察波形来确定，如图 5.1.4(a) 所示。在同一个周期内两个波形与横坐标轴的两个交点（两个"零值"点）之间的坐标值即为两者的相位差，先到达零点的为超前波，图中所示为 i_1 超前 u_2。当两个同频率正弦量的计时起点改变时，它们的初相角也随之改变，但两者之间的相位差却保持不变。同频率的正弦量才能画在同一个波形图上。需要指出，只有两个同频率正弦量之间的相位差才有意义。对于两个频率不相同的正弦量，其相位差随时间而变化，不再是常量。

三相交流电路中 3 种电压初相位各差 120°，如图 5.1.4(b) 所示。

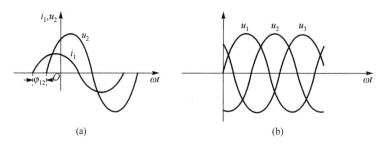

图 5.1.4 同频正弦量的相位差

【例 5.1.2】 两同频率的正弦电压，$u_1 = -5\sin(\omega t + 45°)\,\text{V}$，$u_2 = 12\cos(\omega t + 30°)\,\text{V}$，求出它们的有效值和初相位及相位差。

解 将两正弦电压写成标准形式

$$u_1 = 5\sin(\omega t + 45° + 180°)\,\text{V} = 5\sin(\omega t + 225°)\,\text{V} = 5\sin(\omega t - 135°)\,\text{V}$$

$$u_2 = 12\sin(\omega t + 30° + 90°)\,\text{V} = 12\sin(\omega t + 120°)\,\text{V}$$

则其有效值为

$$U_1 = \frac{5}{\sqrt{2}} = 3.54\text{V}, \quad U_2 = \frac{12}{\sqrt{2}} = 8.49\text{V}$$

初相位为

$$\psi_1 = -135°, \quad \psi_2 = 120°$$

相位差为

$$\varphi_{12} = \psi_1 - \psi_2 = -255° = 105°$$

练习与思考

5.1.1 已知图 5.1.5 正弦电流电压波形，写出其函数表达式。

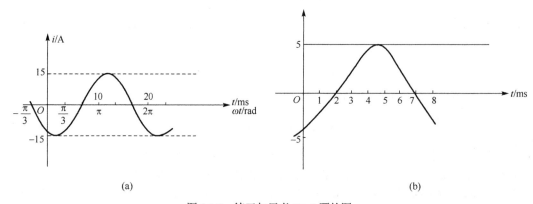

图 5.1.5 练习与思考 5.1.1 题的图

5.1.2 已知 $e_1 = 50\sin\omega t$，$e_2 = 50\sin 3\omega t$，求两者的频率，并画出 e_1、e_2 的波形，比较说明它们的变化情况。假定 $\omega = 314\,\text{rad/s}$。

5.1.3 由已知条件写出电压电流的瞬时值表达式。

（1）某正弦电流的有效值为 7.07A，频率 $f = 100\text{Hz}$，初相角 $\varphi = -60°$。

（2）某正弦电压有效值为 220V，频率为 50Hz，在 $t = 0$ 时，$u(0) = 220\text{V}$。

（3）某正弦电压的最大值为 380V，角频率为 314rad/s，初相角 $\varphi = -90°$。

5.2　正弦量的相量表示形式

5.2.1　复数的概念

通常，复数具有多种表示形式。最常用的 4 种形式分别为代数形式、三角函数形式、指数形式和极坐标形式。如图 5.2.1 所示，在复平面上，复数用一个通过坐标原点的有向线段 F 来表示，图中 $|F|$ 表示复数的大小，称为复数的模，有向线段 F 与实轴正方向间的夹角，称为复数的幅角，用 ψ 表示，规定幅角的绝对值小于 $180°$。a、b 为复数 F 的实部和虚部。

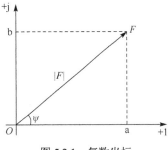

图 5.2.1　复数坐标

复数的代数表达式为

$$F = a + jb$$

式中，$j = \sqrt{-1}$ 为复数的虚数单位。

由图 5.2.1 可将代数式转化为三角形式

$$F = |F|(\cos\psi + j\sin\psi) \qquad (5.2.1)$$

根据欧拉公式，$\cos\psi = \dfrac{1}{2}(e^{j\psi} + e^{-j\psi})$，$\sin\psi = \dfrac{1}{2j}(e^{j\psi} - e^{-j\psi})$，将复数的三角形式转化为指数形式

$$F = |F|e^{j\psi} \qquad (5.2.2)$$

简写成极坐标形式

$$F = |F| \underline{/\psi} \qquad (5.2.3)$$

复数的 4 种形式可以互相转换，在计算复数的相位角时，要注意复数所在象限。$|F|$ 和 ψ 与 a 和 b 之间的关系为

$$\begin{cases} |F| = \sqrt{a^2 + b^2} & \quad a = |F|\cos\psi \\ \psi = \arctan\left(\dfrac{b}{a}\right) & \quad b = |F|\sin\psi \end{cases}$$

实部相等、虚部大小相等而异号的两个复数叫做共轭复数，用 F^* 表示 F 的共轭复数

$$若 F = a + jb \quad 则 \quad F^* = a - jb$$

复数可以进行四则运算。两个复数进行加减运算时，用代数形式计算；进行乘除运算时，可将其先化为指数形式或极坐标形式然后再进行计算。

例如，两个复数

$$F_1 = a_1 + jb_1 = |F_1|e^{j\psi_1}, \quad F_2 = a_2 + jb_2 = |F_2|e^{j\psi_2}$$

则

$$F_1 \pm F_2 = (a_1 \pm a_2) + j(b_1 \pm b_2) \qquad (5.2.4)$$

也可以按平行四边形法则在复平面上作图求得。如图 5.2.2 所示。

两个复数进行乘法运算时，用指数形式或极坐标形式计算。

$$F_1 F_2 = |F_1|e^{j\psi_1}|F_2|e^{j\psi_2} = |F_1||F_2|e^{j(\psi_1+\psi_2)} = |F_1||F_2| \underline{/\psi_1+\psi_2} \qquad (5.2.4)$$

两个复数进行除法运算时，用指数形式或极坐标形式计算。

$$\frac{F_1}{F_2} = \frac{|F_1|e^{j\psi_1}}{|F_2|e^{j\psi_2}} = \frac{|F_1|}{|F_2|}e^{j(\psi_1-\psi_2)} = \frac{|F_1|}{|F_2|}\underline{/\psi_1-\psi_2} \qquad (5.2.5)$$

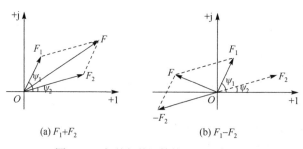

(a) F_1+F_2 　　　　　　(b) F_1-F_2

图 5.2.2　复数代数运算的平行四边形法

【例 5.2.1】　设复数 $F = |F|e^{j\psi}$，讨论 F 乘以 $e^{\pm j90°}$ 将是怎样的情况？

解　$e^{\pm j90°}$ 是一个模为 1 的复数，

即　　　　　　$e^{\pm j90°} = \cos 90° \pm j\sin 90° = \pm j$

$$F \cdot e^{\pm j90°} = \pm j \cdot F$$

$$F_1 = (+j) \cdot F = |F|e^{j\psi} \cdot e^{j90°} = |F|e^{j(\psi+90°)}$$

F 将逆时针旋转 90°，得到 F_1

$$F_2 = (-j) \cdot F = |F|e^{j\psi} \cdot e^{-j90°} = |F|e^{j(\psi-90°)}$$

F 将顺时针旋转 90°，得到 F_2。

所以，j 是 90° 旋转因子。任意一个复数乘以+j，即向前（逆时针）转 90°，乘以−j 即向后（顺时针）转 90°，如图 5.2.3 所示。

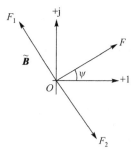

图 5.2.3　j90°旋转因子概念

5.2.2　正弦量的相量表示方法

在正弦交流电路里，利用电路基本定律列出的电流、电压方程是一组同频正弦函数代数方程。可以证明同频率正弦函数运算后，频率不变，仅具有有效值（振幅）、初相上的差异，所以以后讨论同频率正弦量时，ω 可不考虑，主要研究幅度与初相位的变化。

复数也有两个量，模和幅角，比较复数和正弦量，可以采用复数来表示正弦量，使其运算得到简化。用复数形式表示的正弦量称为正弦量的相量，在大写字母上打"·"表示。注意，相量只是表示正弦量，不等于正弦量，只有表示正弦量的复数才能称为相量。相量和复数一样有两种形式，为相量式和相量图。

表示一个正弦量的大小可以用有效值和最大值，所以一个正弦量的相量有有效值相量和最大值相量，正弦量的有效值或最大值是复数的模，正弦量的初相位是复数的幅角，有效值相量和最大值相量只是模不同（相差 $\sqrt{2}$ 倍），幅角相同。所以相量有

$$\dot{U}_m，\dot{U}；\dot{I}_m，\dot{I}；\dot{E}_m，\dot{E}$$

复数有 4 种表示形式，正弦量的相量有 3 种形式。三角函数形式计算出来的就是代数表达式复数的实部和虚部。于是一个正弦电压

$$u = U_m \sin(\omega t \pm \psi) = \sqrt{2}U\sin(\omega t \pm \psi) \qquad \psi \text{ 设为正}$$

相量式表示为：最大值电压相量：

$$\dot{U}_{\mathrm{m}} = U_{\mathrm{m}}(\cos\psi \pm \mathrm{j}\sin\psi) = U_{\mathrm{m}}\mathrm{e}^{\pm\mathrm{j}\psi} = U_{\mathrm{m}} \underline{/\pm\psi}$$

有效值电压相量

$$\dot{U} = U(\cos\psi \pm \mathrm{j}\sin\psi) = U\mathrm{e}^{\pm\mathrm{j}\psi} = U \underline{/\pm\psi}$$

式中，电压的初相位为负值的时候用"−"号。

正弦量的相量也可以在相量图上用一个有向线段来表示。按照各个正弦量的大小和相位关系，画出若干个相量的初始位置的图形，称为相量图。给出一个标准位置作为零度，一般以水平位置为零度，有向线段与零度正方向间的夹角是正弦量的初相位，用 ψ 表示，规定 ψ 的绝对值小于 180°。如果有向线段的长度等于正弦量的有效值则称为有效值相量图；如果有向线段的长度等于正弦量的最大值则称为最大值相量图。只有正弦周期量才能用相量表示，只有同频率的正弦量才能画在同一相量图上。因为相量图上的相量都是以同一 ω 速度逆时针方向旋转的。

如图 5.2.4(a)所示为正弦电压 u 对应的相量 $\dot{U}_{\mathrm{m}}$ 和 $\dot{U}$ 的相量图，最大值相量比有效值相量长 $\sqrt{2}$ 倍；图 5.2.4(b)是图 5.1.4(a)电压电流的有效值相量图；图 5.2.4(c)是图 5.1.4(b)三相交流电压的相量图，其相量式为：$\dot{U}_1 = U_1 \underline{/0°}\,\mathrm{V}$，$\dot{U}_2 = U_2 \underline{/-120°}\,\mathrm{V}$，$\dot{U}_3 = U_3 \underline{/120°}\,\mathrm{V}$。

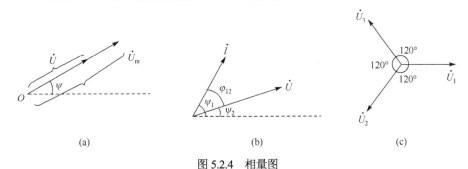

(a)　　　　　　　　　　(b)　　　　　　　　　　(c)

图 5.2.4　相量图

【例 5.2.2】 已知正弦电压 u_1 和 u_2 的有效值分别为 $U_1 = 50\mathrm{V}$，$U_2 = 30\mathrm{V}$，u_1 超前于 $u_2\,60°$，$\omega = 314\,\mathrm{rad/s}$，求：（1）$u_1$ 和 u_2 的相量表达式和瞬时值表达式；（2）总电压 $u = u_1 + u_2$ 的有效值和瞬时值表达式，并画出 u、u_1、u_2 的相量图；（3）总电压 u 与 u_1 和 u_2 的相位差。

解 本题可以任选一个电压为参考量，现选 u_1 的相量为参考相量，则两电压的有效值相量分别为

$$\dot{U}_1 = U_1 \underline{/\psi_1} = 50\underline{/0°}\,\mathrm{V} \qquad \dot{U}_2 = U_2 \underline{/\psi_2} = 30\underline{/-60°}\,\mathrm{V}$$

瞬时值表达式

$$u_1 = 50\sqrt{2}\sin(314t)\,\mathrm{V}$$
$$u_2 = 30\sqrt{2}\sin(314t - 60°)\,\mathrm{V}$$

总电压的有效值相量

$$\dot{U} = \dot{U}_1 + \dot{U}_2 = 50\underline{/0°} + 30\underline{/-60°} = 65 - \mathrm{j}25.98 = 70\underline{/-21.79°}\,\mathrm{V} = U\underline{/\psi}$$

电压的有效值是 70V，瞬时值表达式

$$u = 70\sqrt{2}\sin(314t - 21.79°)\,\mathrm{V}$$

相量图如图 5.2.5 所示。作图时，将参考相量 $\dot{U}_1$ 画在正实轴位置。根据 $\dot{U}_2$ 与 $\dot{U}_1$ 的相位差确定 $\dot{U}_2$ 的位置，并画出 $\dot{U}_2$，利用平行四边形法则作出 $\dot{U}$。总电压 u 对 u_1 和 u_2 的相位差分别为

$$\Delta\varphi_1 = \psi - \psi_1 = -21.79° - 0° = -21.79°$$

$$\Delta\varphi_2 = \psi - \psi_2 = -21.79° - (-60°) = 38.21°$$

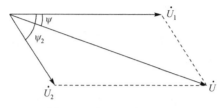

图 5.2.5　例 5.2.2 的相量图

练习与思考

5.2.1　判断题

1. 已知：$u = 110\sin(\omega t + 45°)\,\text{V}$，其相量表达式是：$U = \dfrac{110}{\sqrt{2}}\big/45°\,\text{V}$。　　　　　　　　（　　）

2. 已知：$\dot{U} = 220\big/60°\,\text{V}$，则对应的正弦量 $u = 220\sin(\omega t + 60°)\,\text{V}$。　　　　　　　（　　）

3. 已知：$\dot{I} = 10\mathrm{e}^{\mathrm{j}30°}\,\text{A}$，此等式成立 $\dot{I} = 10\mathrm{e}^{\mathrm{j}30°}\,\text{A} = 10\sqrt{2}\sin(\omega t + 30°)\,\text{A}$。　（　　）

4. 已知：$\dot{U} = 120\big/{-15°}\,\text{V}$，则：$U = 120\,\text{V}$；（　　）$\dot{U} = 120\mathrm{e}^{\mathrm{j}15°}\,\text{V}$。　（　　）

5.2.2　有 3 个电流 a、b、c 的波形如图 5.2.6 所示，若电流相量 $\dot{I} = (-3 + \mathrm{j}4)\,\text{A}$，则电流的波形是哪个？并写出这个电流的瞬时值表达式和相量的其他几种表达形式。

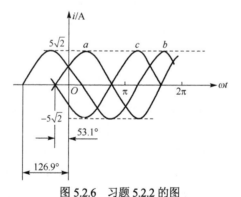

图 5.2.6　习题 5.2.2 的图

5.3　3 种基本电路元件电压电流关系

第 1 章、3 章分别介绍了 3 种基本电路元件电阻、电感、电容的电压电流的瞬时值关系，本节主要介绍这 3 种基本电路元件的电压电流的相位关系、有效值关系、相量关系。引入复阻抗、阻抗模后 3 种基本电路元件的电压电流有效值关系、相量关系都具有欧姆定律形式。

5.3.1　电阻元件欧姆定律的相量形式

如图 5.3.1(a)所示，根据欧姆定律可知，电阻的电压电流瞬时值关系如下

$$u_{\mathrm{R}} = Ri_{\mathrm{R}} \tag{5.3.1}$$

如果电阻上是正弦电流 $i_{\mathrm{R}} = \sqrt{2}I_{\mathrm{R}}\sin(\omega t + \psi_{\mathrm{i}})$ 时，稳态下的电压为

$$u_{\mathrm{R}} = Ri_{\mathrm{R}} = \sqrt{2}I_{\mathrm{R}}R\sin(\omega t + \psi_i) = \sqrt{2}U_{\mathrm{R}}\sin(\omega t + \psi_u) \tag{5.3.2}$$

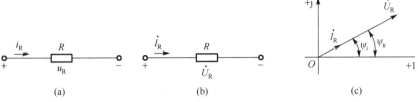

| (a) | (b) | (c) |

图 5.3.1　电阻元件电压电流关系

由式（5.3.2）可知 u_{R} 和 i_{R} 是同频率的正弦量，且相位相同。而且有

$$\begin{cases} U_{\mathrm{R}} = RI_{\mathrm{R}} \\ \psi_u = \psi_i \\ \varphi_{ui} = \psi_u - \psi_i = 0^{\circ} \end{cases} \quad \text{或} \quad \frac{U_{\mathrm{Rm}}}{I_{\mathrm{Rm}}} = \frac{U_{\mathrm{R}}}{I_{\mathrm{R}}} = R = |Z_{\mathrm{R}}| \tag{5.3.3}$$

式（5.3.3）说明电阻上的电压电流的有效值仍符合欧姆定律，显然电阻对直流和交流同等对待。

令电流相量为 $\dot{I}_{\mathrm{R}} = I_{\mathrm{R}}\underline{/\psi_i}$，电压相量为 $\dot{U}_{\mathrm{R}} = U_{\mathrm{R}}\underline{/\psi_u}$，电压相量和电流相量之比可得欧姆定律的相量形式

$$\dot{U}_{\mathrm{R}} = R\dot{I}_{\mathrm{R}} \quad \text{或} \quad \frac{\dot{U}_{\mathrm{R}}}{\dot{I}_{\mathrm{R}}} = \frac{U_{\mathrm{R}}}{I_{\mathrm{R}}} = R = Z_{\mathrm{R}} \tag{5.3.4}$$

式（5.3.4）中，$\dot{U}_{\mathrm{R}}$ 和 $\dot{I}_{\mathrm{R}}$ 相除结果应该是一个复数，$Z_{\mathrm{R}} = R$ 叫电阻的复阻抗，这个复数只有实部没有虚部，其模是 $|Z_{\mathrm{R}}| = R$，$|Z_{\mathrm{R}}|$ 叫电阻的阻抗模。复阻抗和阻抗模的单位和电阻的单位一样是欧姆。在交流电路中，通常元件上标复阻抗，元件上的电压和流过的电流以相量形式表示出来，如图 5.3.1(b) 所示。图 5.3.1(c) 是电压、电流相量图。

5.3.2　电感元件电压电流的相量关系

如图 5.3.2(a)所示，电压电流的瞬时值关系如下

$$u_{\mathrm{L}}(t) = L\frac{\mathrm{d}i_{\mathrm{L}}(t)}{\mathrm{d}t} \tag{5.3.5}$$

设 $i_{\mathrm{L}} = \sqrt{2}I_{\mathrm{L}}\sin(\omega t + \psi_i)$，在正弦稳态下电压为

$$u_{\mathrm{L}} = L\frac{\mathrm{d}i_{\mathrm{L}}}{\mathrm{d}t} = \sqrt{2}I_{\mathrm{L}}\omega L\cos(\omega t + \psi_i) = \sqrt{2}I_{\mathrm{L}}\omega L\sin(\omega t + \psi_i + 90^{\circ}) = \sqrt{2}U_{\mathrm{L}}\sin(\omega t + \psi_u) \tag{5.3.6}$$

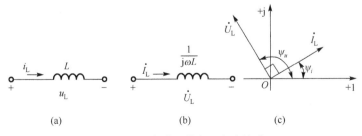

| (a) | (b) | (c) |

图 5.3.2　电感元件电压电流关系

由式（5.3.6）可见，u_{L} 和 i_{L} 是同频率的正弦量，电压超前于电流 90°，且有

$$\begin{cases} U_{\mathrm{L}} = \omega L I_{\mathrm{L}} \\ \psi_u = \psi_i + 90° \\ \varphi_{ui} = \psi_u - \psi_i = 90° \end{cases} \quad 或 \quad \frac{U_{\mathrm{Lm}}}{I_{\mathrm{Lm}}} = \frac{U_{\mathrm{L}}}{I_{\mathrm{L}}} = \omega L = 2\pi f L = X_{\mathrm{L}} = |Z_{\mathrm{L}}| \tag{5.3.7}$$

式（5.3.7）和电阻的欧姆定律相似，$X_{\mathrm{L}} = \omega L$，称为电感元件的感抗，其单位为欧姆（Ω）。感抗是用来表示电感元件对电流阻碍作用的一个物理量。感抗正比于频率 f，随频率变化如图 5.3.3 所示是一条直线。有两种特殊情况：$f \to \infty$ 时，$X_{\mathrm{L}} = \omega L \to \infty$，$I_{\mathrm{L}} \to 0$，高频时相当于开路，常用电感线圈作为高频扼流圈；$f \to 0$ 时，$X_{\mathrm{L}} = \omega L \to 0$，$U_{\mathrm{L}} \to 0$，对于直流相当于短路。电感元件具有通直流隔交流的作用。

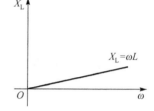

图 5.3.3　感抗随频率变化曲线

令电流相量为 $\dot{I}_{\mathrm{L}} = I_{\mathrm{L}} \underline{/\psi_i}$，电压相量为 $\dot{U}_{\mathrm{L}} = U_{\mathrm{L}} \underline{/\psi_u}$，电压电流的相量关系为：

$$\dot{U}_{\mathrm{L}} = \mathrm{j}\omega L \dot{I}_{\mathrm{L}} \quad 或 \quad \frac{\dot{U}_{\mathrm{L}}}{\dot{I}_{\mathrm{L}}} = \frac{U_{\mathrm{L}}}{I_{\mathrm{L}}} \mathrm{e}^{\mathrm{j}90°} = \mathrm{j}X_{\mathrm{L}} = Z_{\mathrm{L}} = X_{\mathrm{I}} \underline{/90°} \tag{5.3.8}$$

式（5.3.8）和电阻的欧姆定律相似，通常被称为电感的欧姆定律相量形式。电感的复阻抗 $Z_{\mathrm{L}} = \mathrm{j}\omega L = \mathrm{j}X_{\mathrm{L}}$，这个复数只有虚部没有实部，其模是 $|Z_{\mathrm{L}}| = X_{\mathrm{L}}$。图 5.3.2(b)给出了电压电流相量形式示意图，图 5.3.2(c)给出了电压电流的相量图。

5.3.3　电容元件电压电流相量关系

如图 5.3.4(a)所示，电压电流的瞬时值关系如下

$$i_{\mathrm{C}} = \frac{\mathrm{d}q}{\mathrm{d}t} = C \frac{\mathrm{d}u_{\mathrm{C}}}{\mathrm{d}t} \tag{5.3.9}$$

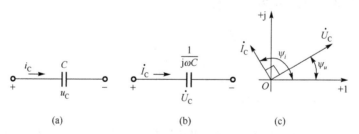

(a)　　　　　　　(b)　　　　　　　(c)

图 5.3.4　电容元件电压电流关系

设 $u_{\mathrm{C}} = \sqrt{2} U_{\mathrm{C}} \sin(\omega t + \psi_u)$，在正弦稳态下的伏安关系为：

$$i_{\mathrm{C}} = C \frac{\mathrm{d}u_{\mathrm{C}}}{\mathrm{d}t} = \sqrt{2} U_{\mathrm{C}} \omega C \cos(\omega t + \psi_u) = \sqrt{2} U_{\mathrm{C}} \omega C \sin(\omega t + \psi_u + 90°) = \sqrt{2} I_{\mathrm{C}} \sin(\omega t + \psi_i) \tag{5.3.10}$$

由式（5.3.10）可见，u_{C} 和 i_{C} 是同频率的正弦量，电压滞后于电流 90°，且有

$$\begin{cases} U_{\mathrm{C}} = \dfrac{1}{\omega C} I_{\mathrm{C}} \\ \psi_u = \psi_i - 90° \\ \varphi_{ui} = \psi_u - \psi_i = -90° \end{cases} \quad 或 \quad \frac{U_{\mathrm{m}}}{I_{\mathrm{m}}} = \frac{U}{I} = \frac{1}{\omega C} = \frac{1}{2\pi f C} = X_{\mathrm{C}} = |Z_{\mathrm{C}}| \tag{5.3.11}$$

式（5.3.11）与电阻的欧姆定律相似，$X_C = \dfrac{1}{\omega C}$，称为电容

元件的容抗，其单位为 Ω，容抗是用来表示电容元件对电流阻碍作用的一个物理量。容抗与频率 f 成反比，如图 5.3.5 所示是容抗随频率变化的曲线。两种极端情况：（1）$f \to \infty$ 时，$X_C = \dfrac{1}{\omega C} \to 0$，

$U_C \to 0$。对高频率相当于短路，常用作旁路高频电流；（2）$f \to 0$

时，$X_C = \dfrac{1}{\omega C} \to \infty$，$I_C \to 0$，对于直流相当于开路。电容元件具

有隔直流通交流的作用。

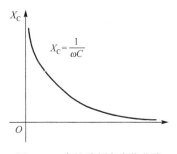

图 5.3.5　容抗随频率变化曲线

令电流相量为 $\dot{I}_C = I_C \underline{/\psi_i}$，电压相量为 $\dot{U}_C = U_C \underline{/\psi_u}$，电压电流的相量关系为

$$\dot{U}_C = -jX_C \dot{I}_C \quad 或写成：\frac{\dot{U}_C}{\dot{I}_C} = \frac{U_C}{I_C}e^{-j90°} = -jX_C = Z_C = X_C \underline{/-90°} \tag{5.3.12}$$

式（5.3.12）与电阻的欧姆定律相似，通常被称为电容的欧姆定律相量形式。电容的复阻抗 $Z_C = -j\dfrac{1}{\omega C} = -jX_C$，这个复数只有虚部没有实部，其模是 $|Z_C| = X_C$。图 5.3.4(b)给出了电压电流相量形式示意图，图 5.3.4(c)图给出了电压电流的相量图。

表 5.3.1　电阻、电感、电容 3 种元件电压电流关系

时域形式	相量形式	有效值形式
$u = Ri$	$\dot{U} = R\dot{I} = Z_R\dot{I}$	$U = RI = |Z_R|I$
$u = L\dfrac{di}{dt}$	$\dot{U} = jX_L\dot{I} = Z_L\dot{I}$	$U = X_LI = |Z_L|I$
$i = C\dfrac{du}{dt}$	$\dot{U} = -jX_C\dot{I} = Z_C\dot{I}$	$U = X_CI = |Z_C|I$

总结：电阻、电感、电容元件的电压电流关系总结在表 5.3.1 中。由此可以看出，电阻、电感、电容 3 元件的电压电流有效值和相量都有一个共同的欧姆定律形式。

有效值欧姆定律形式：$U = |Z|I$

$|Z|$ 叫阻抗模，电阻：$|Z| = |Z_R| = R$；电感：$|Z| = |Z_L| = X_L$；电容：$|Z| = |Z_C| = X_C$。

相量欧姆定律形式：$\dot{U} = Z\dot{I}$

Z 叫复阻抗，电阻：$Z = Z_R = R$；电感：$Z = Z_L = jX_L$；电容：$Z = Z_C = -jX_C$

前面总结的 3 元件电压电流相量公式都是在电压电流参考方向一致的情况下得到的，根据欧姆定律，当电压电流参考方向不一致的时候，公式前面应该有一个负号。

【例 5.3.1】 相量图为如图 5.3.6 所示的正弦电压 $\dot{U}$，施加于一个 $L = 10\text{mH}$ 的电感元件上，当电源频率为 50Hz 与 50kHz 时，求流过电感元件的电流 I。

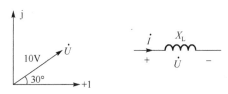

图 5.3.6　例 5.3.1 的图

解 由电压相量图可以得出

$$\dot{U} = 10\underline{/30^\circ}\,\text{V}$$

当 $f = 50\text{Hz}$ 时

$$X_\text{L} = 2\pi f L = 2\pi \times 50 \times 10 \times 10^{-3} = 3.14\Omega$$

通过线圈的电流为

$$I = \frac{U}{X_\text{L}} = \frac{10}{3.14} = 3.18\text{A}$$

当 $f = 50\text{kHz}$ 时

$$X_\text{L} = 2\pi f L = 2\pi \times 50 \times 10^3 \times 10 \times 10^{-3} = 3140\Omega$$

通过线圈的电流为

$$I = \frac{U}{X_\text{L}} = \frac{10}{3140} = 3.185\text{mA}$$

可见，频率改变时，电感的感抗要改变，频率越大，感抗越大，所以电感线圈能有效阻止高频电流通过。

【例 5.3.2】 Z 是电容元件，电容电压电流参考方向如图 5.3.7(a)所示，已知 $C = 4\mu\text{F}$ 及 $u = 250\sin(1000t + 40^\circ)\,\text{V}$ ，求通过电容的电流瞬时值表达式并画出 u , i 的相量图。

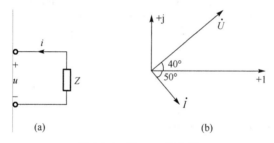

图 5.3.7　例 5.3.2 的电路

解

$$\because \dot{U} = \frac{250}{\sqrt{2}}\underline{/40^\circ}\,\text{V}$$

如图 5.3.7(a)所示电压电流参考方向不一致

$$\dot{I} = -\text{j}\omega C\dot{U} = 1000 \times 4 \times 10^{-6}\underline{/-90^\circ} \times \frac{250}{\sqrt{2}}\underline{/40^\circ} = 0.707\underline{/-50^\circ}\,\text{A}$$

电流瞬时值表达式

$$\therefore i = \sin(1000t - 50^\circ)\,\text{A}$$

u 、i 的相量图如图 5.3.7(b)图所示。

5.4　串联交流电路

5.4.1　KVL 定律的瞬时值形式和相量形式

基尔霍夫定律普遍应用于直流电路和正弦交流电路。正弦交流电路中各支路电压电流是同频率的正弦量，因此也可以用相量法将基尔霍夫定律（KVL、KCL）转化为相量形式。如图 5.4.1(a)所示为电路中任一闭合回路（不一定在一条支路），电压以瞬时值形式表示，图中方框表示任意电路元件。KVL 瞬时值形式是成立的，表示如下

$$\sum_{k-1}^{n} u_k = u_1 + u_2 + \cdots + u_k + \cdots + u_n = 0 \quad 即 \quad \sum u = 0 \qquad (5.4.1)$$

(a) KVL 定律的瞬时值形式   (b) KVL 定律的相量形式

图 5.4.1 KVL 定律的电路例

KVL 相量形式的电路如图 5.4.1(b)所示，KVL 相量形式是成立的，表示如下

$$\sum_{k-1}^{n} \dot{U}_k = \dot{U}_1 + \dot{U}_2 + \cdots + \dot{U}_k + \cdots + \dot{U}_n = 0 \quad 即 \quad \sum \dot{U} = 0 \qquad (5.4.2)$$

式（5.4.2）是 KVL 的有效值相量形式，最大值相量的 KVL 形式也是成立的，表示如下

$$\sum \dot{U}_m = 0 \qquad (5.4.3)$$

需要注意的是，在正弦稳态下，电压的有效值和最大值不满足式（5.4.2）、式（5.4.3），即

$$\sum U \neq 0 \quad 或 \quad \sum U_m \neq 0 \qquad (5.4.4)$$

对于串联电路的相量图应该以电流为参考相量，画出 KVL 定律的相量图。

5.4.2 RLC 串联电路

RLC 串联电路是指电阻元件（R）、电感元件（L）、电容元件（C）这 3 种元件其中至少两种的串联。由于 RL 串联、RC 串联和 LC 串联电路都是 RLC 串联电路分别没有电容或电感或电阻的三种特殊情况，所以，下面重点讨论 RLC 串联电路。

1. 瞬时值关系

如图 5.4.2(a)所示为 RLC 串联瞬时值形式的电路，各元件上的电流电压为关联参考方向，串联电路各元件流过同样的电流，由 KVL 得

$$u = u_R + u_L + u_C = Ri + L\frac{di}{dt} + \frac{1}{C}\int i dt = \sqrt{2}U \sin(\omega t + \psi_u) \qquad (5.4.5)$$

RL 串联时

$$u = u_R + u_L = Ri + L\frac{di}{dt}$$

RC 串联时

$$u = u_R + u_C = Ri + \frac{1}{C}\int i dt$$

LC 串联时

$$u = u_C + u_L = \frac{1}{C}\int i dt + L\frac{di}{dt}$$

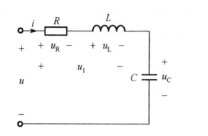 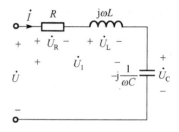

(a) RLC串联电路的瞬时值电路模型   (b) RLC串联电路的相量电路模型

图 5.4.2　RLC 串联电路的两种形式

2. 相量关系

如图 5.4.2(b)所示为 RLC 串联相量形式的电路，串联电路所有元件上流过相同的电流，通常选取流过该支路的电流为参考相量，设

$$\dot{I} = I\underline{/0^\circ}$$

由 KVL 得相量形式的 KVL 方程

$$\dot{U} = \dot{U}_R + \dot{U}_L + \dot{U}_C \tag{5.4.6}$$

相量图如图 5.4.5 所示。

RL 串联时

$$\dot{U} = \dot{U}_R + \dot{U}_L$$

相量图如图 5.4.3(a)所示。

RC 串联时

$$\dot{U} = \dot{U}_R + \dot{U}_C$$

相量图如图 5.4.3(b)所示。

LC 串联时

$$\dot{U} = \dot{U}_L + \dot{U}_C$$

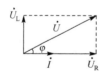 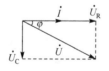

(a) RL串联电路的电压三角形   (b) RC串联电路的电压三角形

图 5.4.3　RL、RC 串联的相量图

相量图如图 5.4.4 所示。

在图 5.4.5 中，$\dot{U}_R$、$\dot{U}_L + \dot{U}_C$、$\dot{U}$ 这 3 个电压存在一个矢量三角形，叫电压三角形。在这个电压三角形中，电压电流的相位差是 $\varphi = \psi_u - \psi_i$，由于 $\dot{U}_L$ 与 $\dot{U}_C$ 反相，$\dot{U}_L + \dot{U}_C$ 这条边的长实际上是有效值相减（$U_L - U_C$）或（$U_C - U_L$）。

由式（5.4.6）有

$$\dot{U} = \dot{U}_R + \dot{U}_L + \dot{U}_C = \left(R + j\omega L - j\frac{1}{\omega C} \right)\dot{I}$$

令

$$Z = \frac{\dot{U}}{\dot{I}} = \frac{U}{I}\underline{/\psi_u - \psi_i} = R + j\omega L - j\frac{1}{\omega C} = Z_R + Z_L + Z_C$$

$$= R + j\left(\omega L - \frac{1}{\omega C}\right) = R + j(X_L - X_C) = R + jX = |Z|e^{j\varphi}$$

（5.4.7）

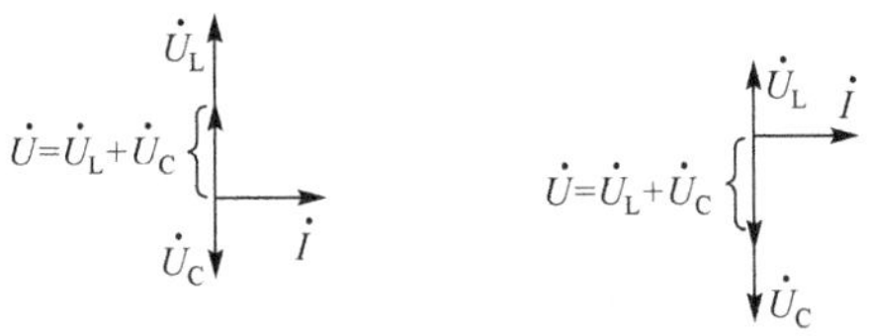

图 5.4.4 LC 串联的相量图

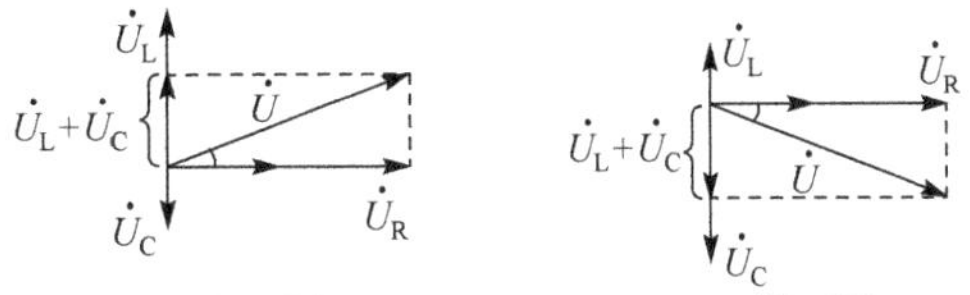

$(X_L>X_C)$ (a) $U_L>U_C$

$(X_L<X_C)$ (b) $U_L<U_C$

图 5.4.5 RLC 串联电路的相量图

$(X_L>X_C)$ (a) $U_L>U_C$

$(X_L<X_C)$ (b) $U_L<U_C$

$X = X_L - X_C = \omega L - \dfrac{1}{\omega C}$ 称为串联电路的电抗。式（5.4.7）表示在 RLC 串联时，电源电压、电流相量之比满足欧姆定律形式，且等于复阻抗 Z，实部为电阻（始终为正），虚部为电抗（可正可负），其模是阻抗模 $|Z|$，幅角是 $\varphi = \psi_u - \psi_i$，$\varphi$ 角可正可负，绝对值小于 90°，在一四象限。而且当 RLC 串联时，等效复阻抗 $Z = Z_R + Z_L + Z_C$，阻抗的串联将在 5.4.3 节讨论。RL 串联时：$Z = \dfrac{\dot{U}}{\dot{I}} = Z_R + Z_L$；RC 串联时：$Z = \dfrac{\dot{U}}{\dot{I}} = Z_R + Z_C$；LC 串联时：$Z = \dfrac{\dot{U}}{\dot{I}} = Z_L + Z_C$。

3. 大小关系

由式（5.4.7）有

$$\frac{U}{I} = |Z| = \sqrt{R^2 + (X_L - X_C)^2} = \sqrt{R^2 + X^2}$$

（5.4.8）

式（5.4.8）是 RLC 串联时，电源电压电流大小之比满足欧姆定律形式，等于阻抗模 $|Z|$。

RL 串联时

$$|Z| = \frac{U}{I} = \sqrt{R^2 + X_L^2}$$

RC 串联时

$$|Z| = \frac{U}{I} = \sqrt{R^2 + X_C^2}$$

由式（5.4.8）可以看出，R、X、$|Z|$ 之间的关系满足勾股定理，可以用一个直角三角形表示，如图 5.4.6 所示，这个三角形称为阻抗三角形。可以看出 Z 的模和辐角关系为

$$|Z| = \sqrt{R^2 + X^2}, \quad \varphi = \psi_u - \psi_i = \arctan\frac{X}{R}$$

且

$$R = |Z|\cos\varphi, \quad X = |Z|\sin\varphi$$

图 5.4.6 阻抗三角形

$\varphi > 0$，电压超前电流，电路呈感性；

$\varphi < 0$，电压滞后电流，电路呈容性；

$\varphi = 0$，电压与电流同相，电路呈阻性。

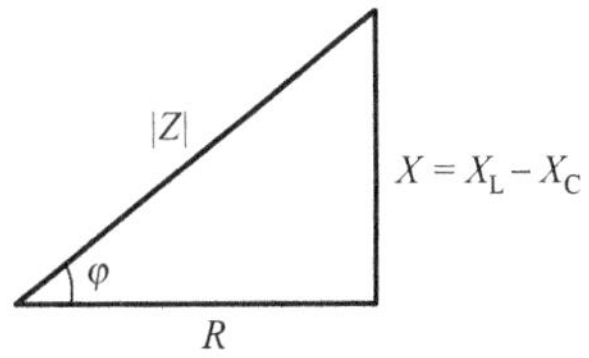

电压三角形和阻抗三角形形状上相似，只适用于串联电路中，阻抗角就是电压电流的夹角，大部分电压电流都不同相，所以，分析计算交流电路时，必须时刻具有交流的概念，首先要有相位的概念。将电压三角形的有效值同时除以 I 得到阻抗三角形，但电压三角形是相量三角形，阻抗不是相量，是复数。

【例 5.4.1】电路如图 5.4.2(a)所示，已知 $R=15\Omega$，$L=0.3\text{mH}$，$C=0.2\text{uF}$，$u=5\sqrt{2}\sin(\omega t+60^\circ)\text{V}$，$f=3\times10^4\text{Hz}$。求（1）复阻抗 Z，说明电路的性质。（2）$i$、$u_\text{R}$、$u_\text{L}$、$u_\text{C}$、$u_1$，（3）画出 $\dot{I}$、$\dot{U}_\text{R}$、$\dot{U}_\text{L}$、$\dot{U}_C$、$\dot{U}$、$\dot{U}_1$ 的相量图。

解 （1）原电路的相量模型如图 5.4.2(b)所示，根据已知条件得到

$$\dot{U}=5\angle 60^\circ\ \text{V}\text{；}\ Z_\text{R}=R=15\Omega\text{；}\ Z_\text{L}=\text{j}\omega L=\text{j}2\pi\times3\times10^4\times0.3\times10^{-3}\Omega=\text{j}56.5\Omega\text{；}$$

$$Z_C=-\text{j}\frac{1}{\omega C}=-\text{j}\frac{1}{2\pi\times3\times10^4\times0.2\times10^{-6}}=-\text{j}26.5\Omega$$

$$Z=Z_\text{R}+Z_\text{L}+Z_\text{C}=R+\text{j}\omega L-\text{j}\frac{1}{\omega C}=15+\text{j}56.5-\text{j}26.5=33.54\angle 63.4^\circ\ \Omega$$

φ 角是正的电路呈感性。

（2）求电路电流和电压

$$\dot{I}=\frac{\dot{U}}{Z}=\frac{5\angle 60^\circ}{33.54\angle 63.4^\circ}=0.149\angle -3.4^\circ\text{A}\text{；}\ i=0.149\sqrt{2}\sin(\omega t-3.4^\circ)\text{A}$$

$$\dot{U}_\text{R}=Z_\text{R}\dot{I}=15\times0.149\angle -3.4^\circ=2.235\angle -3.4^\circ\ \text{V}\text{；}\ u_\text{R}=2.235\sqrt{2}\sin(\omega t-3.4^\circ)\ \text{V}$$

$$\dot{U}_\text{L}=Z_\text{L}\dot{I}=26.5\angle 90^\circ\times0.149\angle -3.4^\circ=8.42\angle -86.6^\circ\ \text{V}\text{；}\ u_\text{L}=8.42\sqrt{2}\sin(\omega t+86.6^\circ)\ \text{V}$$

$$\dot{U}_\text{C}=Z_\text{C}\dot{I}=26.5\angle -90^\circ\times0.149\angle -3.4^\circ=3.95\angle -93.4^\circ\ \text{V}\text{；}\ u_\text{C}=3.95\sqrt{2}\sin(\omega t-93.4^\circ)\text{V}$$

$$\begin{aligned}\dot{U}_1&=\dot{U}_\text{R}+\dot{U}_\text{L}=2.235\angle -3.4^\circ\ \text{V}+8.42\angle 86.6^\circ\ \text{V}\\&=2.73+\text{j}8.273=8.71\angle 71.7^\circ\ \text{V}\end{aligned}$$

$$u_1=8.71\sqrt{2}\sin(\omega t+71.7^\circ)\text{V}$$

（3）$\dot{I}$、$\dot{U}_\text{R}$、$\dot{U}_\text{L}$、$\dot{U}_C$、$\dot{U}$、$\dot{U}_1$ 的相量图如图 5.4.7 所示。

$$\dot{U}_1=\dot{U}_\text{R}+\dot{U}_\text{L}\text{；}\ \dot{U}=\dot{U}_1+\dot{U}_C$$

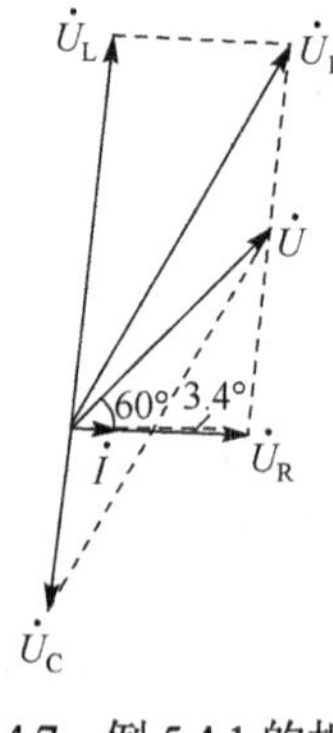

图 5.4.7 例 5.4.1 的相量图

5.4.3 复阻抗的串联等效

如图 5.4.8 所示为 n 个复阻抗 Z_1、$Z_2\cdots Z_k\cdots Z_n$ 串联电路。列写 KVL 方程，得：

$$\begin{aligned}\dot{U}&=\dot{U}_1+\dot{U}_2+\cdots+\dot{U}_k+\cdots+\dot{U}_n\\&=(Z_1+Z_2+\cdots+Z_k+\cdots+Z_n)\dot{I}\\&=\sum_{k-1}^{n}Z_k\dot{I}\end{aligned}$$

由此可知，n 个复阻抗串联的等效复阻抗为

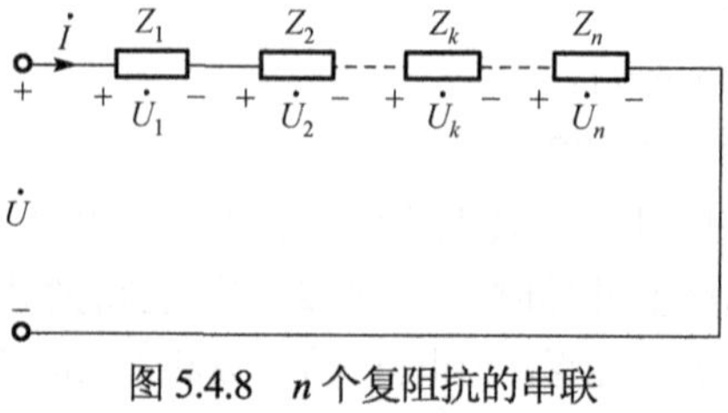

图 5.4.8 n 个复阻抗的串联

$$Z_{总} = \frac{\dot{U}}{\dot{I}} = \sum_{k=1}^{n} Z_k$$
$$= Z_1 + Z_2 + \cdots + Z_k + \cdots + Z_n$$
$$= (R_1 + R_2 + \cdots + R_k + \cdots + R_n) + j(X_1 + X_2 + \cdots + X_k + \cdots + X_n) \qquad (5.4.9)$$
$$= R + jX$$
$$= |Z| \underline{/\varphi}$$

由式（5.4.9）可知，串联电路等效复阻抗等于各复阻抗相加。即实部相加得实部，虚部相加得虚部，电抗部分电感的 X_L 为正，电容的 X_C 为负。

复阻抗两端的电压按照串联电路分压原理进行分配，即与复阻抗成正比。

$$\dot{U}_k = \frac{Z_k}{Z_{总}} \dot{U} \qquad (5.4.10)$$

两个复阻抗串联　　　　　　　　　　$Z = Z_1 + Z_2$

Z_1 分得的电压　　　　　　　　　　$\dot{U}_1 = \dfrac{Z_1}{Z_1 + Z_2} \dot{U}$

【例 5.4.2】 如图 5.4.9 所示的两个阻抗串联的电路，$\dot{U} = 220\underline{/0°}\,\text{V}$，$Z_1 = 3 + j4\,\Omega$，$Z_2 = 6 + j8\,\Omega$，求出 $\dot{I}$、$\dot{U}_1$ 和 $\dot{U}_2$，并画出相量图。

解

$$\dot{I} = \frac{\dot{U}}{Z} = \frac{\dot{U}}{Z_1 + Z_2} = \frac{220}{3 + j4 + 6 + j8}\,\text{A} = 14.67\underline{/-53.1°}\,\text{A}$$

$$\dot{U}_1 = Z_1 \dot{I} = 5\underline{/53.1°} \times 14.67\underline{/-53.1°}\,\text{V} = 73.35\,\text{V}$$

$$\dot{U}_2 = Z_2 \dot{I} = 10\underline{/53.1°} \times 14.67\underline{/-53.1°}\,\text{V} = 146.7\,\text{V}$$

相量图如图 5.4.9(b)所示。

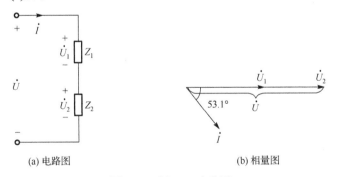

(a) 电路图　　　　　　　　　　　　　(b) 相量图

图 5.4.9　例 5.4.2 电路图

5.4.4　正弦电路的串联谐振

对于包含电容、电感、电阻元件的电路，当电路端口的电压 $\dot{U}$ 和电流 $\dot{I}$ 同相位，即呈电阻性的现象称为谐振现象。谐振有串联谐振和并联谐振。实际中，谐振现象有着广泛的应用，但谐振时可能使某些元件的电压电流过大，又必须避免谐振现象的出现。因此，研究谐振电路具有实际的意义。

1. 串联谐振频率

对如图 5.4.2(b)所示的 RLC 串联电路，其输入阻抗为

$$Z(\text{j}\omega) = R + \text{j}\omega_0 L - \text{j}\frac{1}{\omega_0 C} = R + \text{j}(X_\text{L} - X_\text{C}) = R + \text{j}X \tag{5.4.11}$$

$$\varphi = \arctan\frac{X_\text{L} - X_\text{C}}{R}$$

当电路发生谐振时，端口电压 $\dot{U}$ 和端口电流 $\dot{I}$ 同相，$\varphi = 0$，输入阻抗 $Z(\text{j}\omega)$ 的虚部为零，即

$$X = X_\text{L} - X_\text{C} = \omega_0 L - \frac{1}{\omega_0 C} = 0，\quad X_\text{L} = X_\text{C}，\quad \omega_0 L = \frac{1}{\omega_0 C}，\quad 2\pi f_0 L = \frac{1}{2\pi f_0 C}$$

谐振角频率为 $\omega_0 = \dfrac{1}{\sqrt{LC}}$ 或谐振频率为 $f_0 = \dfrac{1}{2\pi\sqrt{LC}}$。 $\tag{5.4.12}$

串联谐振频率 f_0 与电阻没有关系，与 L、C 有关，改变 L、C 可以改变谐振频率，一般用可调电容来调频。

2. 串联谐振特征

（1）谐振时阻抗最小，电路呈电阻性。

串联谐振时输入阻抗的电抗分量为零，所以，由式（5.4.11）得电路的谐振阻抗 Z_0

$$Z_0 = Z(\text{j}\omega)\big|_{\omega=\omega_0} = R \quad 即 \quad |Z| = \sqrt{R^2 + (X_\text{L} - X_\text{C})^2} = R \tag{5.4.13}$$

串联谐振时整个电路呈电阻性。阻抗模最小，电容和电感相串联部分的阻抗为 0，电感、电容串联部分相当于短路，实验时可由此判断电路是否发生串联谐振。只有电阻消耗能量，电感、电容之间互相交换能量。

（2）串联谐振时，在电压有效值 U 不变的情况下，电流 I 最大，且与电源电压同相。

谐振时的最大电流为

$$I = I_0 = \frac{U}{\sqrt{R^2 + (X_\text{L} - X_\text{C})^2}} = \frac{U}{R} \tag{5.4.14}$$

（3）当串联谐振时，$X_\text{L} = X_\text{C} \gg R$，$U_\text{L} = U_\text{C} \gg U = U_\text{R}$，所以串联谐振也叫电压谐振。

因为，串联谐振时，$\omega_0 L = \dfrac{1}{\omega_0 C}$ 远大于 R，各元件上电压分量为

$$\left.\begin{array}{l} \dot{U}_\text{R} = R\dot{I} = R\dfrac{\dot{U}}{R} = \dot{U} \\[2mm] \dot{U}_\text{L} = Z_\text{L}\dot{I} = \text{j}\omega_0 L\dfrac{\dot{U}}{R} = \text{j}Q\dot{U} \\[2mm] \dot{U}_\text{C} = Z_\text{C}\dot{I} = -\text{j}\dfrac{1}{\omega_0 C}\dfrac{\dot{U}}{R} = -\text{j}Q\dot{U} \end{array}\right\} \quad 式中，\begin{array}{l} Q = \dfrac{U_\text{C}}{U} = \dfrac{U_\text{L}}{U} = \dfrac{1}{\omega_0 RC} = \dfrac{\omega_0 L}{R} \\[2mm] U_\text{L} = U_\text{C} = QU \end{array} \tag{5.4.15}$$

串联谐振时 $\dot{U}_\text{L} = -\dot{U}_\text{C}$，大小相等，相量相反，相互抵消，$L$、$C$ 上电压大小为电源电压 U 的 Q 倍，所以串联谐振也叫电压谐振。$\dot{U}_\text{R} = \dot{U}$，电源电压全加在电阻 R 上，其相量图如图 5.4.10 所示。

串联谐振时，$X_\text{L} = X_\text{C} \gg R$，$U_\text{L} = U_\text{C} \gg U = U_\text{R}$，元件电压比电源电压大，这在直流电路里面是不可

能的。Q 为品质因素，就是用来衡量电感、电容电压比总电压大多少倍的一个参数。Q 值一般在 50～200 之间，当电源电压不大时，电感电容电压也可能很大，可能烧坏电气设备。

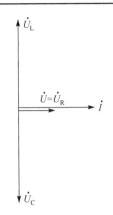

图 5.4.10　串联谐振相量图

接收机是一个 RLC 串联谐振被用来选择信号的串路。各种频率的信号都有感应电动势在接收机中产生，改变电容来调节谐振 f_0，对应的电流 I_{f0} 最大，其他频率的信号电流小得多。

$|Z(\mathrm{j}\omega)|$ 称为阻抗的幅频特性；$\varphi(\mathrm{j}\omega)$ 称为阻抗的相频特性。谐振时阻抗、电压、电流随频率变化的曲线又称为谐振曲线。由式（5.4.13）可得阻抗的幅频特性曲线如图 5.4.11 所示。由阻抗的幅频特性可知，谐振时阻抗最小。

由式（5.4.14）可得电流的幅频特性曲线如图 5.4.12 所示。由电流的幅频特性可知，谐振时电流最大。在工程上，将电流下降到 $\frac{1}{\sqrt{2}}I_0 = 0.707I_0$ 时，对应的两个频率 f_2 与 f_1 的差定义为通频带宽度，通频带宽度：$\Delta f = f_2 - f_1$。

Q 值不同时谐振曲线形状不同。谐振电路能将 f_0 附近的信号选出来，使谐振频率 f_0 周围的一部分频率分量通过，而对其他的频率分量呈抑制作用，电路的这种性能称为选择性。Q 越大，谐振曲线越尖锐，电路的选择性越好。

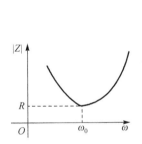

图 5.4.11　阻抗的幅频特性

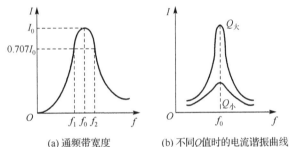

(a) 通频带宽度　　(b) 不同 Q 值时的电流谐振曲线

图 5.4.12　电流的幅频特性

【例5.4.3】已知 RLC 串联电路中端口电源电压 $U = 20\mathrm{mV}$，当电路元件的参数为 $R = 5\Omega$，$L = 10\mu\mathrm{H}$，$C = 100\mathrm{pF}$ 时，若电路产生串联谐振，求电源频率 f_0、品质因数 Q 及 U_C、U_L 和 U_R。

解

$$f_0 = \frac{1}{2\pi\sqrt{LC}} = \frac{1}{2\times 3.14\times\sqrt{10\times 10^{-6}\times 100\times 10^{-12}}} = 5.04\times 10^6\,\mathrm{Hz}$$

$$Q = \frac{\omega_0 L}{R} = \frac{2\pi f_0 L}{R} = \frac{2\times 3.14\times 5.04\times 10^6\times 10\times 10^{-6}}{5} = 63.30$$

$$U_\mathrm{L} = U_\mathrm{C} = QU = 63.30\times 20\times 10^{-3} = 1.266\,\mathrm{V}\qquad U_\mathrm{R} = U = 20\,\mathrm{mV}$$

练习与思考

5.4.1　如图 5.4.13 所示正弦电路中，相量 $\dot{I} = 10\underline{/0°}\,\mathrm{A}$，$\dot{U} = 100\underline{/45°}\,\mathrm{V}$，电容电压有效值 $U_\mathrm{C} = 50\mathrm{V}$，求阻抗 Z。

5.4.2　如图 5.4.14 所示 RLC 串联的正弦交流电路中，若总电压 u，电容电压 u_C 及 RL 两端电压 u_RL 的有效值均为 $100\,\mathrm{V}$，且 $R = 10\,\Omega$，$\omega = 314\mathrm{rad/s}$，求电流有效值 I 及元件参数 L、C。

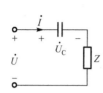
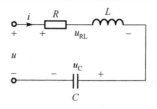

图 5.4.13　练习与思考 5.4.4 的电路　　　图 5.4.14　练习与思考 5.4.2 的电路

5.4.3　含 R, L 的线圈与电容 C 串联，$R = 30\Omega$，线圈电压 $U_{RL} = 50V$，电容电压 $U_C = 30V$，$\omega = 314\text{rad/s}$，总电压与电流同相，求总电压、总电流、电路参数 L、C。

5.4.4　已知某收音机输入回路的电感 $L = 250\mu H$，当电容调到 100pF 时发生串联谐振，求电路的谐振频率，若要收听频率为 600KHz 的电台广播，电容 C 应为多大。（设 L 不变）

5.5　并联交流电路

5.5.1　KCL 定律的瞬时值形式和相量形式

KCL 瞬时值形式的电路如图 5.5.1(a)所示，KCL 瞬时值形式是成立的，表示如下

$$\sum_{k=1}^{n} i_k = i_1 + i_2 + \cdots + i_k + \cdots + i_n = 0 \qquad \text{或} \qquad \sum i = 0 \qquad (5.5.1)$$

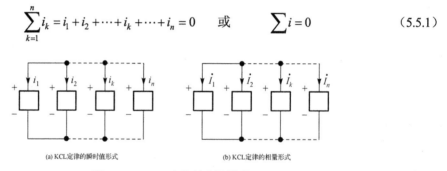

(a) KCL定律的瞬时值形式　　　　　　　　(b) KCL定律的相量形式

图 5.5.1　KCL 定律的电路模型

KCL 相量形式的电路如图 5.5.1(b)所示，KCL 相量形式是成立的，表示如下

$$\sum_{k=1}^{n} \dot{I}_k = \dot{I}_1 + \dot{I}_2 + \cdots + \dot{I}_k + \cdots + \dot{I}_n = 0 \qquad \text{或} \qquad \sum \dot{I} = 0 \qquad (5.5.2)$$

式（5.5.2）是 KCL 的有效值相量形式，最大值相量的 KCL 定律形式也是成立的，即

$$\sum \dot{I}_m = 0 \qquad (5.5.3)$$

需要注意的是，在正弦稳态下，电流的有效值和最大值不满足式（5.5.2）和式（5.5.3），即

$$\sum I \neq 0 \text{ 或 } \sum I_m \neq 0 \qquad (5.5.4)$$

对于并联电路的相量图应该以电压为参考相量，画出 KCL 定律的相量图。

5.5.2　RLC 并联电路

RLC 并联电路是指电阻元件（R）、电感元件（L）、电容元件（C）这 3 种元件其中至少两种的并联。由于 RL 并联、RC 并联、LC 并联都是 RLC 并联的特殊情况，下面重点讨论 RLC 并联电路。

1. 瞬时值关系

如图 5.5.2(a)所示为 RLC 并联瞬时值形式的电路，由 KCL 得

$$i = i_R + i_L + i_C = \frac{u}{R} + \frac{1}{L}\int u\mathrm{d}t + C\frac{\mathrm{d}u}{\mathrm{d}t} = I_m\sin(\omega t + \psi_i) \tag{5.5.5}$$

RL 并联时

$$i = i_R + i_L = \frac{u}{R} + \frac{1}{L}\int u\mathrm{d}t$$

RC 并联时

$$i = i_R + i_C = \frac{u}{R} + C\frac{\mathrm{d}u}{\mathrm{d}t}$$

LC 并联时

$$i = i_L + i_C = \frac{1}{L}\int u\mathrm{d}t + C\frac{\mathrm{d}u}{\mathrm{d}t}$$

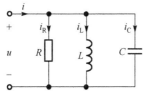 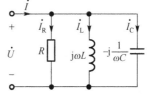

(a) RLC并联电路的瞬时值电路模型　　　　(b) RLC并联电路的相量电路模型

图 5.5.2　RLC 并联电路的两种形式

2. 相量关系

如图 5.5.2(b)所示为 RLC 并联相量形式的电路，并联电路所有元件上电压相同，通常选取该支路两端的电压为参考相量，设

$$\dot{U} = U\underline{/0°}\ \text{V}$$

由 KCL 得相量形式的 KCL 方程

$$\dot{I} = \dot{I}_R + \dot{I}_L + \dot{I}_C \tag{5.5.6}$$

相量图如图 5.5.5 所示。

RL 并联时

$$\dot{I} = \dot{I}_R + \dot{I}_L$$

相量图如图 5.5.3(a)所示。

RC 并联时

$$\dot{I} = \dot{I}_R + \dot{I}_C$$

相量图如图 5.5.3(b)所示。

LC 并联时

$$\dot{I} = \dot{I}_L + \dot{I}_C$$

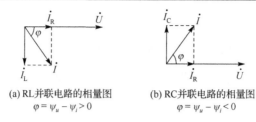

(a) RL并联电路的相量图　　　　(b) RC并联电路的相量图

$\varphi = \psi_u - \psi_i > 0$　　　　$\varphi = \psi_u - \psi_i < 0$

图 5.5.3　RL、RC 并联电路的相量图

相量如图 5.5.4(a)和(b)所示。

在图 5.5.5(a)中，$\dot{I}_R$、$\dot{I}_L + \dot{I}_C$、$\dot{I}$ 这 3 个电流存在一个矢量三角形，叫电流三角形。由于 $\dot{I}_L$、$\dot{I}_C$ 反相，$\dot{I}_L + \dot{I}_C$ 这条边的长实际上是 $|I_L - I_C|$（电流有效值相减）。

电压电流的相位差是 $\varphi = \psi_u - \psi_i$。电路的性质由 φ 角的正负确定。$\varphi = \psi_u - \psi_i > 0$，电路呈感性；$\varphi = \psi_u - \psi_i < 0$，电路呈容性。

由式（5.5.6）

$$\dot{I} = \dot{I}_R + \dot{I}_L + \dot{I}_C = \left(\frac{1}{R} + \frac{1}{j\omega L} + \frac{1}{-j\dfrac{1}{\omega C}} \right) \dot{U}$$

并联部分总可以等效为一个等效复阻抗 Z。

因为：$Z = \dfrac{\dot{U}}{\dot{I}} = \dfrac{U}{I} \underline{/\psi_u - \psi_i} = |Z| \underline{/\varphi}$，所以

$$\frac{\dot{I}}{\dot{U}} = \frac{1}{Z} \tag{5.5.7}$$

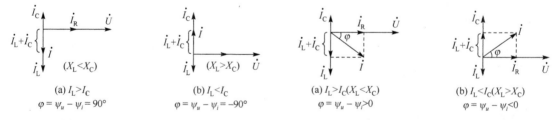

(a) $I_L > I_C$　　(b) $I_L < I_C$　　(a) $I_L > I_C (X_L < X_C)$　　(b) $I_L < I_C (X_L > X_C)$

$\varphi = \psi_u - \psi_i = 90°$　$\varphi = \psi_u - \psi_i = -90°$　$\varphi = \psi_u - \psi_i > 0$　$\varphi = \psi_u - \psi_i < 0$

图 5.5.4　LC 并联电路的相量图　　　　图 5.5.5　RLC 并联电路的相量图

所以 RLC 并联时

$$\frac{1}{Z} = \frac{\dot{I}}{\dot{U}} = \frac{I}{U} \underline{/\psi_i - \psi_u} = \frac{I}{U} \underline{/-\varphi} = \frac{1}{R} + \frac{1}{j\omega L} + \frac{1}{-j\dfrac{1}{\omega C}} = \frac{1}{Z_R} + \frac{1}{Z_L} + \frac{1}{Z_C} \tag{5.5.8}$$

由此可知，RLC 并联电路等效复阻抗倒数等于电阻、电感、电容的复阻抗倒数相加，阻抗的并联将在 5.5.3 节讨论。

复阻抗的倒数叫复导纳，用 Y 表示，单位和电导一样是西门子（S）。电阻、电感、电容的复导纳分别为 $Y_R = \dfrac{1}{Z_R}$、$Y_L = \dfrac{1}{Z_L}$、$Y_C = \dfrac{1}{Z_C}$，引入导纳后，可以先把 Y_R、Y_L、Y_C 求出来，然后求 $Y = \dfrac{1}{Z}$。用导纳计算，式（5.5.8）可表示为

$$Y = Y_R + Y_L + Y_C \tag{5.5.9}$$

RL 并联时

$$\frac{1}{Z} = \frac{1}{R} + \frac{1}{\mathrm{j}\omega L} = \frac{1}{Z_R} + \frac{1}{Z_L}$$

$$Y = Y_R + Y_L$$

RC 并联时

$$\frac{1}{Z} = \frac{1}{R} + \frac{1}{-\mathrm{j}\dfrac{1}{\omega C}} = \frac{1}{Z_R} + \frac{1}{Z_C}$$

$$Y = Y_R + Y_C$$

LC 并联时

$$\frac{1}{Z} = \frac{1}{\mathrm{j}\omega L} + \frac{1}{-\mathrm{j}\dfrac{1}{\omega C}} = \frac{1}{Z_L} + \frac{1}{Z_C} \qquad Y = Y_L + Y_C$$

【例 5.5.1】 如图 5.5.6 所示的电路中，电流表 A_1 和 A_2 的读数分别为 $I_1 = 6\mathrm{A}$，$I_2 = 8\mathrm{A}$，根据要求计算并画出相应的相量图。

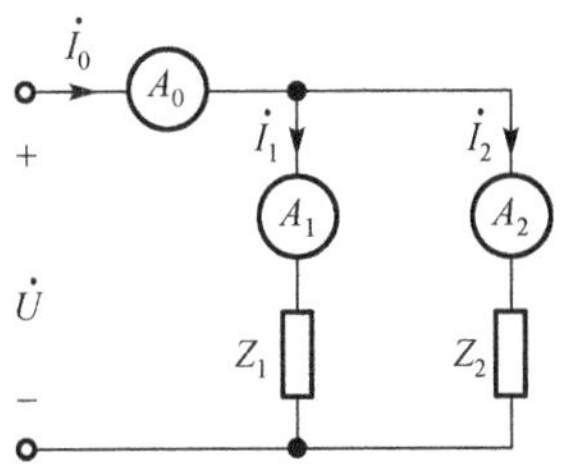

（1）设 $Z_1 = R$，$Z_2 = -\mathrm{j}X_C$，则电流表 A_0 的读数为多少？并求出电压电流夹角。

（2）设 $Z_1 = R$，$Z_2 = \mathrm{j}X_L$，则电流表 A_0 的读数为多少？并求出电压电流夹角。

（3）设 $Z_1 = R$，则 Z_2 为何种元件？取何值时，才能使 A_0 的读数最大？最大值是多少？

（4）设 $Z_1 = \mathrm{j}X_L$，则 Z_2 为何种元件、取何值时，才能使 A_0 的读数最小？最小值是多少？

图 5.5.6　例 5.5.1 电路图

解　Z_1、Z_2 并联，其上电压相同，不妨设为 $\dot{U} = U\underline{/0^\circ}\ \mathrm{V}$。

（1）由于 Z_1 是电阻，电流电压同相；Z_2 是电容，所以 Z_2 中的电流相位超前于电压 90°，RC 并联 $\dot{I} = \dot{I}_R + \dot{I}_C$ 的相量图如图 5.5.7(a) 所示，由电流三角形求得总电流

$$I = \sqrt{I_R^{\,2} + I_C^{\,2}} = \sqrt{I_1^2 + I_2^2} = \sqrt{6^2 + 8^2} = 10\ \mathrm{A}，\quad A_0 \text{读数为 } 10\mathrm{A}，\quad \varphi = -53.1^\circ$$

也可以用相量计算得

$$\dot{I} = \dot{I}_R + \dot{I}_C = 6\underline{/0^\circ} + 8\underline{/90^\circ} = 10\underline{/53.1^\circ}$$

（2）由于 Z_1 是电阻，电流电压同相；Z_2 是电感，所以 Z_2 中的电压相位超前于电流 90°，RL 并联 $\dot{I} = \dot{I}_R + \dot{I}_L$ 的相量图如图 5.5.7(b) 所示，由电流三角形求得总电流

$$I = \sqrt{I_R^{\,2} + I_C^{\,2}} = \sqrt{I_1^2 + I_2^2} = \sqrt{6^2 + 8^2} = 10\ \mathrm{A}，\quad A_0 \text{读数为 } 10\mathrm{A}，\quad \varphi = 53.1^\circ$$

也可以用相量计算得

$$\dot{I} = \dot{I}_R + \dot{I}_L = 6\underline{/0^\circ} + 8\underline{/-90^\circ} = 10\underline{/-53.1^\circ}$$

Z_1、Z_2 中电流同相时，总电流最大，相量图如图 5.5.7(c) 所示，因此，Z_2 为电阻 R_2 时，A_0 读数最大，最大电流

$$I = I_1 + I_2 = 14\ \mathrm{A}，\quad A_0 \text{的读数为 } 14\mathrm{A}$$

且满足 $RI_1 = R_2I_2$，因此　　　　　　　　　　　　　$R_2 = \dfrac{I_1}{I_2}R = \dfrac{3}{4}R$

（4）Z_1、Z_2 中电流反相时，总电流最小，现 Z_1 为电感，则 Z_2 为容抗 X_C 的电容时，A_0 读数最小，相量图如图 5.5.7(d)所示，最小电流

$$I = I_2 - I_1 = 2\text{A}，A_0 \text{ 的读数为 } 2\text{A}$$

且满足 $3X_L = 4X_C$，因此　　　　　　　　　　　　　$X_C = \dfrac{3}{4}X_L$

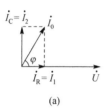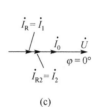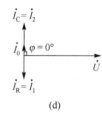

　　　(a)　　　　　　　　　　(b)　　　　　　　　　　(c)　　　　　　　　　　(d)

图 5.5.7　例 5.5.1 的相量图

5.5.3　阻抗的并联等效

如图 5.5.8 所示为 n 个复阻抗 Z_1、$Z_2 \cdots Z_k \cdots Z_n$ 并联电路。

对图 5.5.8 列写 KCL 方程，得

$$\dot{I} = \dot{I}_1 + \dot{I}_2 + \cdots + \dot{I}_k + \cdots + \dot{I}_n$$
$$= \left(\frac{1}{Z_1} + \frac{1}{Z_2} + \cdots + \frac{1}{Z_k} + \cdots + \frac{1}{Z_n}\right)\dot{U}$$
$$= \sum_{k=1}^{n} \frac{1}{Z_k}\dot{U}$$

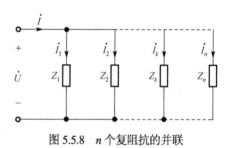

图 5.5.8　n 个复阻抗的并联

由此有

$$\frac{1}{Z} = \frac{1}{Z_1} + \frac{1}{Z_2} + \cdots + \frac{1}{Z_k} + \cdots + \frac{1}{Z_n} = \sum_{k=1}^{n} \frac{1}{Z_k} \tag{5.5.10}$$

总复阻抗为

$$Z_{总} = \frac{1}{\displaystyle\sum_{k=1}^{n} \frac{1}{Z_k}} = \frac{\dot{U}}{\dot{I}} = \frac{U}{I}\underline{/\varphi_u - \varphi_i} = |Z|\underline{/\varphi} \tag{5.5.11}$$

由式（5.5.10）可知，并联电路等效复阻抗倒数等于各支路复阻抗倒数相加。式（5.5.11）也是欧姆定律相量形式，φ 角正负决定电路的性质。

某支路流过的电流按照并联电路分流原理进行分配，即与复阻抗成反比。

由图 5.5.8 可知　　　　　　　　　　　　　$\dot{I} = \dfrac{\dot{U}}{Z_{总}} = \dfrac{\dot{I}_k Z_k}{Z_{总}}$

所以　　　　　　　　　　　　　　　　　　　$\dot{I}_k = \dfrac{Z_{总}}{Z_k}\dot{I} \tag{5.5.12}$

两个复阻抗并联时

$$Z_{总} = \frac{Z_1 Z_2}{Z_1 + Z_2}$$

Z_1 支路分得的电流为

$$\dot{I}_1 = \frac{Z_2}{Z_1 + Z_2} \dot{I}$$

用导纳分析并联电路，如图 5.5.8 所示为 n 个复阻抗 Z_1、$Z_2 \cdots Z_k \cdots Z_n$，先分别算出每个支路的复导纳：$Y_1 = \frac{1}{Z_1}$、$Y_2 = \frac{1}{Z_2} \cdots Y_k = \frac{1}{Z_k} \cdots Y_n = \frac{1}{Z_n}$，然后求 $Y = \frac{1}{Z}$。用导纳计算，式（5.5.10）可表示为如图 5.5.13 所示

$$Y = Y_1 + Y_2 + \cdots + Y_k + \cdots + Y_n = \sum_{k=1}^{n} Y_k \qquad (5.5.13)$$

【例 5.5.2】 如图 5.5.9 所示电路是一个 LC 滤波电路。$R = 20\Omega$，$C = 1\mu F$，$L = 0.1mH$。若输入电压 $u = 10\sin(10^5 t)V$，求（1）电路的等效复阻抗；（2）电路中的总电流 i 及支路电流 i_0。

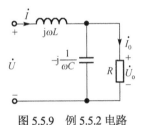

图 5.5.9 例 5.5.2 电路

解 （1） $X_L = \omega L = 10^5 \times 0.1 \times 10^{-3} = 10\Omega$ ；$X_C = \frac{1}{\omega C} = \frac{1}{10^5 \times 1 \times 10^{-6}} = 10\Omega$

$$Z_1 = jX_L = j10\Omega \quad Z_2 = R = 20\Omega \quad Z_3 = -jX_C = -j10\Omega$$

$$Z = Z_2 // Z_3 + Z_1 = \frac{20 \times (-j10)}{20 - j10} + j10 = 4 + j2 = 2\sqrt{5} \underline{/26.57°}\ \Omega$$

$$\dot{I} = \frac{\dot{U}}{Z} = \frac{\frac{10}{\sqrt{2}} \underline{/0°}}{2\sqrt{5}\ \underline{26.57°}} = \frac{\sqrt{10}}{2} \underline{/-26.57°}\ A \quad i = \sqrt{5} \sin(10^5 t - 26.57°)\ A$$

$$\dot{I}_0 = \frac{Z_3}{Z_2 + Z_3} \times \dot{I} = \frac{-j10}{20 - j10} \times \frac{\sqrt{10}}{2} \underline{/-26.57°} = \frac{\sqrt{2}}{2} \underline{/-90°}\ A \quad i_0 = \sin(10^5 t - 90°)\ A$$

5.5.4 正弦电路的并联谐振

并联谐振电路有多种电路，下面通过介绍 RLC 并联谐振电路来了解谐振频率及并联谐振特征。

（1）并联谐振频率

如图 5.5.10 所示为 RLC 并联电路，此电路在正弦稳态下，其输入阻抗为 Z，导纳为 Y。

$$Y(j\omega) = \frac{1}{Z_R} + \frac{1}{Z_L} + \frac{1}{Z_C} = \frac{1}{R} + \frac{1}{j\omega L} + \frac{1}{-j\frac{1}{\omega C}} = \frac{1}{R} + j\left(\omega C - \frac{1}{\omega L}\right) \qquad (5.5.14)$$

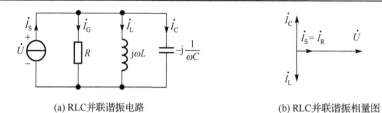

(a) RLC并联谐振电路   (b) RLC并联谐振相量图

图 5.5.10　RLC 并联谐振电路

当电路发生谐振时，端口电压、电流同相，即电路呈电阻性，所以输入导纳 $Y(\mathrm{j}\omega)$ 的虚部为 0，即

$$\omega_0 C - \frac{1}{\omega_0 L} = 0 \quad \text{或} \quad X_L = X_C \tag{5.5.15}$$

谐振角频率为 $\omega_0 = \dfrac{1}{\sqrt{LC}}$ 谐振频率为 $f_0 = \dfrac{1}{2\pi\sqrt{LC}}$ 。 $\tag{5.5.16}$

并联谐振频率 f_0 与串联谐振频率公式一样，与电阻没有关系，改变 L、C 可以改变谐振频率，一般用可调电容来调频。

（2）并联谐振特征

(a)谐振时输入导纳最小，阻抗最大，电路呈电阻性。电容和电感相并联部分的支路相当于开路。由于谐振时输入导纳的虚部为零，所以，由式（5.5.14）得电路的谐振导纳 Y_0 为

$$Y_0(\mathrm{j}\omega) = \frac{1}{R} \quad \text{或} \quad Z_0 = \frac{1}{Y_0} = R$$

(b)并联谐振时，在电流有效值 I_S 不变的情况下，电压 U 为最大，且与电源电流同相。

谐振时最大电压

$$U(\mathrm{j}\omega_0) = \left|Z(\mathrm{j}\omega_0)\right| I_S = R I_S$$

(c)并联谐振时 $\dot{I}_R = \dot{I}_S$，$\dot{I}_L = -\dot{I}_C$，$I_L \approx I_C \gg I_S$，并联谐振也叫电流谐振。

并联谐振时各元件上电流为：

$$\left.\begin{aligned}
\dot{I}_R &= \frac{\dot{U}}{R} = \dot{I}_S \\
\dot{I}_L &= \frac{1}{\mathrm{j}\omega_0 L}\dot{U} = -\mathrm{j}\frac{1}{\omega_0 L}R\dot{I}_S \overset{\triangle}{=} -\mathrm{j}Q\dot{I}_S \\
\dot{I}_C &= \frac{1}{-\mathrm{j}\dfrac{1}{\omega_0 C}}\dot{U} = \mathrm{j}\frac{1}{\dfrac{1}{\omega_0 C}}R\dot{I}_S \triangleq \mathrm{j}Q\dot{I}_S
\end{aligned}\right\} \tag{5.5.17}$$

式中，Q 称为 RLC 并联谐振电路的品质因素

$$Q = \frac{I_L}{I_S} = \frac{I_C}{I_S} = \frac{R}{\omega_0 L} = \frac{R}{\dfrac{1}{\omega_0 C}} \tag{5.5.18}$$

并联谐振时 $\dot{I}_R = \dot{I}_S$、$\dot{I}_L = -\dot{I}_C$、$I_L \approx I_C \gg I_S$，其大小为电源电流的 Q 倍，故并联谐振也称为**电流谐振**。电源电流全加在电阻 R 上，电感与电容并联部分与电源脱离，电感与电容互相交换能量。并联谐振时相量图如图 5.5.10(b)所示。

不同 Q 值时的阻抗谐振曲线如图 5.5.11 所示，谐振时输入阻抗最大。

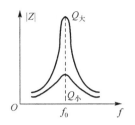

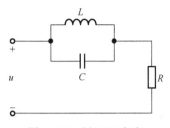

图 5.5.11 　不同 Q 值时的阻抗谐振曲线 　　　　　　图 5.5.12 　例 5.5.3 电路

【例 5.5.3】 电路如图 5.5.12 所示，外加电压含有 400Hz 和 1000Hz 两种频率的信号，若要滤掉 1000Hz 的信号，使电阻 R 上只有 400Hz 的信号，若 $L = 10\,\text{mH}$，C 值应是多少？

解 只要使 1000Hz 的信号在 LC 并联电路中产生并联谐振，$Z_{\text{LC}} \to \infty$，该信号便无法通过，从而使 R 上只有 400Hz 的信号，由谐振频率的公式求得

$$C = \frac{1}{4\pi^2 f_0^2 L} = \frac{1}{4 \times 3.14^2 \times 1000^2 \times 10 \times 10^{-3}}$$

$$= 2.54 \times 10^{-6}\,\text{F} = 2.54\,\mu\text{F}$$

练习与思考

5.5.1　如图 5.5.13 所示的电路，已知该网络 N 的等效导纳 $Y = 2.5 - \text{j}5\text{S}$，$\omega = 2\text{rad/s}$，N 可以用一个电阻元件和一个电容（或电感）并联组合来等效，问这个电阻等于多少？电容或电感的参数为多少？

5.5.2　如图 5.5.2 所示 RLC 并联正弦交流电路中，各支路电流有效值 $I_R = I_L = I_C = 5\,\text{A}$，当电压频率增加一倍而保持其有效值不变时，各电流有效值应变为多少？

图 5.5.13 　练习与思考 5.5.1 的图

5.5.3　如图 5.5.14 所示正弦交流电路中，已知：$\dot{U} = 100\underline{/0^\circ}\,\text{V}$，$X_L = X_C = R = 5\Omega$，图中 $\dot{I}_C$ 为多少？

5.5.4　如图 5.5.15 所示的正弦稳态电路中，已知 $R = 1\Omega$，$C = 0.5\,\text{F}$，$u_S = 10\sqrt{2}\sin(2t + 45^\circ)\text{V}$，电感电压 u_L 超前电容电压 u_C 的相位角为多少度？

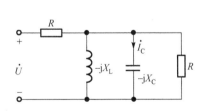

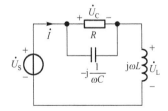

图 5.5.14 　练习与思考 5.5.3 的电路 　　　　　　图 5.5.15 　练习与思考 5.5.4 的图

5.6 　正弦稳态电路的分析

第 1 章和第 2 章介绍的电路等效变换方法、一般电路的分析方法、电路定理均可以由直流电路推广应用于正弦交流电路中。区别仅在于交流电路中激励是正弦交流电，各部分响应也是正弦交流电，

采用相量的方式来分析计算。具体处理方法是：电压、电流写成相量形式，电阻、电感、电容写成复阻抗的形式，然后利用第 1 章和第 2 章介绍的分析线性电阻电路的分析方法和定理来分析计算。要注意参与计算的是复数。由于复数计算比较麻烦，解方程困难，最好利用叠加定理把多电源电路化为单电源电路，然后用 5.4 节和 5.5 节介绍的方法来计算，如【例 5.6.2】所示。如果求多电源复杂中的电路一条支路的电流，采用戴维南定理比较方便，如【例 5.6.1】所示。

【例 5.6.1】 用戴维南定理求如图 5.6.1(a)所示电路中电容支路的电流 $\dot{I}$ 。

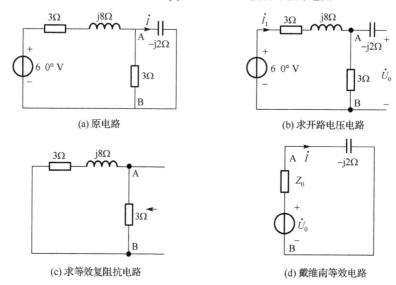

(a) 原电路

(b) 求开路电压电路

(c) 求等效复阻抗电路

(d) 戴维南等效电路

图 5.6.1　例 5.6.1 的图

解　将电容支路开路，如图 5.6.1(b)所示，求开路电压 U_0 。

$$\dot{I}_1 = \frac{6\underline{/0^\circ}}{3+j8+3} = 0.6\underline{/-53.1^\circ}\text{A} ; \qquad \dot{U}_0 = 3\dot{I}_1 = 1.8\underline{/-53.1^\circ}\text{V}$$

将理想电压源短路，如图 5.6.1(c)所示，求 A、B 之间的等效复阻抗 Z_0 。

$$Z_0 = \frac{(3+j8)\times 3}{3+j8+3} = 2.46 + j0.72\Omega$$

从而得到戴维南等效电路如图 5.6.1(d)所示。

所以

$$\dot{I} = \frac{\dot{U}_0}{Z_0 - j2} = \frac{1.8\underline{/-53.1^\circ}}{2.46 - j1.28} = 0.65\underline{/-25.63^\circ}\text{A}$$

【例 5.6.2】 如图 5.6.2(a)所示正弦交流电路中，$\dot{I}_S = 35\underline{/0^\circ}\text{A}$ ，$\dot{U}_S = 70\underline{/0^\circ}\text{V}$ ，$R = 50\Omega$ ，$X_C = 20\Omega$ ，$X_L = 6\Omega$ ，用叠加定理求电感支路的电流 $\dot{I}$ 。

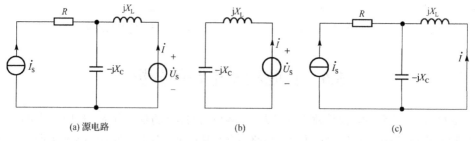

(a) 源电路

(b)

(c)

图 5.6.2　例 5.6.2 电路

解　令原电路的独立电源分别作用，如图 5.6.2(b)和(c)所示，则

如图 5.6.2(b)

$$\dot{I}' = \frac{\dot{U}_S}{Z} = \frac{70\underline{/0^\circ}}{\mathrm{j}6 - \mathrm{j}20} = \mathrm{j}5\ \mathrm{A} = 5\ \underline{/90^\circ}\ \mathrm{A}$$

如图 5.6.2(c)

$$\dot{I}'' = -\dot{I}_S \times \frac{-\mathrm{j}X_C}{\mathrm{j}X_L - \mathrm{j}X_C} = -35\underline{/0^\circ} \times \frac{-\mathrm{j}20}{\mathrm{j}6 - \mathrm{j}20} = -50\mathrm{A}$$

由叠加定理

$$\dot{I} = \dot{I}' + \dot{I}'' = -50 + \mathrm{j}5 = 50.25\underline{/174.29^\circ}\ \mathrm{A}$$

练习与思考

5.6.1　列出图 5.6.3 电路的网孔电流方程。

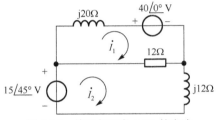

图 5.6.3　练习与思考 5.6.1 的电路

5.7　正弦稳态电路的功率

此节首先介绍电阻元件、电感元件、电容元件 3 种基本电路元件的功率。让大家了解交流电路的瞬时功率（小写 p 表示）、有功功率（大写 P 表示）、无功功率（大写 Q 表示）的概念和计算方法。然后介绍串联交流电路、并联交流电路及复杂交流电路的功率计算。由于有功功率的大小与功率因数有关，最后讨论功率因数的提高。

5.7.1　3 种基本电路元件的功率

1. 电阻元件的功率

对于如图 5.7.1(a)所示电阻元件，因为电阻的 u、i 同相，设

$$i = I_m\sin\omega t, \quad \text{则 } u = U_m\sin\omega t$$

瞬时功率（小写 p 表示）：电阻元件吸收的瞬时功率 p 等于电压 u 与电流 i 的乘积。瞬时功率的单位是瓦特（W）。

$$
\begin{aligned}
p = p_R = ui &= U_m I_m \sin^2\omega t \\
&= \frac{U_m I_m}{2}(1 - \cos 2\omega t) \\
&= UI(1 - \cos 2\omega t)
\end{aligned}
\tag{5.7.1}
$$

电阻的 u、i 同相，波形图如图 5.7.1(b)所示，由于电压电流同时正或者同时负，所以电阻上的功

率恒为正，永远为负载，永远为取用功率，电阻从电源取用功率转换为热能。功率波形图如图 5.7.1(b) 所示。

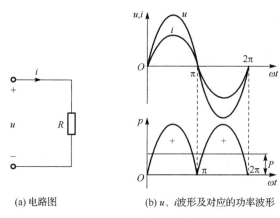

(a) 电路图　　　　　　(b) u、i 波形及对应的功率波形

图 5.7.1　电阻元件

电阻元件在一个周期内转换成的热量

$$\begin{cases} W = \displaystyle\int_0^T p\,\mathrm{d}t \\ W = Pt \end{cases}$$

如图 5.7.1(b)所示的功率波形等效为一个长方形，长方形的高就是 P。P 表示瞬时功率 p 在一个周期内的平均值，称为平均功率（又称为有功功率）（大写 P 表示）。有功功率的单位是瓦特（W）。

$$P = \frac{1}{T}\int_0^T p\,\mathrm{d}t = \frac{1}{T}\int_0^T UI(1-\cos 2\omega t)\mathrm{d}t = UI = RI^2 = \frac{U^2}{R} \tag{5.7.2}$$

电阻元件对直流电和交流电一视同仁，公式形式一样，都是 $P = UI = I^2 R = U^2/R$，但是在交流电路里电压电流是有效值参与计算。只有电阻有有功功率，电感和电容都没有有功功率。

2. 电感元件的功率

对于如图 5.7.2(a)所示电感元件，因为电感的电压超前于电流 $90°$，设

$$i = I_\mathrm{m}\sin\omega t，则 u = U_\mathrm{m}\sin(\omega t + 90°)$$

电感的瞬时功率

$$\begin{aligned} p &= ui = U_\mathrm{m} I_\mathrm{m}\sin\omega t\sin(\omega t + 90°) \\ &= U_\mathrm{m} I_\mathrm{m}\sin\omega t\cos\omega t \\ &= \frac{1}{2} U_\mathrm{m} I_\mathrm{m}\sin 2\omega t \\ p &= UI\sin 2\omega t \end{aligned} \tag{5.7.3}$$

电感的 u 超前于 i $90°$，波形图如图 5.7.2(b)所示，瞬时功率有正有负，在一个周期内的储能和放能过程可分为 4 个阶段分析。由于电压电流在 ωt 为 $0°\sim 90°$ 时同时为正，$180°\sim 270°$ 同时为负，这时电感的功率为正，电感储藏磁场能，处于负载的状态；当 ωt 为 $90°\sim 180°$、$270°\sim 360°$ 时，电压电流一正一负，这时电感的功率为负，电感放出能量，相当于电源的作用。电感的电压电流以 ω 的速度变化，功率以 2ω 的速度变化。

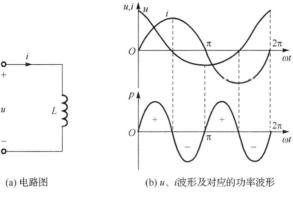

(a) 电路图   (b) u、i波形及对应的功率波形

图 5.7.2 电感元件

电感的有功功率（平均功率）

$$P = \frac{1}{T}\int_0^T p\,\mathrm{d}t = \frac{1}{T}\int_0^T UI\sin\omega t\,\mathrm{d}t = 0 \tag{5.7.4}$$

电感是储能元件，有功功率为 0，不消耗能量，与电源间只有能量的互换。

电感的无功功率（大写的 Q 表示）：电感元件和电源之间互相交换的那部分能量，用无功功率来描述。大小等于瞬时功率的最大值。

$$\text{因为 } p = UI\sin 2\omega t \qquad \text{所以 } Q = UI = I^2 X_L = \frac{U^2}{X_L} \tag{5.7.5}$$

式中，无功功率的单位为乏（Var）或千乏（kVar）。

电感元件 L 对直流电和交流电大不一样。对直流电相当于短路（没有电压，所以没有无功功率）。对交流电表现为一个感抗：$X_L = \omega L$，用无功功率来描述它的能量。

3. 电容元件的功率

对于如图 5.7.3(a)所示电容元件，因为电容的电流超前于电压 90°，设

$$i = I_m\sin(\omega t + 90°)，\text{则 } u = U_m\sin(\omega t)$$

电容的瞬时功率

$$p = ui = U_m I_m\sin\omega t\sin(\omega t + 90°)$$
$$p = UI\sin 2\omega t \tag{5.7.6}$$

电容的 i 超前于 u 90°，波形图如图 5.7.3(b)所示，瞬时功率有正有负，在一个周期内储能和放能过程可分为 4 个阶段分析。电压电流在 ωt 为 0°～90°时同时为正，180°～270°同时为负，这时电容的功率为正，电容充电储藏电场能量，处于负载的状态；当 ωt 为 90°～180°、270°～360° 时，电压电流一正一负，这时电容的功率为负，电容放电放出能量，相当于电源的作用。功率波形图如图 5.7.3(b)所示。电容的电压电流以 ω 的速度变化，功率以 2ω 的速度变化。

有功功率（平均功率）

$$P = \frac{1}{T}\int_0^T p\,\mathrm{d}t = \frac{1}{T}\int_0^T UI\sin 2\omega t\,\mathrm{d}t = 0 \tag{5.7.7}$$

电容是储能元件，有功功率为 0，不消耗能量，与电源间只有能量的互换。

无功功率 Q：电源与电容间能量互换的规模用无功功率 Q 来衡量。电容的无功功率 Q 取负值，大小等于瞬时功率的最大值。

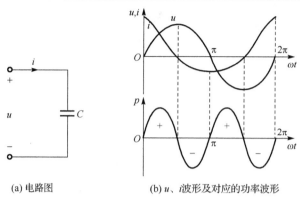

(a) 电路图　　　　　　　　(b) u、i 波形及对应的功率波形

图 5.7.3　电容元件

因为 $p = UI \sin 2\omega t$　　　所以 $Q = -UI = -I^2 X_C = -\dfrac{U^2}{X_C}$　　　　　　　(5.7.8)

电容元件 C 对直流电和交流电大不一样。对直流电相当于开路（没有电流，所以没有无功功率）。对交流电表现为一个容抗：$X_C = \dfrac{1}{\omega C}$，用无功功率来描述它的能量。

5.7.2　串联交流电路的功率

串联交流电路都可以等效为如图 5.7.4(a)所示的 RLC 串联电路。

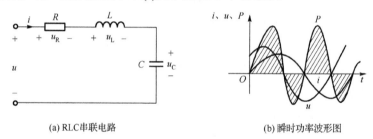

(a) RLC串联电路　　　　　　　　(b) 瞬时功率波形图

图 5.7.4　　RLC 串联电路

1. 瞬时功率

如图 5.7.4(a)所示无源的 RLC 串联单端口电路，设电压、电流的相位差为 $\varphi = \psi$。则

$$u = \sqrt{2}U \sin(\omega t + \psi); \quad i = \sqrt{2}I \sin \omega t$$

它吸收的瞬时功率 p 等于电压 u 与电流 i 的乘积

$$p(t) = ui = U_m I_m \sin(\omega t + \varphi) \sin \omega t$$
$$= UI \cos\varphi[1 - \cos(2\omega t)] + UI \sin\varphi \sin(2\omega t)$$

(5.7.9)

图 5.7.4(b)是电压、电流、功率瞬时值波形图。当 $\varphi \neq 0$ 时，电压电流同相时功率为正，但在一个周期里有两段时间 u 和 i 方向相反，这时功率为负，说明电路不吸收能量，而是发出能量，主要是因为负载中有储能元件存在。瞬时功率表示任一瞬间的功率，实际意义不大。

2. 有功功率 P

有功功率是瞬时功率在一个周期内的平均值。即

$$P = \frac{1}{T}\int_0^T p\mathrm{d}t = \frac{1}{T}\int_0^T [UI\cos\varphi - UI\cos(2\omega t + \varphi)]\mathrm{d}t \qquad (5.7.10)$$
$$P = UI\cos\varphi = U_\mathrm{R}I = I^2 R$$

式（5.7.10）代表正弦稳态电路平均功率的一般形式，式中电压与电流的相位差 $\varphi - \psi_u - \psi_i$ 称为该端口的功率因数角，$\cos\varphi$ 称为该端口的功率因数。电路消耗的功率不仅与电压、电流的大小有关，而且与功率因素角有关。

只有电阻有有功功率，所以，如果能知道串联电路里电阻的电压和电流，所有电阻的功率之和就是整个网络的有功功率。

3. 无功功率 Q

无功功率用来衡量一端口网络与电源之间能量互相交换的规模，无功功率等于电容的无功功率与电感的无功功率之和。由电压三角形有

$$Q = U_\mathrm{L}I - U_\mathrm{C}I = (U_\mathrm{L} - U_\mathrm{C})I = I^2(X_\mathrm{L} - X_\mathrm{C}) \qquad (5.7.11)$$
$$Q = UI\sin\varphi$$

式（5.7.11）代表正弦稳态电路无功功率的一般形式，电路与电源之间互相交换的能量不仅与电压、电流的大小有关，而且与电压、电流的相位差的正弦函数的大小有关。

一般地，对感性负载，$0° < \varphi < 90°$，有 $Q > 0$；对容性负载，$-90° < \varphi < 0°$，有 $Q < 0$。

4. 视在功率 S

电力设备容量的大小用单端口电路的电流有效值与电压有效值的乘积视在功率来描述，用 S 表示。即

$$S = UI = I^2|Z| \qquad (5.7.12)$$

额定电压、额定电流相乘就是额定视在功率。在国际单位制（SI）中，视在功率的单位用伏安（VA）或千伏安（kVA）表示。

5. 功率三角形

有功功率 P、无功功率 Q、视在功率 S 之间存在着下列关系

$$P = UI\cos\varphi = S\cos\varphi$$
$$Q = UI\sin\varphi = S\sin\varphi$$
$$S^2 = P^2 + Q^2$$

故
$$\varphi = \arctan\left(\frac{Q}{P}\right)$$

可见 P、Q、S 可以构成一个直角三角形，称为功率三角形，如图 5.7.5(a) 所示，图 5.7.5(b) 是 RLC 串联电路功率电压阻抗三角形比较，几个三角形的夹角都是 $\varphi = \psi_u - \psi_i$。

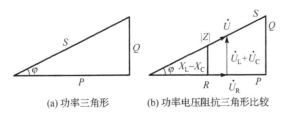

(a) 功率三角形　　　(b) 功率电压阻抗三角形比较

图 5.7.5　3 个三角形比较

在正弦稳态电路中所说的功率，如不加特殊说明，均指平均功率即有功功率。

6. 串联谐振时电路的功率

谐振时 $\varphi = 0$ ，电路呈电阻性。

瞬时功率：由式（5.7.9）得

$$p = ui = UI\cos\varphi - UI\cos(2\omega t + \varphi)$$
$$= UI(1 - \cos 2\omega t)$$

比较式（5.7.1）不难发现与电阻的瞬时功率公式一样。

有功功率：由式（5.7.10）得

$$P = UI_0\cos\varphi = UI_0 = I_0^2 R = \frac{U^2}{R}$$

比较式（5.7.2）不难发现与电阻的**有功功率**公式一样。

无功功率： $Q = UI_0\sin\varphi = 0$ 故有 $Q_L = -Q_C$ （ Q_C 是负值）。

串联谐振时，电路呈电阻性，电路中只有电阻消耗有功功率，电路没有无功功率，与电源之间没有能量的互相交换，仅在 L、C 之间进行磁场能和电场能的交换。

【例 5.7.1】 RL 串联电路中，已知 $f = 50$Hz， $R = 200\Omega$ ，电感 $L = 1$H，端电压的有效值 $U = 220$V。试求电路的功率因数、有功功率、无功功率、视在功率。

解 电路的阻抗

$$Z = R + j\omega L = (200 + j2\pi \times 50 \times 1)\,\Omega$$
$$= (200 + j314)\,\Omega = 372.3\underline{/57.5°}\,\Omega$$

由阻抗角 $\varphi = 57.5°$ ，得功率因数为 $\cos\varphi = \cos 57.5° = 0.54$

电路中电流的有效值为

$$I = \frac{U}{|Z|} = \frac{220}{372.3}\,\text{A} = 0.591\text{A}$$
$$P = UI\cos\varphi = 220 \times 0.591 \times 0.54\,\text{W} = 70.2\text{W}$$
$$Q = UI\sin\varphi = 220 \times 0.591 \times \sin 57.5°\,\text{var} = 109.7°\text{var}$$
$$S = UI = 220 \times 0.591 = 130.02\text{V}\cdot\text{A}$$

5.7.3 串并联电路的功率

对于如图 5.7.6(a)所示串并联电路，计算功率有两种方法，一种方法是利用串并关系，把电路的等效复阻抗求出来。总可以求得一个复阻抗，其实部为阻 R_{eq} ，虚部为抗 X_{eq} ， $Z = R_{eq} + jX_{eq} = |Z|\underline{/\varphi}$ 角就是电压电流的夹角， $\varphi = \psi_u - \psi_i$ 。

设 $Z = R_{eq} + jX_{eq} = |Z|\underline{/\varphi}$ 。

电路就简单变换成相当于 R_{eq} 和 X_{eq} 串联的电路，图 5.7.6(b)所示。利用 5.7.2 节串联交流电路的功率计算方法就可以求解。

另一种方法是把电阻、电感、电容的电流或电压分别求出来，设电阻、电感、电容的电流分别为 I_R、I_L、I_C，电压分别为 U_R、U_L、U_C，因为电阻才有有功功率，储能元件才有无功功率，注意电感无功功率为正，电容无功功率为负。如果电路里有多个电阻、电感、电容元件，则分别求它们的功率之和。则 3 种功率为

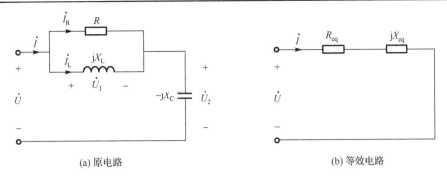

(a) 原电路　　　　　　　　　　　　　　　　(b) 等效电路

图 5.7.6　串并联电路例

有功功率

$$P = \sum U_R I_R = \sum I_R^2 R = \sum \frac{U_R^2}{R}$$

无功功率

$$Q = \sum U_L I_L - \sum U_C I_C = \sum I_L^2 X_L - \sum I_C^2 X_C = \sum \frac{U_L^2}{X_L} - \sum \frac{U_C^2}{X_C}$$

视在功率

$$S = UI \quad 或 \quad S = \sqrt{P^2 + Q^2}$$

并联谐振时，电路的功率与串联谐振是一样的情况。

【例 5.7.2】　如图 5.7.6 电路中，已知 $\dot{U}_2 = 100\underline{/0°}$ V，$X_C = 10Ω$，$R = X_L = 8Ω$。求（1）电流 $\dot{I}$ 和电压 $\dot{U}_1$、$\dot{U}$，并画出它们的相量图。（2）求有功功率、无功功率、视在功率。

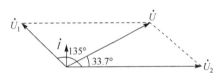

图 5.7.7　例 5.7.2 的相量图

　解　（1）由图 5.7.6 可知，流过电容的电流为

$$\dot{I} = \frac{\dot{U}_2}{-jX_C} = \frac{100\underline{/0°}}{-j10} = j10\text{A} = 10\underline{/90°}\ \text{A}$$

$$\dot{U}_1 = (R//jX_L)\dot{I} = \frac{8 \cdot j8}{8 + j8} \cdot j10\text{V} = 40\sqrt{2}\underline{/135°}\ \text{V}$$

$$\dot{U} = \dot{U}_1 + \dot{U}_2 = 40\sqrt{2}\underline{/135°} + 100\underline{/0°}\ \text{V} = 60 + j40\text{V} = 20\sqrt{13}\underline{/33.7°}\ \text{V}$$

相量图如图 5.7.7 所示。

（2）求功率可以有两种方法

方法一：

等效阻抗为

$$Z = R//jX_L - jX_C = 8//j8 - j10 = 4 + j4 - j10 = 4 - j6$$

$$\varphi = \psi_u - \psi_i = 33.7° - 90° = -56.3°$$

有功功率

$$P = UI\cos\varphi = 20\sqrt{13} \times 10 \times \frac{2}{\sqrt{13}}\text{W} = 400\text{W}$$

无功功率

$$Q = UI\sin\varphi = 20\sqrt{13} \times 10 \times \left(-\frac{3}{\sqrt{13}}\right) \text{var} = -600 \text{var}$$

视在功率

$$S = UI = 20\sqrt{13} \times 10 \text{V} \cdot \text{A} = 200\sqrt{13} \text{V} \cdot \text{A}$$

方法二：

有功功率

$$P = \frac{U_\text{R}^2}{R} = \frac{U_1^2}{R} = \frac{(40\sqrt{2})^2}{8}\text{W} = 400\text{W}$$

无功功率

$$Q = \frac{U_\text{L}^2}{X_\text{L}} - \frac{U_\text{C}^2}{X_\text{C}} = \frac{U_1^2}{X_\text{L}} - \frac{U_2^2}{X_\text{C}} = \frac{(40\sqrt{2})^2}{8} - \frac{100^2}{10} = -600\text{var}$$

视在功率

$$S = \sqrt{P^2 + Q^2} = \sqrt{400^2 + 600^2}\text{V} \cdot \text{A} = 200\sqrt{13}\text{V} \cdot \text{A}$$

5.7.4　提高功率因素的措施

1. 功率因数提高的意义

电气设备输出的有功功率与负载的功率因数有关，$\cos\varphi$ 取值是 $0\sim1$，φ 由电路参数决定，只有电阻性负载 $\cos\varphi = \arctan\dfrac{X_\text{L} - X_\text{C}}{R} = 1$，$\cos\varphi$ 大，输出有功多，设备的利用率高，反之，设备的利用率低。例如，一台 1000 kVA 的变压器，当负载的功率因数 $\cos\varphi = 0.95$ 时，变压器提供的有功功率为 950kW；当负载的功率因数 $\cos\varphi = 0.5$ 时，变压器提供的有功功率只有 500kW。可见若要充分利用设备的容量，应提高负载的功率因数。

功率因数还影响输电线路电能损耗和电压损耗，根据 $I = \dfrac{P}{U\cos\varphi}$，功率因数小，$I$ 大，线路功率损耗 $\Delta P = I^2 r$ 大大升高；输电线路上的压降 $\Delta U = Ir$ 增大，加到负载上的电压降低，影响负载的正常工作。

可见，提高功率因数是十分必要的，功率因数提高可充分利用电气设备，提高供电质量。

2. 功率因数提高的方法

φ 是电压电流相位差，由电路参数决定。

$$\varphi = \arctan\frac{X_\text{L} - X_\text{C}}{R} \tag{5.7.13}$$

$\cos\varphi$ 不高，是因为大部分负载都是电感性负载，如日光灯、电机。电感性负载的 $\cos\varphi < 1$，是因为负载本身要和电源交换能量，需要一定的无功功率 $Q = UI\sin\varphi$。要提高 $\cos\varphi$，可以想办法减小电源电压电流相位差 φ，减小无功功率，电容的电压与电感电压反相，且无功功率是负值，所以提高电网的功率因数方法是在感性负载两端并联电容，减少了电源与负载之间的能量互换，感性负载所需的无功功率大部分或部分由电容提供，大部分能量互相交换在电感和电容之间进行。

如图 5.7.8(a)所示一个电阻为 R，电感为 L 的感性负载 Z，接在电压为 $\dot{U}$，电流为 $\dot{I}$ 的电源上，其有功功率为 P，功率因数为 $\cos\varphi_1$，如要将电路的功率因数提高到 $\cos\varphi_2$，就应采用在负载 Z 的两端并联电容 C 的方法实现。下面讨论并联电容 C 后负载情况和并联电容 C 的计算方法。

并联电容 C 之前，感性负载的功率因数角为 φ_1，电路的有功功率为 $P_1 = UI_1\cos\varphi_1 = I_1^2 R$（此时 I_1 等于 I），所以电路的无功功率 $Q_1 = UI\sin\varphi_1 = P\tan\varphi_1$，并电容前阻抗三角形、相量图如图 5.7.8(b) 所示。并联电容 C 后，整个并联电路的功率因数角为 φ_2，电路的有功功率为 $P_2 = UI\cos\varphi_2 = I_1^2 R$，电路的无功功率 $Q_2 = P\tan\varphi_2$，并电容后相量图如图 5.7.8(c)所示。由于只有电阻有有功功率，并电容前后电路的电阻没有改变，电路的有功功率不变，所以 Q_1、Q_2 公式中的有功功率不变。并电容前后电感负载的电流和功率因数实际上也是没有改变的，如式（5.7.14）所示。

$$I_1 = \frac{U}{\sqrt{R^2 + X_L^2}}; \quad \cos\varphi_1 = \frac{R}{\sqrt{R^2 + X_L^2}}; \quad P = I_1^2 R \qquad (5.7.14)$$

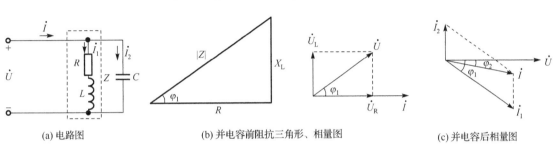

(a) 电路图　　　　　　(b) 并电容前阻抗三角形、相量图　　　　　(c) 并电容后相量图

图 5.7.8　感性负载并联电容提高功率因数

并联电容 C 之后，由图 5.7.8(c)相量图可以看出，线路电流减小，线路损耗减小，视在功率也减小。功率因数角 φ_2 减小，$\cos\varphi_2$ 增加，因此，电网或电源的功率因数提高了，而负载的功率因数没有改变。

如图 5.7.9 所示是功率三角形，用电容进行无功补偿后，电路吸收的无功功率减少。减少量为 ΔQ

$$\Delta Q = P(\tan\varphi_1 - \tan\varphi_2) \qquad (5.7.15)$$

并联电容提供的无功功率 $Q_C = I_2^2 X_C = U^2\omega C$，由于负载没有改变，负载 Z 吸收的无功功率 $Q_1 = Q_2 + \Delta Q$ 不变。由于无功功率守恒，电路减少的无功功率为并联电容提供的无功功率

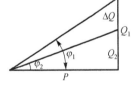

图 5.7.9　无功功率关系

$$Q_C = \Delta Q \quad 即 \quad U^2\omega C = P(\tan\varphi_1 - \tan\varphi_2)$$

并联电容 C 为

$$C = \frac{P(\tan\varphi_1 - \tan\varphi_2)}{\omega U^2} \qquad (5.7.16)$$

式（5.7.16）为单相正弦交流电路提高功率因数计算所需并联电容 C 的表达式。

用电容进行无功补偿后，功率因数补偿到什么程度比较恰当？理论上可以补偿成以下 3 种情况：（1）欠补偿。电路呈感性，$\varphi > 0$，$\cos\varphi > 1$；（2）完全补偿。电路呈电阻性，$\varphi = 0$，$\cos\varphi = 1$；（3）过补偿。电路呈电容性，$\varphi < 0$，$\cos\varphi < 1$。当 $\cos\varphi = 1$，一般情况下很难做到完全补偿，在 φ 角相同的情况下，补偿成容性要求使用的电容容量更大，经济上不合算，所以一般工作在欠补偿状态比较恰当。

【例 5.7.3】 有一台 220V，50Hz，50kW 的电动机，功率因数为 0.9。（1）在使用时，电源提供的电流是多少？无功功率是多少？（2）如欲使功率因数达到 0.95，需要并联的电容器电容值是多少？此时电源提供的电流是多少？电源电流改变了多少？电源提供的无功功率是多少？

解 （1）由于 $P = UI\cos\varphi$

电源提供的电流

$$I_L = \frac{P}{U\cos\varphi} = \frac{50\times10^3}{220\times0.9}\text{A} = 252.53\text{A}$$

无功功率

$$Q = UI\sin\varphi = 220\times252.53\times\sqrt{1-0.9^2} = 24.22\text{kvar}$$

（2）使功率因数提高到 0.95 时所需并联电容容量为

$$C = \frac{P}{\omega U^2}(\tan\varphi_1 - \tan\varphi_2) = \frac{50\times10^3}{314\times220^2}(0.48-0.33) = 493.5\mu\text{F}$$

此时电源提供的电流

$$I = \frac{P}{U\cos\varphi} = \frac{50\times10^3}{220\times0.95}\text{A} = 239.23\text{A}$$

电源电流改变量

$$\Delta I = 252.53 - 239.23\text{A} = 13.3\text{A}$$

电源提供的无功功率

$$Q = UI\sin\varphi = 220\times239.23\times\sqrt{1-0.95^2} = 16.43\,k\text{var}$$

*5.7.5 复功率

如图 5.7.10 所示的无源二端网络，设 $\dot{U} = U\underline{/\varphi_u}$，$\dot{I} = I\underline{/\varphi_i}$，$\dot{I}^* = I\underline{/-\varphi_i}$（电流相量 $\dot{I}$ 的共轭复数），对于无源二端网络无论它是串联、并联还是混联，总可以等效为一个复阻抗 Z。无源二端网络电压相量和电流相量的共轭复数的乘积定义为该二端网络的复功率，记为 $\overline{S}$。复功率的单位是 V·A。则：

$$\overline{S} = \dot{U}\dot{I}^* = UI\;(\varphi_u - \varphi_i) = UI\underline{/\varphi_Z} = UI\cos\varphi_Z - jUI\sin\varphi_Z = P + jQ \tag{5.7.17}$$

由此看出，复功率是复数，它的模是视在功率，幅角是阻抗角，其实部是有功功率，虚部是无功功率。只要知道电路的电压电流相量，就可以计算出 3 个功率了。显然，复功率把有功功率、无功功率、视在功率这个直角三角形有机地结合在一起，可以用来帮助计算电路的功率。但复功率不是正弦量。复功率适合于单个元件、一条支路或一个二端网络。

图 5.7.10 二端网络

复功率 $\overline{S}$ 也可以表示为以下形式

$$\overline{S} = \dot{U}\dot{I}^* = Z\dot{I}\dot{I}^* = I^2Z \qquad \text{或} \qquad \overline{S} = \dot{U}\dot{I}^* = \dot{U}(\dot{U}Y)^* = \dot{U}\dot{U}^*Y^* = U^2Y^* \tag{5.7.18}$$

复功率守恒定律：在正弦稳态下，任一电路的所有支路吸收的复功率之和为零。即电源产生的复功率等于负载所有支路吸收的复功率之和。可以用下式表示

$$\sum_{k=1}^{b}\overline{S}_k = \sum_{k=1}^{b}(P_k + jQ_k) = 0 \qquad \text{则有} \quad \begin{cases} \displaystyle\sum_{k=1}^{b}P_k = 0 \\ \displaystyle\sum_{k=1}^{b}Q_k = 0 \end{cases} \tag{5.7.19}$$

需要注意的是，复功率、有功功率、无功功率是守恒的，视在功率不守恒。即一般情况下

$$S \neq \sum_{k=1}^{b} S_k$$

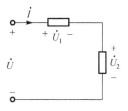

如图 5.7.11 所示的电路，正弦电流电路中总的复功率等于各部分复功率之和。

$$\overline{S} = \dot{U}\dot{I}^* = (\dot{U}_1 + \dot{U}_2)\dot{I}^*$$
$$= \dot{U}_1\dot{I}^* + \dot{U}_2\dot{I}^*$$
$$= \overline{S}_1 + \overline{S}_2$$

图 5.7.11 复功率守恒示例电路

$$\begin{cases} S = UI \\ S_1 + S_2 = U_1I + U_2I = (U_1 + U_2)I \end{cases}$$
一般情形下　$\begin{aligned} U &\neq U_1 + U_2 \\ S &\neq S_1 + S_2 \end{aligned}$

练习与思考

5.7.1　某电路加上 $U = 110\text{V}$ 的电压，其视在功率 $S = 500\text{VA}$。如果该电路的功率因素为 0.5，问电流 I 和有功功率 P、无功功率 Q 为多少？

5.7.2　RL 串联正弦交流电路中，$Z = 5 + \text{j}5\Omega$，电源电压相量 $\dot{U} = 10\underline{/30°}\,\text{V}$，求电源供出的平均功率 P 和功率因素。

5.7.3　如图 5.7.12 所示正弦交流电路中，$R = X_\text{C} = 5\Omega$，$\dot{I}_{\text{S1}} = 10\underline{/0°}\,\text{A}$，$\dot{I}_{\text{S2}} = 10\underline{/90°}\,\text{A}$，求两电流源供出的平均功率 P。

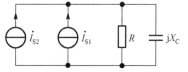

图 5.7.12　练习与思考 5.7.3 电路

习　　题

5.1.1　下列电压、电流间的相位差为多少？

（1）$u_1 = 10\sin\left(\omega t + \dfrac{\pi}{4}\right)$,　　　$i_1 = 30\sin\left(\omega t - \dfrac{\pi}{4}\right)$

（2）$u_2 = 40\sin\left(\omega t + \dfrac{\pi}{6}\right)$,　　　$i_2 = 10\cos\left(\omega t - \dfrac{\pi}{3}\right)$

（3）$u_3 = 50\sin\left(\omega t - \dfrac{\pi}{3}\right)$,　　　$i_3 = 100\sin\left(\omega t - \dfrac{\pi}{6}\right)$

5.1.2　正弦电压 u_1、u_2 的波形如图 5.01 所示。（1）写出 u_1、u_2 的瞬时表达式（角频率为 ω）；（2）求 u_1 与 u_2 的相位差；（3）说明 u_1、u_2 哪个超前？哪个滞后？

5.1.3　写出正弦波电压 u 的瞬时值表达式，并画出波形图。其最大值为 200V，频率为 50Hz，在 $t = 0$ 时刻的瞬时值为 100V，且此时 $\dfrac{\text{d}u}{\text{d}t} > 0$ 是正弦波电压。如果是 $\dfrac{\text{d}u}{\text{d}t} < 0$，又将如何？

5.2.1　设 $F_1 = 5\underline{/47°}$，$F_2 = 10\underline{/-25°}$，计算 $F_1 + F_2$，$F_1 - F_2$，$F_1 \cdot F_2$，$F_1 \div F_2$。

5.2.2　将以下 4 个复数写成指数形式和极坐标形式。如果它们是频率都为 1000Hz 的正弦电流 i_1–i_4 的复数形式，试用相量正确地表示出来，画出相量图，并写出 i_1–i_4 的瞬时值表达式。$F_1 = 6 + \text{j}8$；$F_2 = 6 - \text{j}8$；$F_3 = -6 + \text{j}8$；$F_4 = -6 - \text{j}8$

5.2.3　分别写出习题 5.1.1 中的电压电流的有效值相量的极坐标表达式。并在同一相量图中表示出来。

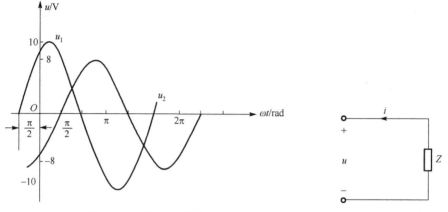

图 5.01 习题 5.1.3 的图　　　　图 5.02 习题 5.3.2、5.3.3 的电路

5.2.4 分别写出练习与思考 5.1.3 的电压电流的瞬时值表达式和相应相量的指数表达式。

5.3.1 $L = 0.314$ H 的电感元件用在 $f = 50$ Hz 的正弦交流电路中，其感抗值 X_L 为多少？如果加上电流 $i = 1.5\sin(\omega t + 45°)$ A，求 $\dot U$、u 并画出电压电流相量图。如果频率变为 5000Hz，电压变为多少？

5.3.2 如图 5.02 所示电路中，$u = 50\sin(\omega t - 80°)$ V，电流 $i = 4\sin(\omega t + 10°)$ A，画出电压电流相量图，求负载的等效复阻抗 Z 为多少？该负载是什么性质的负载？如果 $L = 0.1$H，电源频率是多少？

5.3.3 如图 5.02 所示电路中，$u = 40\sin(\omega t + 30°)$ V，电流 $i = 5\sin(\omega t - 60°)$ A，画出电压电流相量图，求负载的等效复阻抗 Z 为多少？该负载是什么性质的负载？如果 $C = 25$uF，电源频率是多少？如果频率变为 50kHz 时，通过同样的电压时，求流过电容的电流 i。

5.4.1 图 5.03 所示的移相电路中，若 $R = 30$kΩ，$C = 0.318$μF，输入电压为 4V，50Hz 的交流电源，求 $\dot I$、$\dot U_2$、$\dot U_C$，并画出 $\dot U_1$、$\dot U_2$、$\dot U_C$、$\dot I$ 的向量图。

图 5.03 习题 5.4.1 的电路　　　　图 5.04 习题 5.4.5 的图

5.4.2 一个线圈接在 110V 的直流电源上，流过的电流为 18A，若接在 220V，50Hz 的交流电源上，流过的电流为 20A，求（1）线圈的电阻 R 和电感 L；（2）$\dot I$、$\dot U$、$\dot U_R$、$\dot U_L$；（3）画出 $\dot I$、$\dot U$、$\dot U_R$、$\dot U_L$ 的相量图。

5.4.3 为使 36V，36W 的白炽灯能在 220V，50Hz 的正弦交流电源上正常工作，可采用串电阻 R 的方法降压，亦可采用串电感 L 或串电容 C 的方法降压。试计算各种降压方法所需的元件参数；并说明电阻的瓦数和电容的耐压值。

5.4.4 RLC 串联电路，已知 $R = 50$Ω，$L = 0.1$H，$C = 2 \times 10^{-4}$F，电路电流 $i = 2\sin(314t + 90°)$A，求电阻、电容和电感的电压和端口电压 u_R、u_C、u_L 和 u，（3）画出 $\dot I$、$\dot U_R$、$\dot U_L$、$\dot U_C$、$\dot U$ 的相量图。

5.4.5 如图 5.04 所示电路中 $u_1 = 100\sqrt{3}\sin(\omega t + 30°)$ V，$u_2 = 100\sin(\omega t - 60°)$ V，如果 $i = 4\sqrt{3}\sin(\omega t)$ A。求：（1）u、Z_1、Z_2，并说明它们的性质。（2）在同一相量图上画出所有电压电流相量。

5.4.6　某收音机的输入回路（调谐回路）可简化为一个 R、L、C 组成的串联电路，已知电感 $200\mu H$，$R = 10\Omega$，今欲收到频率范围为 $500\sim1600kHz$ 的中波段信号，试求电容 C 的变化范围。

5.5.1　如图 5.5.2 所示 RLC 并联电路，已知端口电压 $U = 110V$，电路参数 $R = 22\Omega$，$X_L = 22\Omega$，$X_C = 11\Omega$，试求电流 I_R、I_L、I_C 及端口电流 I 和 i_R、i_L、i_C、i 并画出 $\dot{I}_R$、$\dot{I}_L$、$\dot{I}_C$ 及 $\dot{I}$ 的相量图。

5.5.2　如图 5.05 所示的电路中，已知 $U = 220V$，$R_1 = 5\Omega$，$X_1 = 5\sqrt{3}\Omega$，$R_2 = 20\Omega$，试求各个电流，并画出 $\dot{I}$、$\dot{I}_1$、$\dot{I}_2$、$\dot{U}$ 的相量图。

5.5.3　如图 5.06 所示电路中，$R_1 = 1\Omega$，$R_2 = 3\Omega$，$R_3 = 2\Omega$，$X_1 = 1\Omega$，$X_2 = 4\Omega$，$X_3 = 4\Omega$，$\dot{I}_2 = 2\underline{/0°}A$。求电压 $\dot{U}$、$\dot{I}$、$\dot{I}_3$、$\dot{U}_2$，并画出 $\dot{I}$、$\dot{I}_2$、$\dot{I}_3$ 的相量图。

5.5.4　如图 5.5.2 所示 RLC 并联电路，R，L，C 并联电路接于 $U = 20V$ 的正弦交流电源上，已知 $R = 2k\Omega$，$L = 30mH$，$C = 3\mu F$。试求：（1）要使电路产生并联谐振，其谐振频率 f_0？（2）电路谐振时，各元件通过的电流和总电流的有效值。

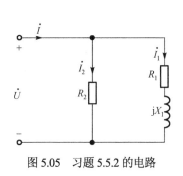

图 5.05　习题 5.5.2 的电路

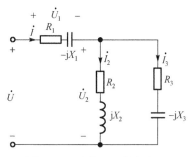

图 5.06　习题 5.5.3 的电路

5.6.1　如图 5.6.2(a) 所示电路，试用戴维南定理求电感支路的电流 $\dot{I}$。

5.6.2　用叠加原理求图 5.07 电路中的电流 $\dot{I}$。

5.7.1　在 $L = 20\,mH \pm$ 的电感上通有 $i = 2\sqrt{2}\sin(314t)\,mA$ 的电流，求此时电感的感抗 X_L、电感两端的电压相量形式 $\dot{U}_L$、电路的无功功率 Q_L？若电源频率增加 5 倍，则以上量值有何变化？

5.7.2　两个阻抗 $Z_1 = 3 + j5\Omega$，$Z_2 = 5 + j3\Omega$ 串联于 $\dot{U} = 240\sqrt{2}\underline{/45°}\,V$ 的电源上工作。求电源发出的有功功率 P、无功功率 Q 及功率因数 $\cos\varphi$，该电路呈何性质？

5.7.3　如图 5.08 所示电路中，已知 $u = 2\sqrt{2}\sin\omega t V$，$R = 2\Omega$，$L = 2H$，$C = 2F$。若 $\omega = 1rad/s$，求电源发出的有功功率 P、无功功率 Q 及功率因数 $\cos\varphi$，该电路呈何性质。

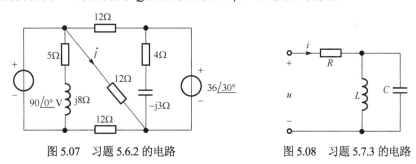

图 5.07　习题 5.6.2 的电路　　　　　图 5.08　习题 5.7.3 的电路

5.7.4　如图 5.7.8(a) 所示电路，$R = X_L = X_C = 5\Omega$，如果加上电压为 $u = 2\sin\omega t V$ 的正弦交流电源，问（1）电路的功率因数为多少？串联电容后功率因数提高了多少？（2）接上电容后电源的电流是否改变？若改变，改变了多少？

第6章 三 相 电 路

本章重点介绍对称三相电路的计算，包括对称三相电压、电流和负载的定义；对称时线电压和相电压的关系；线电流和相电流的关系；对称三相电路简化为一相计算的方法；对称三相电路的功率及测量。

6.1 三 相 电 源

目前，世界各国的电力系统中电能的生产、传输和供电方式绝大多数采用三相制。三相电路的应用如此广泛，是由于它有着许多技术上和经济上的优点。三相交流发电机的铁心及电枢磁场较单相发电机利用充分；作为三相交流电负载的三相电动机比单相电机性能好，易维护，运转时比单相发电机的振动小；理论和实践证明：在输电距离、输送功率、电压相等的条件下，三相输电是单相输电所用导线量的四分之三；采用三相四线制输电，用户可得两种不同的电压；工农业生产大量使用交流电动机，三相电动机比单相电动机性能平稳可靠。

三相电路（Three-phase Circuit）是由三相电源供电的电路。三相电源是能产生 3 个频率相同、但相角不同的电压的电源。这样的 3 个电压称为三相电压（Three-phase Voltage）。

6.1.1 对称三相电源

三相电路中的电源通常是由三相发电机产生的，由它可以获得 3 个频率相同、幅值相等、相位不同的电动势。图 6.1.1 是三相同步发电机的原理图。

三相发电机中转子上的励磁线圈内通有直流电流，使转子成为一个电磁铁。在定子内侧面、空间相隔 120° 的槽内装有 3 个完全相同的线圈 A-X、B-Y、C-Z。转子与定子间磁场被设计成正弦分布。当转子以角速度 ω 转动时，3 个线圈中便感应出频率相同、幅值相等、相位依次相差 120° 的 3 个电动势。有这样的 3 个电动势的发电机便构成一个对称三相电源。

三相电源所产生的每一个电压称为电源的一相电压，分别称为 A 相、B 相和 C 相电压，分别记为 u_A，u_B 和 u_C。习惯上用字母 A、B 和 C 分别标记电源的正极性端（或者称为始端）；用字母 X、Y 和 Z 分别标记电源的负极性端（或者称作末端）；三相电压的参考方向均设为由正极性端指向负极性端，如图 6.1.2 所示。

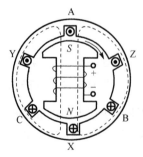

图 6.1.1　三相同步发电机原理图

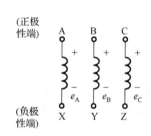

图 6.1.2　三相电源

对称三相电压的瞬时值表达式为

$$\left.\begin{array}{l} u_{\mathrm{A}} = \sqrt{2}U\sin(\omega t + \varphi) \\ u_{\mathrm{B}} = \sqrt{2}U\sin(\omega t + \varphi - 120^\circ) \\ u_{\mathrm{C}} = \sqrt{2}U\sin(\omega t + \varphi - 240^\circ) \\ \phantom{u_{\mathrm{C}}} = \sqrt{2}U\sin(\omega t + \varphi + 120^\circ) \end{array}\right\} \tag{6.1.1}$$

对称三相电压的相量为

$$\left.\begin{array}{l} \dot{U}_{\mathrm{A}} = U\underline{/\varphi} \\ \dot{U}_{\mathrm{B}} = U\underline{/\varphi - 120^\circ} \\ \dot{U}_{\mathrm{C}} = U\underline{/\varphi - 240^\circ} = U\underline{/\varphi + 120^\circ} \end{array}\right\} \tag{6.1.2}$$

图 6.1.3 和图 6.1.4 分别是对称三相电压的波形图和相量图。

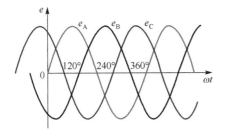

图 6.1.3　对称三相电压波形图

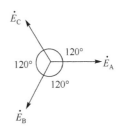

图 6.1.4　对称三相电压相量图

对称三相电压相量之和为零，即

$$\dot{U}_{\mathrm{A}} + \dot{U}_{\mathrm{B}} + \dot{U}_{\mathrm{C}} = 0 \tag{6.1.3}$$

这是对称三相电压的一个重要性质，它反映对称三相电压瞬时值之和为零，即

$$u_{\mathrm{A}} + u_{\mathrm{B}} + u_{\mathrm{C}} = 0 \tag{6.1.4}$$

同理，对称三相电流是频率相同、幅值相等、相角互差 120° 的 3 个电流；对称三相电流之和等于零。

相序（Phase Sequence）三相电压从超前相到滞后相的轮换次序称为相序。对上述式（6.1.1）和式（6.1.2）中的三相电压，它们的相序为 A → B → C（或 B → C → A，C → A → B）这种相序和字母的秩序相同，称为顺序或正序（Positive Sequence），若三相电压为

$$\left.\begin{array}{l} \dot{U}_{\mathrm{A}} = U\underline{/\varphi} \\ \dot{U}_{\mathrm{B}} = U\underline{/\varphi - 240^\circ} = U\underline{/\varphi + 120^\circ} \\ \dot{U}_{\mathrm{C}} = U\underline{/\varphi - 120^\circ} \end{array}\right\} \tag{6.1.5}$$

它们的相序为 C → B → A（或 B → A → C，A → C → B）。这种相序和字母的顺序相反，称为逆序或负序（Negative Sequence）。由于三相异步电动机的旋转方向决定于电源的相序，因此，电源的相序必须正确标出。

对称三相电源以一定方式联接起来就形成三相电路的电源。通常的联接方式是星形联接（也称 Y 联接）和三角形联接（也称 △ 联接）。

6.1.2 三相电源的星形联接

（1）接法

图 6.1.5 所示为电源的星形联接。电源为星形联接时，必须将 3 个末端（即 3 个负极）联在一起（也可以将 3 个始端联在一起）。这个联接点称为中性点（Neutral Point），简称中点，如图中的 N 点。联接在电源中点和负荷中点之间的导线称为中线（Neutral Line）。从电源始端引出的 3 根导线称为端线（Terminal Wire），俗称火线。这种联接方式，电源和负载之间共用了 4 根导线，故称为三相四线制。

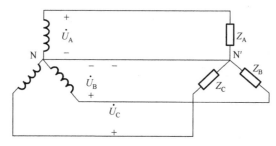

图 6.1.5 电源和负载的 Y 形联接

（2）中线电流

习惯规定：端线中电流的参考方向是从电源流向负载，中线中电流的参考方向是从负载流向电源。根据 KCL，中线电流为

$$\dot{I}_N = \dot{I}_A + \dot{I}_B + \dot{I}_C \tag{6.1.6}$$

若 $\dot{I}_A$、$\dot{I}_B$、$\dot{I}_C$ 对称，则

$$\begin{aligned}
\dot{I}_N &= \dot{I}_A + \dot{I}_B + \dot{I}_C \\
&= \dot{I}_A + \dot{I}_A e^{-j120°} + \dot{I}_A e^{-j240°} \\
&= \dot{I}_A \left[1 + \left(-\frac{1}{2} - j\frac{\sqrt{3}}{2} \right) + \left(-\frac{1}{2} + j\frac{\sqrt{3}}{2} \right) \right] \\
&= 0
\end{aligned} \tag{6.1.7}$$

式（6.1.7）表明，当 $\dot{I}_A, \dot{I}_B, \dot{I}_C$ 对称时，中线电流恒等于零，即中线中没有电流通过。因此，可以把中线去掉，三相四线制就变成了三相三线制（图 6.1.6）。

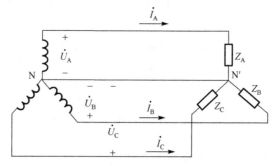

图 6.1.6 三相三线制

（3）线电流和相电流，线电压和相电压

每根端线中通过的电流称为线电流（Line Current），每两条端线间的电压称为线电压（Line Voltage），电源和负载每一相中通过的电流称为相电流（Phase Current），每相电源的电压（即端线与中线间的电压）称为相电压（phase voltage）。习惯规定：线电流、相电流的参考方向总是从电源经端线流向负载，线电压的参考方向按字母顺序指向，即 $\dot{U}_{AB}$、$\dot{U}_{BC}$、$\dot{U}_{CA}$，相电压的参考方向总是指向中点，即 $\dot{U}_{AN}$、$\dot{U}_{BN}$、$\dot{U}_{CN}$。

由图 6.1.7 可见，在星形联接中，无论有无中线，线电流恒等于相电流；线电压则等于相应两相电压之差，即

$$\left.\begin{array}{l} u_{AB} = u_A - u_B \\ u_{BC} = u_B - u_C \\ u_{CA} = u_C - u_A \end{array}\right\} \tag{6.1.8}$$

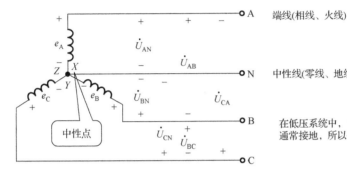

图 6.1.7 三相四线制中线电压和相电压

采用相量表示，对称三相电源的相电压表示为

$$\dot{U}_A = U\underline{/0^\circ}, \quad \dot{U}_B = U\underline{/-120^\circ}, \quad \dot{U}_C = U\underline{/120^\circ} \tag{6.1.9}$$

从而得到

$$\left.\begin{array}{l} \dot{U}_{AB} = \dot{U}_A - \dot{U}_B = \sqrt{3}U\underline{/30^\circ} = \sqrt{3}\dot{U}_A\underline{/30^\circ} \\ \dot{U}_{BC} = \dot{U}_B - \dot{U}_C = \sqrt{3}U\underline{/-90^\circ} = \sqrt{3}\dot{U}_B\underline{/30^\circ} \\ \dot{U}_{CA} = \dot{U}_C - \dot{U}_A = \sqrt{3}U\underline{/150^\circ} = \sqrt{3}\dot{U}_C\underline{/30^\circ} \end{array}\right\} \tag{6.1.10}$$

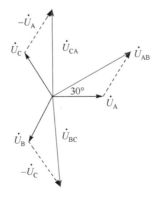

图 6.1.8 星形联接对称三相电源的电压相量图

由式（6.1.10）看出，星形联接的对称三相电源的线电压也是对称的。线电压的有效值（用 U_l

表示）是相电压有效值（用 U_p 表示）的 $\sqrt{3}$ 倍，即 $U_1 = \sqrt{3}U_p$，此式中各线电压的相位领先于相应的相电压30°。

由于线电流恒等于相电流，即它们的相角相等，它们的有效值也相等，即

$$I_1 = I_p \tag{6.1.11}$$

6.1.3　三相电源的三角形联接

（1）接法

将对称三相电源中的 3 个单相电源首尾相接（如图 6.1.9），由 3 个联接点引出 3 条端线就形成三角形联接的对称三相电源，即 B 接 X，C 接 Y，A 接 Z，只有这样联接才能保证回路中电源电压之和为零，即

$$\dot{U} = \dot{U}_A + \dot{U}_B + \dot{U}_C = \dot{U}_A(1 + 1\underline{/-120°} + 1\underline{/-240°}) = 0 \tag{6.1.12}$$

若不慎把其中一相反接，例如把 C 相反接，则回路中电源电压之和变为

$$\dot{U} = \dot{U}_A + \dot{U}_B - \dot{U}_C = \dot{U}_A(1 + 1\underline{/-120°} - 1\underline{/-240°}) = 2\dot{U}_A\underline{/-60°} \tag{6.1.13}$$

在此电压作用下，回路中将产生很大的电流（因电源的内阻很小），造成烧毁电机。

（2）线电压和相电压，线电流和相电流

在三角形联接中，从三角形顶点引出的线为端线，电源和负载的每一相构成三角形的每一边。习惯规定：线电流的参考方向是从电源流向负载；线电压和相电压的参考方向是按字母的顺序指向；因负载是吸收功率，负载中相电流的参考方向和相电压相同；而电源是发出功率，电源中相电流的参考方向和相电压相反。

对称三相电源接成三角形时，只有 3 条端线，没有中线，它是三相三线制。设 u_A、u_B、u_C 为相电压，u_{AB}、u_{BC}、u_{CA} 为线电压，显然

$$\left. \begin{array}{l} u_{AB} = u_A \\ u_{BC} = u_B \\ u_{CA} = u_C \end{array} \right\} \quad \text{或} \quad \left. \begin{array}{l} \dot{U}_{AB} = \dot{U}_A \\ \dot{U}_{BC} = \dot{U}_B \\ \dot{U}_{CA} = \dot{U}_C \end{array} \right\} \tag{6.1.14}$$

式（6.1.14）说明三角形联接的对称三相电源，线电压等于相应的相电压。

根据 KCL，从图 6.1.10 可以看出，线电流等于两相应相电流之差，即

$$\left. \begin{array}{l} \dot{I}_A = \dot{I}_{AB} - \dot{I}_{CA} \\ \dot{I}_B = \dot{I}_{BC} - \dot{I}_{AB} \\ \dot{I}_C = \dot{I}_{CA} - \dot{I}_{BC} \end{array} \right\} \tag{6.1.15}$$

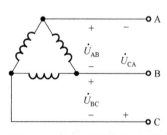

图 6.1.9　三相电源的△形联接

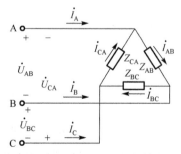

图 6.1.10　三相负载的△形联接

若相电流对称，即 $\dot{I}_{BC} = \dot{I}_{AB}\underline{/-120°}$，$\dot{I}_{CA} = \dot{I}_{AB}\underline{/-240°}$，代入上式得

$$\dot{I}_A = \dot{I}_{AB} - \dot{I}_{AB}\underline{/-240°} = \dot{I}_{AB}\left[1-\left(-\frac{1}{2}+j\frac{\sqrt{3}}{2}\right)\right] = \sqrt{3}\dot{I}_{AB}\underline{/-30°} \tag{6.1.16}$$

同理

$$\dot{I}_B = \sqrt{3}\dot{I}_{BC}\underline{/-30°} \tag{6.1.17}$$

$$\dot{I}_C = \sqrt{3}\dot{I}_{CA}\underline{/-30°} \tag{6.1.18}$$

上式的结果也可从如图 6.1.11 所示的相量图求得。式（6.1.16）～式（6.1.18）表明：相电流对称时，线电流也对称；线电流的相角滞后于后续相电流 30°；线电流的有效值为相电流有效值的 $\sqrt{3}$ 倍，即

$$I_1 = \sqrt{3}I_p \tag{6.1.19}$$

因线电压即是相电压，故它们的初相相同，有效值相等，即

$$U_1 = U_p \tag{6.1.20}$$

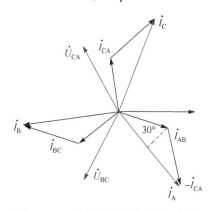

图 6.1.11　三角形负载的电流相量图

【**例 6.1.1**】 如图 6.1.12(a)所示的三相电路，对称电源的相电压 $U_p = 220V$，对称负载的阻抗 $Z = 4 + j3\Omega$。求各相电流和线电流相量，并作电压和电流的相量图。

解 设 U_A 的初相为零，即设 $\dot{U}_A = 220V$，则有

$$\dot{U}_{AB} = \sqrt{3}\dot{U}_A\underline{\ 30°} = 380\underline{/30°}(V)$$

$$\dot{U}_{BC} = 380\underline{/-90°}(V)，\quad \dot{U}_{CA} = 380\underline{/-210°}(V)$$

根据欧姆定律

$$\dot{I}_{AB} = \frac{\dot{U}_{AB}}{Z} = \frac{380\underline{/30°}}{4+j3} = 76\underline{/-6.87°}(A)$$

$$\dot{I}_{BC} = \frac{\dot{U}_{BC}}{Z} = \frac{380\underline{/-90°}}{4+j3} = 76\underline{/-126.87°}(A)$$

$$\dot{I}_{CA} = \frac{\dot{U}_{CA}}{Z} = \frac{380\underline{/-210°}}{4+j3} = 76\underline{/-246.87°}(A)$$

因 $\dot{I}_{AB}$、$\dot{I}_{BC}$、$\dot{I}_{CA}$ 是对称三相电流，故

$$\dot{I}_A = \sqrt{3}\dot{I}_{AB}\ \underline{/-30°} = 76\sqrt{3}\ \underline{/-36.87°}(A)$$

$$\dot{I}_B = 76\sqrt{3}\ \underline{/-156.87°}(A)，\quad \dot{I}_C = 76\sqrt{3}\ \underline{/-27\otimes6.87°}(A)$$

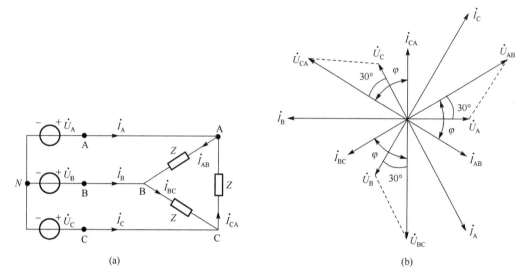

图 6.1.12   例 6.1.1 图

相量如图 6.1.12(b)所示，先作 $\dot{U}_A$、$\dot{U}_B$、$\dot{U}_C$，再根据线电压与相电压的关系作 $\dot{U}_{AB}$、$\dot{U}_{BC}$、$\dot{U}_{CA}$，然后作 $\dot{I}_{AB}$、$\dot{I}_{BC}$、$\dot{I}_{CA}$，它们分别落后该相电压 φ 角，最后根据线相电流的关系作 $\dot{I}_A$、$\dot{I}_B$、$\dot{I}_C$。

6.2   对称三相电路

对称三相电路是由对称三相电源和对称三相负载联接组成。对称三相负载是 3 个完全相同的负载（如三相电动机的 3 个绕组），它们一般也接成星形或三角形，如图 6.2.1 所示。分析由对称三相电源向一组对称三相负载供电的电路，便可以看到对称三相电路的特点。

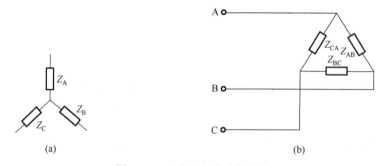

图 6.2.1   对称三相负载的联接

6.2.1   对称 Y-Y 电路

分析如图 6.2.2 所示的对称三相电路。电路中的对称三相电源作星形联接，三相负载也接成星形，没有中线。

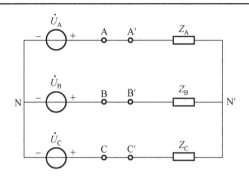

图 6.2.2 电源和负载都是星形联接的对称三相电路

每相负载上的电压称为负载的相电压，用 $\dot{U}_{AN}$、$\dot{U}_{BN}$、$\dot{U}_{CN}$ 表示；负载的端线间的电压称为负载的线电压，用 $\dot{U}_{AB}$、$\dot{U}_{BC}$、$\dot{U}_{CA}$ 表示；流过每条端线的电流称为线电流，用 $\dot{I}_A$、$\dot{I}_B$、$\dot{I}_C$ 表示；流过每相负载的电流称为相电流，用 $\dot{I}_{AB}$、$\dot{I}_{BC}$、$\dot{I}_{CA}$ 表示。显然，对称三相负载接成星形时，负载的相电流与对应端线的线电流是相等的。

三相电路本质上就是含有多个电源的正弦交流电路，所有分析正弦交流电路的方法都可用于分析三相电路。这里采用节点法分析此电路。设对称三相电源电压为

$$\dot{U}_A = U\underline{/\varphi}$$
$$\dot{U}_B = U\underline{/\varphi-120°}$$
$$\dot{U}_A = U\underline{/\varphi+120°}$$

对称三相负载每相阻抗为

$$Z = |Z|\underline{/\psi}$$

以电源中点 N 为参考点，负载中点 N′ 的电位值等于 $\dot{U}_{NN'}$。节点电压方程为

$$\left(\frac{1}{Z}+\frac{1}{Z}+\frac{1}{Z}\right)\dot{U}_{NN'} = \frac{1}{Z}\dot{U}_A + \frac{1}{Z}\dot{U}_B + \frac{1}{Z}\dot{U}_C \tag{6.2.1}$$

即

$$\frac{3}{Z}\dot{U}_{NN'} = \frac{1}{Z}(\dot{U}_A + \dot{U}_B + \dot{U}_C)$$

由于

$$\dot{U}_A + \dot{U}_B + \dot{U}_C = 0$$

所以有

$$\dot{U}_{NN'} = 0$$

式 6.2.1 表明电源中点 N 与负载中点 N′ 之间的电压为零，即 N 与 N′ 是等电位的，根据 KVL 可知，负载的相电压等于对应的电源的相电压，即

$$\left.\begin{array}{l} \dot{U}_{AN} = \dot{U}_A \\ \dot{U}_{BN} = \dot{U}_B \\ \dot{U}_{CN} = \dot{U}_C \end{array}\right\} \tag{6.2.2}$$

式（6.2.2）表明负载上的相电压是一组对称三相电压。

负载上的线电压为

$$\left.\begin{array}{l}\dot{U}_{AB} = \sqrt{3}\dot{U}_{AN} \underline{/30^\circ}\\\dot{U}_{BC} = \sqrt{3}\dot{U}_{BN} \underline{/30^\circ}\\\dot{U}_{CA} = \sqrt{3}\dot{U}_{CN} \underline{/30^\circ}\end{array}\right\} \qquad (6.2.3)$$

式（6.2.3）表明负载上的线电压也是一组对称三相电压。

电路中的线电流

$$\left.\begin{array}{l}\dot{I}_A = \dfrac{\dot{U}_{AN}}{Z} = \dfrac{U}{|Z|} \underline{/\varphi - \psi}\\[2mm]\dot{I}_B = \dfrac{\dot{U}_{BN}}{Z} = \dfrac{U}{|Z|} \underline{/\varphi - 120^\circ - \psi}\\[2mm]\dot{I}_C = \dfrac{\dot{U}_{CN}}{Z} = \dfrac{U}{|Z|} \underline{/\varphi + 120^\circ - \psi}\end{array}\right\} \qquad (6.2.4)$$

可见三相线电流也是对称的。由于相电流与对应的线电流相等，因此三相负载的相电流也一定是对称的。

从以上分析可知，在电源和负载都是星形联接的对称三相电路里，三相电压、电流均为对称，只需对其中的一相（通常取 A 相）电路进行计算就够了。求出一相的电压、电流后，根据对称关系，就可以求出另外两相的相应的电压、电流。

由于电源中点 N 与负载中点 N′ 电位相等，用导线将 N 与 N′ 连接起来，该导线中电流为零，因此对原电路不会产生任何影响，如图 6.2.3 所示。这样，每一相成为一个独立的电路。将 A 相电路取出，就得到如图 6.2.4 所示的一相等效电路。由一相等效电路很容易得出前面的结果。

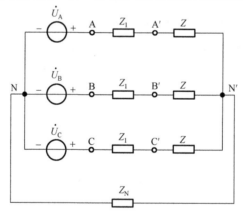

图 6.2.3　对称的 Y-Y_0 电路

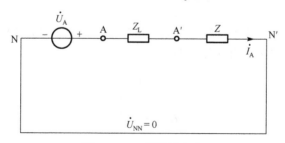

图 6.2.4　一相等效电路

【**例 6.2.1**】　一个星形联结的三相电路，电源电压对称。设电源线电压 $u_{AB} = 380\sqrt{2}\sin(314t + 30°)$V。负载为电灯组，若 $R_A = R_B = R_C = 50\Omega$，求线电压及中性线电流 I_N。

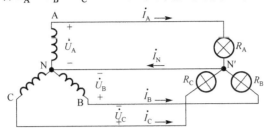

图 6.2.5　例 6.2.1 图

解　已知　　　　　　　　　$\dot{U}_{AB} = 380\underline{/30°}$V，$\dot{U}_A = 220\underline{/0°}$V

线电流　　　　　　　　　　$\dot{I}_A = \dfrac{\dot{U}_A}{R_A} = \dfrac{220\underline{/0°}}{50}$A $= 4.4\underline{/0°}$A

根据对称关系　　　　　　　$\dot{I}_B = 4.4\underline{/-120°}$A，$\dot{I}_C = 4.4\underline{/+120°}$A

中性线电流　　　　　　　　$\dot{I}_N = \dot{I}_A + \dot{I}_B + \dot{I}_C = 0$

6.2.2　对称 Y-△ 电路

下面分析另一个简单的对称三相电路，如图 6.2.6 所示的电路。

此电路中的电源是星形联接的对称三相电源，负载是三角形联接的对称三相负载。$\dot{I}_A$、$\dot{I}_B$、$\dot{I}_C$ 是线电流，$\dot{I}_{AB}$、$\dot{I}_{BC}$、$\dot{I}_{CA}$ 是相电流，$\dot{U}_{AB}$、$\dot{U}_{BC}$、$\dot{U}_{CA}$ 既是负载的相电压又是负载的线电压。

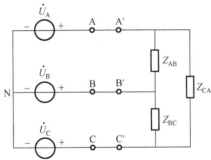

图 6.2.6　电源星形联接，负载三角形联接的对称三相电路

【**例 6.2.2**】　一个对称三相电路如图 6.2.7 所示。对称三相电源电压 $\dot{U}_A = 220\underline{/0°}$V，负载阻抗 $Z_A = Z_B = Z_C = 60\underline{/60°}\Omega$，线路阻抗 $Z_{1A} = Z_{1B} = Z_{1AC} = 1 + j1$，求电路中的电压和电流。

解　将三角形联接的对称三相星形负载变换成星形联接的对称三相负载。取经变换后的电路中的一个相等效电路如图 6.2.8 所示。

线电流

$$\dot{I}_A = \frac{\dot{U}_A}{Z_1 + \dfrac{Z}{3}} = \frac{220\underline{/0°}}{1 + j1 + 20\underline{/60°}}$$

$$= \frac{220\underline{/0°}}{21.37\underline{/59.0°}} = 10.3\underline{/-59.0°}\text{A}$$

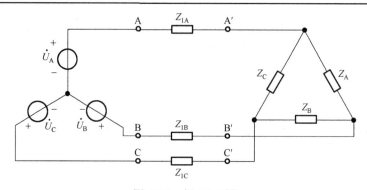

图 6.2.7 例 6.2.2 图

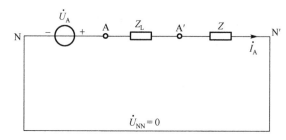

图 6.2.8 例 6.2.2 电路的一个相等效电路

负载相电流

$$\dot{I}_{AB} = \frac{1}{\sqrt{3}} \dot{I}_A \underline{/30°} = 5.95 \underline{/-29.0°}$$

等效星形负载相电压

$$\dot{U}_{AN} = \frac{1}{3} Z \dot{I}_A = 20 \underline{/60°} \times 10.3 \underline{/-59°} = 206 \underline{/1°} V$$

负载线电压

$$\dot{U}_{AB} = \sqrt{3} \dot{U}_{AN} \underline{/30°} = 356.8 \underline{/31°} V$$

线路上的压降

$$\dot{U}_{Al} = Z_1 \dot{I}_A = (1 + j1) \times 10.3 \underline{/-59°} = 14.6 \underline{/-14°} V$$

【例 6.2.3】 如图 6.2.9 示三角形接法的三相对称电路中，已知线电压为 380V，$R = 24\Omega$，$X_L = 18\Omega$。求线电流 $\dot{I}_A$、$\dot{I}_B$、$\dot{I}_C$，并画出相量图。

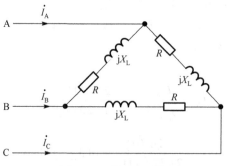

图 6.2.9 例 6.2.3 图

解 设
$$\dot{U}_{AB} = 380\underline{/0°}\text{V} \qquad Z = R + \text{j}X_L = 30\underline{/36.9°}\Omega$$

$$\dot{I}_{AB} = \frac{\dot{U}_{AB}}{Z} = 12.66\underline{/-36.9°}\text{A}$$

$$\dot{I}_A = \sqrt{3} \times 12.6\underline{/(-36.9° - 30°)} = 21.92\underline{/-66.9°}\text{A}$$

因为负载为三相对称负载

所以
$$\dot{I}_B = 21.92\underline{/173.1°}\text{A} \qquad \dot{I}_C = 21.92\underline{/53.1°}\text{A}$$

相量图

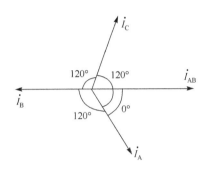

图 6.2.10 例 6.2.3 相量图

关于对称三相电路的分析，可综述其要点如下：

（1）对称三相电路中，三相的电压、电流都是对称的。负载为星形联接时，线电压的大小等于相电压的 $\sqrt{3}$ 倍，线电压的相位领先相应的相电压 30°，线电流与相应的相电流相等；负载为三角形联接时，线电压与相应的相电压相等，线电流的大小是相电流的 $\sqrt{3}$ 倍，线电流的相位滞后相应的相电流 30°。

（2）分析对称三相电路时，可以按下面的做法，只取一相（通常取 A 相）的电路进行计算：

① 将对称三相电源变换成等效的星形联接的对称三相电源；

② 将对称三相负载变换成等效的星形联接的对称三相负载；

③ 将电源中点与负载中点用一导线短接起来，形成三相各自独立的电路，取出其中的一相电路；

④ 计算出一个相电路中的电压、电流，根据对称性求出另外两相相应的各电压、电流。

（3）通常的三相电路只给出对称三相电源的线电压，并不指明电源的联接方式。这时常将电源看成星形联接，但需使其线电压等于给定的线电压。

6.3 三相电路的功率

6.3.1 三相平均功率

三相电源供出或三相负载吸收的平均功率等于各相供出或吸收的平均功率之和，即

$$
\begin{aligned}
P &= P_A + P_B + P_C \\
&= U_A I_A \cos\varphi_A + U_B I_B \cos\varphi_B + U_C I_C \cos\varphi_C
\end{aligned}
\tag{6.3.1}
$$

式中，φ_A、φ_B、φ_C 分别是 A 相、B 相和 C 相负载的阻抗角（电压和电流的相角差）。

在对称三相电路中，因为

$$\left.\begin{array}{l} U_A = U_B = U_C = U_p \\ I_A = I_B = I_C = I_p \\ \varphi_A = \varphi_B = \varphi_C = \varphi \end{array}\right\} \tag{6.3.2}$$

代入式（6.3.1）得

$$P = 3U_p I_p \cos\varphi \tag{6.3.3}$$

当对称三相负载是星形联接时，有

$$U_1 = \sqrt{3}U_p, \quad I_1 = I_p$$

代入式（6.3.3）可得

$$P = 3U_p I_p \cos\varphi = 3\frac{U_1}{\sqrt{3}} I_1 \cos\varphi = \sqrt{3}U_1 I_1 \cos\varphi$$

当对称三相负载是三角形联接时，有

$$U_1 = U_p, \quad I_1 = \sqrt{3}I_p$$

代入式（6.3.3）可得

$$P = 3U_p I_p \cos\varphi = 3U_1 \frac{I_1}{\sqrt{3}} \cos\varphi = \sqrt{3}U_1 I_1 \cos\varphi$$

由此可见，无论是星形联接还是三角形联接的对称三相负载的平均功率均可以用线电压、线电流表示为

$$P = \sqrt{3}U_1 I_1 \cos\varphi \tag{6.3.4}$$

应当注意：式（6.3.4）中，φ 为每一相电压超前电流的角度，即每一相阻抗的幅角。

6.3.2 三相无功功率和三相视在功率

三相无功功率及三相视在功率分别为每一相无功功率之和及每一相视在功率之和，即

$$\left.\begin{array}{l} S = S_A + S_B + S_C = U_A I_A + U_B I_B + U_C I_C \\ Q = Q_A + Q_B + Q_C = U_A I_A \sin\varphi_A + U_B I_B \sin\varphi_B + U_C I_C \sin\varphi_C \end{array}\right\} \tag{6.3.5}$$

对于对称三相电路，将式（6.3.5）和 $3U_p I_p \cos\varphi = \sqrt{3}U_1 I_1 \cos\varphi$ 代入上式得

$$\left.\begin{array}{l} S = 3U_p I_p = \sqrt{3}U_1 I_1 \\ Q = 3U_p I_p \sin\varphi = \sqrt{3}U_1 I_1 \sin\varphi \end{array}\right\} \tag{6.3.6}$$

根据式（6.3.4）和式（6.3.6）知对称三相平均功率、无功功率、视在功率及 φ 角之间的关系为

$$\left.\begin{array}{l} P = S\cos\varphi, Q = S\sin\varphi \\ S = \sqrt{P^2 + Q^2} \\ \cos\varphi = \dfrac{P}{S} \\ \varphi = \text{arctg}\left(\dfrac{Q}{P}\right) \end{array}\right\} \tag{6.3.7}$$

6.3.3　三相瞬时功率

三相瞬时功率即每一相瞬时功率之和

$$p = p_A + p_B + p_C = u_A i_A + u_B i_B + u_C i_C \tag{6.3.8}$$

对于对称三相电路，设 A 相电压的初相为零，相电流落后相电压的角度为 φ，则式（6.3.8）可写为

$$\begin{aligned}
p &= \sqrt{2}U_p \sin(\omega t + 0°)\sqrt{2}I_p \sin(\omega t - \varphi) \\
&\quad + \sqrt{2}U_p \sin(\omega t - 120°)\sqrt{2}I_p \sin(\omega t - \varphi - 120°) \\
&\quad + \sqrt{2}U_p \sin(\omega t - 240°)\sqrt{2}I_p \sin(\omega t - \varphi - 240°)
\end{aligned}$$

将上式作适当的三角变换可得

$$\begin{aligned}
p &= U_p I_p \cos\varphi - U_p I_p \cos(2\omega t - \varphi) \\
&\quad + U_p I_p \cos\varphi - U_p I_p \cos(2\omega t - \varphi - 240°) \\
&\quad + U_p I_p \cos\varphi - U_p I_p \cos(2\omega t - \varphi - 120°) \\
&= 3U_p I_p \cos\varphi
\end{aligned} \tag{6.3.9}$$

式（6.3.9）表明，三相瞬时功率之和为一常量。这是对称三相制的一个重要优点。对电动机而言，瞬时功率为常量，则它所产生的转矩也是常量，这就免除了电动机运作时的振动。对发电机而言，也同样有这种优点。习惯上，把瞬时功率等于常量这种性质称为功率平衡（Equilibrium）。

【例 6.3.1】 有一个三相电动机，每相的等效电阻 $R = 29\Omega$，等效感抗 $X_L = 21.8\Omega$，试求下列两种情况下电动机的相电流、线电流及从电源输入的功率，并比较所得的结果。

（1）绕组联成星形接于 $U_l = 380V$ 的三相电源上；

（2）绕组联成三角形接于 $U_l = 220V$ 的三相电源上。

解　（1）$I_P = \dfrac{U_P}{|Z|} = \dfrac{220}{\sqrt{29^2 + 21.8^2}} \text{A} = 6.1\text{A}$

$$\begin{aligned}
P &= \sqrt{3}U_L I_L \cos\phi = \sqrt{3} \times 380 \times 6.1 \times \frac{29}{\sqrt{29^2 + 21.8^2}} \text{W} \\
&= \sqrt{3} \times 380 \times 6.1 \times 0.8 = 3.2\text{kW}
\end{aligned}$$

（2）$I_P = \dfrac{U_P}{|Z|} = \dfrac{220}{\sqrt{29^2 + 21.8^2}} \text{A} = 6.1\text{A}$

$$I_L = \sqrt{3}I_P = 10.5\,\text{A}$$

$$P = \sqrt{3}U_L I_L \cos\phi = \sqrt{3} \times 220 \times 10.5 \times 0.8\text{W} = 3.2\text{kW}$$

比较（1）与（2）的结果：

（1）有的电动机有两种额定电压，如 220/380V；

（2）当电源电压为 380V 时，电动机的绕组应联结成星形；

（3）当电源电压为 220V 时，电动机的绕组应联结成三角形。在三角形和星形两种联结法中，相电压、相电流及功率都未改变，仅三角形联结情况下的线电流比星形联结情况下的线电流增大 $\sqrt{3}$ 倍。

【例 6.3.2】 三相对称负载，额定电压为 380V，额定功率为 2.4kW，功率因数 $\cos\varphi = 0.866$（滞后）。

（1）将负载接在对称三相电源上，线电压 $U_1 = 380\text{V}$ ，求线电流 $I_A = ?$ 计算 Y 形等效电路的相阻抗 Z，作单相计算电路。

（2）若线电压降低为 $U_1 = 342\text{V}$ ，作单相计算电路。求线电流 $I_A = ?$ 计算负载吸收的有功功率和无功功率。

解 （1）因电源电压等于负载额定电压，故

$$I_1 = \frac{P}{\sqrt{3}U_1 \cos\varphi} = \frac{2400}{\sqrt{3} \times 380 \times 0.866} = 4.38(\text{A})$$

$$\varphi = \arccos(0.866) = 30°$$

设相电压 U_A 的初相为零，即 $\dot{U}_A = 220(\text{V})$

则

$$\dot{I}_A = 4.38\underline{/-30°}$$

$$Z = \frac{\dot{U}_A}{\dot{I}_A} = \frac{220}{4.38\underline{/-30°}} = 50.23\underline{/30°}(\Omega)$$

（2）电源电压降低时，负载的电流和功率随之减小，但线性负载的阻抗不会改变，阻抗 Z 要按（1）问的方法计算。

因线电压 $U_1 = 342(\text{V})$ ，则相电压 $U_p = \dfrac{342}{\sqrt{3}} = 198(\text{V})$

设 $\qquad\qquad \dot{U}_A = 198(\text{V})$

则 $\qquad\qquad \dot{I}_A = \dfrac{\dot{U}_A}{Z} = \dfrac{198}{50.23\underline{/30°}} = 3.94\underline{/-30°}(\text{A})$

故 $\qquad\qquad P = \sqrt{3}U_1 I_1 \cos\varphi = \sqrt{3} \times 342 \times 3.94\cos 30° = 2026.75(\text{W})$

$\qquad\qquad Q = \sqrt{3}U_1 I_1 \sin\varphi = \sqrt{3} \times 342 \times 3.94\sin 30° = 1166.95(\text{var})$

6.4 不对称三相电路

三相电路中的负载，除了前节中介绍的对称三相负载（如三相电动机、三相变压器等）外，还有许多单相负载（如照明负载）。这些单相负载接到电源上，就可能使 3 个相的负载阻抗不相同，从而形成不对称三相负载。本节讨论的是一个由对称三相电源和不对称三相负载组成的不对称三相电路。

6.4.1 不对称 Y-Y0 电路

如图 6.4.1 所示电路是一个电源和负载都是星形联接的不对称三相电路，其中 Z_A、Z_B、Z_C 是不对称三相负载。对称三相电源的中点 N 与负载中点 N′ 之间接有中线。由于接有阻抗为零的中线，使每相负载上的电压一定等于该相电源的电压，而与每相负载阻抗无关，即

$$\dot{U}_{Z_A} = \dot{U}_A \quad , \quad \dot{U}_{Z_B} = \dot{U}_B , \quad \dot{U}_{Z_C} = \dot{U}_C \qquad\qquad (6.4.1)$$

式（6.4.1）表明，三相负载上的电压是对称的。但由于三相负载不相同，所以三相电流是不对称的，有

$$\dot{I}_\mathrm{A} = \frac{\dot{U}_{Z_\mathrm{A}}}{Z_\mathrm{A}}, \quad \dot{I}_\mathrm{B} = \frac{\dot{U}_{Z_\mathrm{B}}}{Z_\mathrm{B}}, \quad \dot{I}_\mathrm{C} = \frac{\dot{U}_{Z_\mathrm{C}}}{Z_\mathrm{C}}$$

此时中线电流 $\dot{I}_\mathrm{N}$ 为

$$\dot{I}_\mathrm{N} = \dot{I}_\mathrm{A} + \dot{I}_\mathrm{B} + \dot{I}_\mathrm{C}$$

一般不等于零。

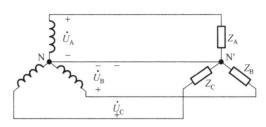

图 6.4.1 有中线的不对称三相电路

6.4.2 中点位移的概念

下面再分析另一个不对称三相电路,如图 6.4.2 所示。这个电路和图 6.4.1 电路的不同之处是没有中线。

采用节点法来分析此电路,设节点 N 为参考节点,列节点电压有

$$\left(\frac{1}{Z_\mathrm{A}} + \frac{1}{Z_\mathrm{B}} + \frac{1}{Z_\mathrm{C}}\right)\dot{U}_{\mathrm{NN'}} = \frac{1}{Z_\mathrm{A}}\dot{U}_\mathrm{A} + \frac{1}{Z_\mathrm{B}}\dot{U}_\mathrm{B} + \frac{1}{Z_\mathrm{C}}\dot{U}_\mathrm{C}$$

由此得

$$\dot{U}_{\mathrm{NN'}} = \left(\frac{1}{Z_\mathrm{A}}\dot{U}_\mathrm{A} + \frac{1}{Z_\mathrm{B}}\dot{U}_\mathrm{B} + \frac{1}{Z_\mathrm{C}}\dot{U}_\mathrm{C}\right)\bigg/\left(\frac{1}{Z_\mathrm{A}} + \frac{1}{Z_\mathrm{B}} + \frac{1}{Z_\mathrm{C}}\right) \tag{6.4.2}$$

显然,这一电路的中点间的电压 $\dot{U}_{\mathrm{NN'}}$ 一般不等于零,即电源的中点 N 与负载中点 N′ 的电位不相等,这一现象常称为"中点位移",中点间的电压 $\dot{U}_{\mathrm{NN'}}$ 称为中点位移电压。

三相负载上的相电压分别为

$$\dot{U}_{Z_\mathrm{A}} = \dot{U}_\mathrm{A} - \dot{U}_{\mathrm{NN'}}, \quad \dot{U}_{Z_\mathrm{B}} = \dot{U}_\mathrm{B} - \dot{U}_{\mathrm{NN'}}, \quad \dot{U}_{Z_\mathrm{C}} = \dot{U}_\mathrm{C} - \dot{U}_{\mathrm{NN'}}$$

容易看出,中点位移时,负载相电压不再对称。中点位移较大时,使有的相电压过高,有的相电压又太低。过高的电压可能造成该相负载因过热而烧毁;电压太低则使该相负载工作不正常(如灯泡太暗)。

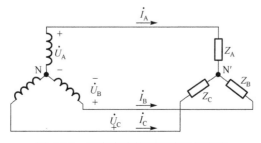

图 6.4.2 没有中线的不对称三相电路

为了减小或消除中点位移，必须接上中线，并要尽量减小中线阻抗。若中线阻抗为零，则 $\dot{U}_{NN'}=0$，这时，中点不再位移，负载相电压是对称的，尽管各相负载阻抗不同，负载也能正常工作。这是低压供电系统广泛采用三相四线制原因之一，也是保险丝为什么不能安装在中线的原因。

【**例 6.4.1**】 一个星形联结的三相电路，电源电压对称。设电源线电压 $u_{AB}=380\sqrt{2}\sin(314t+30°)$V。负载为电灯组，若 $R_A=5\Omega$，$R_B=10\Omega$，$R_C=20\Omega$，求负载的相电压及相电流。

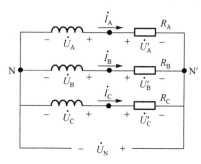

图 6.4.3　例 6.4.1 图

解　设 $\dot{U}_A=220\angle0°$V，则节点电压

$$U_N=\frac{\dfrac{\dot{U}_A}{R_A}+\dfrac{\dot{U}_B}{R_B}+\dfrac{\dot{U}_C}{R_C}}{\dfrac{1}{R_A}+\dfrac{1}{R_B}+\dfrac{1}{R_C}}=\frac{\dfrac{220\underline{/0°}}{5}+\dfrac{220\underline{/-120°}}{10}+\dfrac{220\underline{/120°}}{20}}{\dfrac{1}{R_A}+\dfrac{1}{R_B}+\dfrac{1}{R_C}}$$

$$=(78.6-j27.2)A$$

$$=85.3\underline{\ -19°}A$$

负载电压

$$\dot{U}'_A=\dot{U}_A-\dot{U}_N=144\underline{/0°}V$$

$$\dot{U}'_B=\dot{U}_B-\dot{U}_N=249\underline{/0°}V$$

$$\dot{U}'_C=\dot{U}_C-\dot{U}_N=288\underline{/131°}V$$

负载电流

$$\dot{I}_A=\frac{\dot{U}'_A}{R_A}=\frac{144\underline{/11°}}{5}A=28.8\underline{/0°}A$$

$$\dot{I}_B=\frac{\dot{U}'_B}{R_B}=\frac{249.4\underline{/-139°}}{10}A=24.94\underline{/-139°}A$$

$$\dot{I}_C=\frac{\dot{U}'_C}{R_C}=\frac{288\underline{/131°}}{20}A=14.4\underline{/131°}A$$

【**例 6.4.2**】 三相对称负载作三角形联结，$U_1=220$V，当 S_1、S_2 均闭合时，各电流表读数均为 17.3A，三相功率 $P=4.5$kW，试求

（1）每相负载的电阻和感抗；

（2）S_1 合、S_2 断开时，各电流表读数和有功功率 P；

（3）S_1 断、S_2 闭合时，各电流表读数和有功功率 P。

解　（1）由已知条件可求得

$$|Z| = \frac{U_\mathrm{P}}{I_\mathrm{P}} = \frac{220}{17.32/\sqrt{3}} = 22\Omega$$

$$\cos\phi = \frac{P}{\sqrt{3}U_\mathrm{L}I_\mathrm{L}} = 0.68$$

$$R = |Z|\cos\phi = 22\times0.68 = 15\Omega$$

$$X_\mathrm{L} = |Z|\sin\phi = 22\times0.733 = 16.1\Omega$$

或

$$P = I^2 R, \quad P = UI\cos\varphi, \quad \tan\varphi = \frac{X_\mathrm{L}}{R}$$

（2）S_1 闭合、S_2 断开时

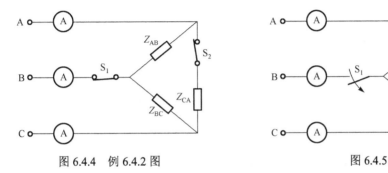

图 6.4.4　例 6.4.2 图　　　　　　　　　　图 6.4.5

流过电流表 A、C 的电流变为相电流 I_p，流过电流表 B 的电流仍为线电流 I_1。

所以 $I_\mathrm{A} = I_\mathrm{C} = 10\mathrm{A}$　$I_\mathrm{B} = 17.32\mathrm{A}$　$I_\mathrm{A} = I_\mathrm{C} = 10\mathrm{A}$　$I_\mathrm{B} = 17.32\mathrm{A}$

因为开关 S 均闭合时，每相有功功率 $P = 1.5\mathrm{kW}$；当 S_1 合、S_2 断时，的相电压和相电流不变，则 P_AB、P_BC 不变。

$$P = P_\mathrm{AB} + P_\mathrm{BC} = 3\mathrm{kW}$$

（3）S_1 断开、S_2 闭合时
变为的单相电路

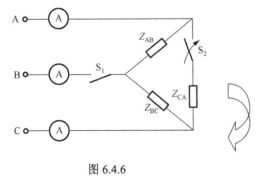

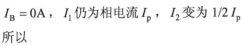

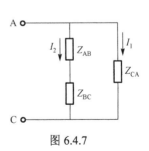

图 6.4.6　　　　　　　　　　　　　　　图 6.4.7

$I_\mathrm{B} = 0\mathrm{A}$，$I_1$ 仍为相电流 I_p，I_2 变为 $1/2\,I_\mathrm{p}$
　　所以

$$I_\mathrm{A} = I_\mathrm{C} = 10 + 5 = 15\mathrm{A}$$

因为 I_2 变为 $1/2 I_p$ ，所以 AB、BC 相的功率为原来的 1/4。

$$P = \frac{1}{4}P_{AB} + \frac{1}{4}P_{BC} + P_{CA}$$
$$= 0.375 + 0.375 + 1.5$$
$$= 2.25(kW)$$

习　题

6.1.1　一个对称三相电源接成星形，电源相电压为 U。若将 C 相电源极性接反，则电源线电压将如何变化？

6.2.1　已知对称三相电路的星形负载 $Z = 165 + j84\Omega$，端线阻抗 $Z_L = 2 + j1\Omega$，中线阻抗 $Z_N = 1 + j1\Omega$，线电压 $U_1 = 380\,\text{V}$。求负载端的电流和线电压，并作电路的相量图。

6.2.2　已知对称三相电路的线电压 $U_1 = 380\,\text{V}$，三角形负载 $Z = 4.5 + j14\Omega$，端线阻抗 $Z_L = 2 + j1\Omega$，求线电流和负载的相电流，并作相量图。

6.2.3　一个对称三相电压线电压为 U_1，对称三相负载每相阻抗 $Z = |Z|\underline{/\varphi}$。（1）将此对称三相负载接成星形，线电流是多少？（2）将此对称三相负载接成三角形，线电流又是多少？（3）比较（1）与（2）所得线电流大小，能得出什么结论。

6.2.4　额定电压为 220V 的 3 个单相负载，$R = 12\Omega$，$X_L = 16\Omega$，用三相四线制供电，已知线电压 $u_{AB} = 380\sqrt{2}\sin(314t + 30°)\,\text{V}$。（1）负载应如何连接；（2）求负载的线电流 i_A、i_B、i_C。

6.2.5　接于线电压为 220V 的三角形接法三相对称负载，后改成星形接法接于线电压为 380V 的三相电源上。求负载在这两种情况下的相电流、线电流及有功功率的比值 $\dfrac{I_{\triangle p}}{I_{Yp}}$、$\dfrac{I_{\triangle l}}{I_{Yl}}$、$\dfrac{P_\triangle}{P_Y}$。

6.2.6　三角形连接的三相对称感性负载由 $f = 50\text{Hz}$，$U_1 = 220\text{V}$ 的三相对称交流电源供电，已知电源供出的有功功率为 3kW，负载线电流为 10A，求各相负载的 R，L 参数。

6.3.1　如图 6.01 所示电路为三相对称负载，测得 $U = 380\,\text{V}$，$I = 22\,\text{A}$，又知三相总功率 $P = 7260\,\text{W}$。求：（1）每相负载的电阻、电抗、阻抗和功率因数；（2）如果 L_1 相负载被短路，此时电流表的读数和三相总功率将变为多少？

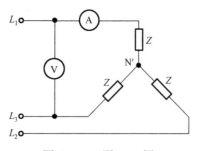

图 6.01　习题 6.3.1 图

6.3.2　三相对称电路如图 6.02 所示，已知电源线电压 $u_{AB} = 380\sqrt{2}\sin\omega t\,\text{V}$，每相负载 $R = 3\Omega$，$X_C = 4\Omega$。求：（1）各线电流瞬时值；（2）电路的有功功率、无功功率和视在功率。

6.3.3　如图 6.03 所示电路，已知每相阻抗为 $(40 + j30)\Omega$，三相电源的线电压为 1.1kV，计算线电流、三相总的有功功率和无功功率。

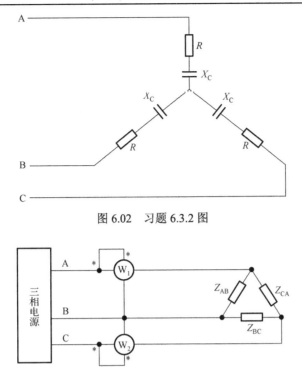

图 6.02 习题 6.3.2 图

图 6.03 习题 6.3.3 图

6.3.4 对于如图 6.04 所示对称三相电路，已知 $Z = (3 + j6)\Omega$，电流表读数为 45A。

（1）求电源相电压；

（2）求三相电源发出的有功功率

6.4.1 如图 6.05 所示的是三相四线制电路，电源线电压 $U_1 = 380\text{ V}$，3 个电阻性负载接成星形，其电阻为 $R_1 = R_2 = R_3 = 12\Omega$。（1）试求负载相电压、相电流及中性线电流，并作出它们的相量图；（2）如无中性线，求负载相电压及中性点电压；（3）如无中性线，当 L_1 相短时求各相电压和电流，并作出它们的相量图，（4）如无中性线，当 L_3 相断路时求另外两相的电压和电流；（5）在（3）和（4）中如有中性线，则又如何？

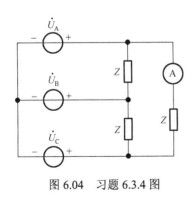

图 6.04 习题 6.3.4 图

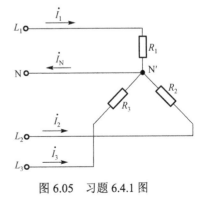

图 6.05 习题 6.4.1 图

6.4.2 在线电压为 380V 的三相电源上，接两组电阻性对称负载，如图 6.06 所示，试求线路电流。

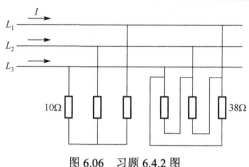

图 6.06　习题 6.4.2 图

6.4.3　如图 6.07 所示，电源线电压 U_l=380V。（1）如果图中各相负载的阻抗模都等于 10Ω，是否可以说负载是对称的？（2）试求各相电流，并用电压与电流的相量图计算中性线电流。如果中性线电流的参考方向与电路图上所示的方向相反，则结果有何不同？（3）试求三相平均功率 P。

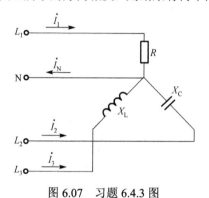

图 6.07　习题 6.4.3 图

6.4.4　某大楼电灯发生故障，第 2 层楼和第 3 层楼所有电灯都突然暗下来，而第 1 层楼电灯亮度不变，试问这是什么原因？这楼的电灯是如何联接的？同时发现，第 3 层楼的电灯比第 2 层楼的电灯还暗些，这又是什么原因？

第7章 含有耦合电感的电路

7.1 耦合电感

7.1.1 互感系数和耦合系数

载流线圈周围存在磁场，载流线圈之间通过互相之间的磁场建立联系的物理现象称为磁耦合，工程上称这样的磁耦合线圈为耦合电感（元件）。图 7.1.1(a)为两个耦合的载流线圈 L_1 和 L_2，匝数分别为 N_1 和 N_2，载流线圈中的电流 i_1 和 i_2 称为施感电流。根据两个线圈的绕向、施感电流的参考方向，按右手螺旋法则可以确定由 i_1 和 i_2 产生的磁通方向和彼此交链的情况。

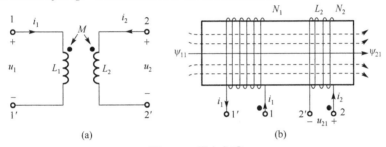

图 7.1.1　耦合电感

线圈 1 中的电流 i_1 产生的磁通设为 Φ_{11}，方向如图 7.1.1(b)所示。磁通符号中双下标的含义为：第 1 个下标表示该磁通所在线圈的编号；第 2 个下标表示产生该磁通的施感电流所在线圈的编号。Φ_{11} 磁通对应的磁链分为两部分，其中一部分与其自身交链的磁链称为自感磁链，用 Ψ_{11} 表示；另一部分与线圈 2 交链的磁链称为互感磁链，用 Ψ_{21} 表示。同理，线圈 2 中的电流 i_2 也产生自感磁链 Ψ_{22} 和互感磁链 Ψ_{12}。

当周围空间是各向同性的线性磁介质时，磁链与产生它的施感电流成正比，因此自感磁链和互感磁链可分别表示为

$$\Psi_{12} = M_{12}i_2 \qquad \Psi_{21} = M_{21}i_1 \qquad\qquad (7.1.1)$$

$$\Psi_{12} = M_{12}i_2 \qquad \Psi_{21} = M_{21}i_1 \qquad\qquad (7.1.2)$$

式中，M_{12} 和 M_{21} 都表示线圈中的互感磁链与产生它的另一个线圈的电流之比，称为两线圈的互感系数，简称互感，单位为亨（H），且 $M_{12} = M_{21}$。当只有两个耦合线圈时，可设为 $M = M_{12} = M_{12}$。互感系数说明了一个线圈中的电流在另一个线圈中建立磁场的能力，互感系数越大说明这种能力越强。

在通常情况下，两个线圈电流所产生的磁通只有一部分交链，彼此不交链的那部分磁通称为漏磁通，它的大小说明两个线圈耦合的紧密程度。因此，引出了耦合系数。工程上通常用互感磁链与自感磁链的比值来反映线圈耦合的紧密程度，同时定义两个耦合电感的耦合系数 k 为

$$k = \frac{M}{\sqrt{L_1 L_2}} \leqslant 1$$

　　从耦合系数的定义式可见，耦合电感的互感系数 M 不会大于 $\sqrt{L_1 L_2}$ 。当 L_1 和 L_2 一定时，改变耦合线圈之间的位置，就改变了互感 M 的大小，从而改变了耦合系数。耦合电感的耦合系数的大小与耦合线圈之间的位置有关。耦合电感中的磁链不仅与施感电流 i_1、i_2 有关，还与线圈的结构、相互位置、线圈耦合的紧密程度有关。

　　如图 7.1.2 所示，图(a)为全耦合，$k \approx 1$（称为全耦合），图(b)为疏耦合（轴线垂直），可使 $k \approx 0$（无耦合）。

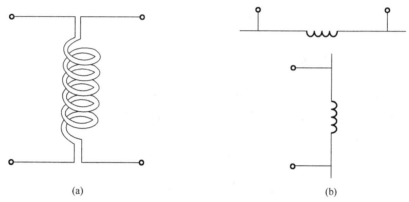

(a)　　　　　　　　　　　　　　　　　　(b)

图 7.1.2　两种耦合状态

7.1.2　同名端

　　耦合电感中的磁链等于自感磁链和互感磁链两部分的代数和，如线圈 1 和线圈 2 中的磁链分别设为 Ψ_1（与 Ψ_{11} 同向）和 Ψ_2（与 Ψ_{22} 同向）。

$$\Psi_1 = \Psi_{11} \pm \Psi_{12} = L_1 i_1 \pm M i_2 \qquad (7.1.3)$$

$$\Psi_2 = \Psi_{21} \pm \Psi_{22} = \pm M i_1 + L_2 i_2 \qquad (7.1.4)$$

　　上式表明，耦合线圈中的磁链是各施感电流独立产生的磁链叠加的结果。M 前的"+"号表示互感磁链与自感磁链方向一致，自感方向的磁场得到加强，称为同向耦合。"–"号表示互感磁链总是与自感磁链方向相反，自感方向的磁场受到削弱，称为反向耦合。

　　由于工程中的线圈大多是密封的，无法得知线圈的绕向，电路中为了作图简便，也经常不画出线圈的绕向，因而无法确定磁链的参考方向，进而判断出同向或是反向耦合。为了解决这个问题，通常采用在线圈端子上标上某种记号的办法，如"*"、"."等记号，这种方法称为同名端法。

　　工程上将同向耦合状态下的一对施感电流（i_1 和 i_2）的流入端（或流出端）定义为耦合电感的同名端，并用同一符号标出这对端子，如图 7.1.1(b)所示中用"."号标出的一对端子（1，2）即为耦合电感的同名端（未作标记的端子 1′端和 2′端亦为同名端）。当有两个以上电感相互之间存在耦合时，同名端应一对一对地加以标记，每一对应采用不同符号标记。如图 7.1.3 所示中，共有 3 个耦合线圈，判断同名端时，应该一对、一对的线圈用不同符号加以标记，结果如图 7.1.3 所示。其中"."号表示线圈 1、2 的同名端，"△"号表示线圈 1、3 的同名端，"*"号表示线圈 2、3 的同名端。同名端可以用实验方法得到。

　　引入同名端的概念后，可以用带有互感 M 和同名端标记的电感 L_1 和 L_2 表示耦合电感，如图 7.1.1(a) 所示。由于图中为同向耦合，则式中 M 前取"+"号，图中的磁链关系可表示为

$$\Psi_1 = L_1 i_1 + M i_2 \qquad (7.1.5)$$

$$\varPsi_2 = Mi_1 + L_2 i_2 \qquad\qquad (7.1.6)$$

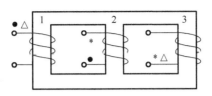

图 7.1.3　耦合线圈的同名端

【例 7.1.1】 图 7.1.1(a)中，$L_1 = 4H$，$L_2 = 6H$，$M = 2H$，$i_1 = 2A$（直流），$i_2 = 10\cos(20t)A$，求耦合电感中的磁链。

解　因电流 i_1、i_2 都是从同名端流进线圈，为同向耦合，则各磁链计算如下

$$\varPsi_{11} = L_1 i_1 = 8\text{Wb}$$

$$\varPsi_{22} = L_2 i_2 = 60\cos(20t)\text{Wb}$$

$$\varPsi_{12} = Mi_2 = 20\cos(20t)\text{Wb}$$

$$\varPsi_{21} = Mi_1 = 4\text{Wb}$$

按右手螺旋法则确定磁链的参考方向，则

$$\varPsi_1 = L_1 i_1 + Mi_2 = \varPsi_{11} + \varPsi_{12} = [8 + 20\cos(20t)]\text{Wb}$$

$$\varPsi_2 = Mi_1 + L_2 i_2 = \varPsi_{22} + \varPsi_{21} = [4 + 60\cos(20t)]\text{Wb}$$

7.1.3　互感电压

讨论了耦合线圈的磁链关系后，现在来看耦合线圈的电压电流关系。设耦合电感 L_1 和 L_2 中为时变电流，根据法拉第电磁感应定律，耦合电感的两个端口将产生感应电压。设 L_1 和 L_2 端口的电压和电流分别为 u_1、i_1 和 u_2、i_2，且都取关联参考方向，互感为 M，则将式（7.1.3）、式（7.1.4）微分后有

$$u_1 = \frac{\mathrm{d}\varPsi_1}{\mathrm{d}t} = L_1\frac{\mathrm{d}i_1}{\mathrm{d}t} \pm M\frac{\mathrm{d}i_2}{\mathrm{d}t}$$

$$u_2 = \frac{\mathrm{d}\varPsi_2}{\mathrm{d}t} = L_2\frac{\mathrm{d}i_2}{\mathrm{d}t} \pm M\frac{\mathrm{d}i_1}{\mathrm{d}t} \qquad (7.1.7)$$

式（7.1.7）表示耦合电感的电压电流关系。

由式 7.1.7 可见，耦合电感的电压是自感电压和互感电压叠加的结果，其中 $u_{11} = L_1\dfrac{\mathrm{d}i_1}{\mathrm{d}t}$，$u_{22} = L_2\dfrac{\mathrm{d}i_2}{\mathrm{d}t}$ 称为自感电压，$u_{12} = M\dfrac{\mathrm{d}i_2}{\mathrm{d}t}$，$u_{21} = M\dfrac{\mathrm{d}i_1}{\mathrm{d}t}$ 称为互感电压。u_{12} 是时变电流 i_2 在线圈 L_1 中产生的互感电压，u_{21} 是时变电流 i_1 在线圈 L_2 中产生的互感电压。

互感电压前的"+"或"−"号的确定方法有两种：一种方法是根据耦合电感的耦合状态和自感电压正负号来确定，即当耦合电感同向耦合时，则互感电压与自感电压同号，反向耦合时，与自感电压异号；另一种方法是设定互感电压的"+"极性端与施感电流的流入端相对于耦合电感的同名端保持一致，即当施感电流从耦合线圈 1 的同名端的标记端流进线圈（流入端）时，则由其在耦合线圈 2 中产生的互感电压的"+"极性端就设在线圈 2 的同名端的标记端，反之亦然。

如图 7.1.1(a)所示中由于两个耦合线圈同向耦合，所以互感电压 $M\dfrac{\mathrm{d}i_1}{\mathrm{d}t}$ 和 $M\dfrac{\mathrm{d}i_2}{\mathrm{d}t}$ 与自感电压同号，

即自感电压根据编写 KVL 方程的取号方法取 "+" 号，则互感电压 u_{12}、u_{21} 在 KVL 方程中也取 "+" 号，此外，如果用与施感电流的流入端保持同名端一致的原则，则互感电压 $M\dfrac{\mathrm{d}i_1}{\mathrm{d}t}$ 和 $M\dfrac{\mathrm{d}i_2}{\mathrm{d}t}$ 的 "+" 极性端则设在与施感电流 i_1 和 i_2 的流入端有相同同名端标记的端子上。

【例 7.1.2】 求例 7.1.1(a) 中耦合电感的端电压 u_1、u_2。

解 按图 7.1.1(a) 得

$$u_1 = L_1 \frac{\mathrm{d}i_1}{\mathrm{d}t} + M \frac{\mathrm{d}i_2}{\mathrm{d}t} = M \frac{\mathrm{d}i_2}{\mathrm{d}t} = -400\sin(20t)\,\text{V}$$

$$u_2 = L_2 \frac{\mathrm{d}i_2}{\mathrm{d}t} + M \frac{\mathrm{d}i_1}{\mathrm{d}t} = L_2 \frac{\mathrm{d}i_2}{\mathrm{d}t} = -1200\sin(20t)\,\text{V}$$

注意，由于直流电流 i_1 只产生自感和互感磁链，但不产生自感电压和互感电压，所以电压 u_1 中只含有互感电压 u_{12}，电压 u_2 中只含有自感电压 u_{22}。

【例 7.1.3】 图 7.1.4 是测定同名端的实验电路。其中线圈 1 的 1 端与直流电压源（如干电池）的正极相连，2 端与负极连接。线圈 2 与一个直流毫伏表相接，设 3 端接毫伏表的 "+" 端，4 端接毫伏表的 "–" 端。当图中开关 K 闭合时，试根据毫伏表的偏转方向来确定同名端。

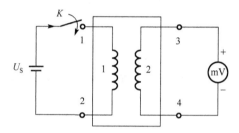

图 7.1.4 测定耦合线圈同名端的实验电路

解 当开关闭合时，设有电流 i_1 由线圈 1 的 1 端流入，且 $\dfrac{\mathrm{d}i_1}{\mathrm{d}t} > 0$，根据电流 i_1 与它产生的互感电压 u_{21} 相对于同名端一致的原则，有

$$u_{21} = M \frac{\mathrm{d}i_1}{\mathrm{d}t} > 0$$

说明 u_{21} 的真实方向与参考方向一致，则可判断出互感电压的正极性端与线圈 1 的 1 端为同名端。因此，如毫伏表正传时 3 端为正极性端，则 1 端与 3 端为同名端，反转时，4 端为正极性端，则 1 端与 4 端为同名端。

在正弦稳态下，当施感电流为正弦量时，电压、电流方程可用相量形式表示。以如图 7.1.1(a) 所示电路为例，有

$$\dot{U}_1 = \mathrm{j}\omega L_1 \dot{I}_1 + \mathrm{j}\omega M \dot{I}_2$$
$$\dot{U}_2 = \mathrm{j}\omega M \dot{I}_1 + \mathrm{j}\omega L_2 \dot{I}_2$$

$$(7.1.8)$$

如令 $Z_\mathrm{M} = \mathrm{j}\omega M$，$\omega M$ 称为互感抗。

此外，也可根据施感电流产生互感电压的特点，用电流控制电压源的受控源类型（CCVS）表示互感电压的作用。对图同向耦合和反向耦合的两种情况，用 CCVS 表示的等效电路的相量形式如图 7.1.5 所示。

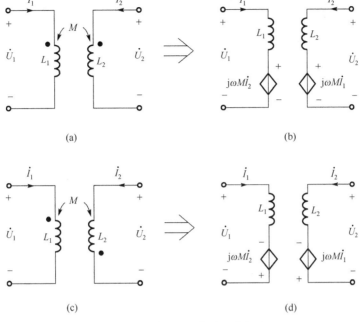

图 7.1.5 用 CCVS 表示互感电压

练习与思考

7.1.1 试分析两个耦合线圈中，互感系数和两线圈自感系数的算术平均值的关系。

7.1.2 试判断图 7.1.6 中的同名端，并作上标记。

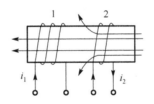

图 7.1.6 练习与思考 7.1.2 的图

7.2 含有耦合电感电路的计算

本节将讨论耦合电感的串联和并联的电路计算。耦合电感的电路计算通常可以采用去耦等效的计算方法。含有耦合电感电路的计算需要注意以下两点：第一是耦合电感支路的电压不仅与本支路电流有关，还与其耦合的其他支路电流有关，列结点电压方程时要特别留意；第二是要分清互感电压的正负号。由于耦合电感上的电压包含自感电压和互感电压两部分，在列 KVL 方程时，要正确使用同名端计入互感电压，必要时可引用 CCVS 表示互感电压的作用。

7.2.1 耦合电感的串联电路计算

耦合电感的串联连接分为两种情况，同向串联和反向串联。电流从耦合电感的同名端流入或流出，称为同向串联，反之称为反向串联，如图 7.2.1(a)和(b)所示即分别为偶和电感的同向和反向串联电路。

以如图 7.2.1(b)所示耦合电感的反向串联电路为例，按图示参考方向，KVL 方程为

$$u_1 = R_1 i + \left(L_1 \frac{\mathrm{d}i}{\mathrm{d}t} - M \frac{\mathrm{d}i}{\mathrm{d}t} \right) = R_1 i + (L_1 - M) \frac{\mathrm{d}i}{\mathrm{d}t}$$

$$u_2 = R_2 i + \left(L_2 \frac{\mathrm{d}i}{\mathrm{d}t} - M \frac{\mathrm{d}i}{\mathrm{d}t} \right) = R_2 i + (L_2 - M) \frac{\mathrm{d}i}{\mathrm{d}t} \tag{7.2.1}$$

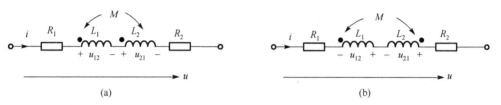

图 7.2.1 耦合电感的串联电路

根据上述方程可以对应得到一个如图 7.2.2(b)所示的去耦等效电路。根据 KVL 有

$$u = u_1 + u_2 = (R_1 + R_2)i + (L_1 + L_2 - 2M) \frac{\mathrm{d}i}{\mathrm{d}t} \tag{7.2.2}$$

由式（7.2.2）可见，反向耦合的去耦等效电路可以认为是等效电阻为（$R_1 + R_2$）和等效电感为 $L(= L_1 + L_2 - 2M)$ 的串联电路。

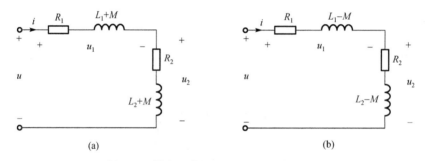

图 7.2.2 耦合电感串联电路的去耦等效电路

对正弦稳态电路，可采用相量形式表示如下

$$\dot{U}_1 = [R_1 + \mathrm{j}\omega(L_1 - M)]\dot{I}$$

$$\dot{U}_2 = [R_2 + \mathrm{j}\omega(L_2 - M)]\dot{I}$$

$$\dot{U} = [R_1 + R_2 + \mathrm{j}\omega(L_1 + L_2 - 2M)]\dot{I} \tag{7.2.3}$$

电流 $\dot{I}$ 为

$$\dot{I} = \frac{\dot{U}}{(R_1 + R_2) + \mathrm{j}\omega(L_1 + L_2 - 2M)} \tag{7.2.4}$$

每一条耦合电感支路的阻抗和电路的输入阻抗分别为

$$Z_1 = [R_1 + \mathrm{j}\omega(L_1 - M)]$$

$$Z_2 = [R_2 + \mathrm{j}\omega(L_2 - M)]$$

$$Z = Z_1 + Z_2 = (R_1 + R_2) + \mathrm{j}\omega(L_1 + L_2 - 2M) \tag{7.2.5}$$

由式（7.2.5）可以看出，由于互感的反向耦合作用，使每个耦合电感的等效电抗（$L_1 - M$）、

$(L_2 - M)$)、串联后的总等效电抗都比无互感时的电抗小。此外，耦合电感支路的等效电抗分别为 $(L_1 - M)$ 和 $(L_2 - M)$，其中之一可能为负值，但不可能都为负，整个电路仍呈感性 。

类似地，对同向串联电路，也可以对应得到一个如图 7.2.2(a)所示的去耦等效电路，其中每一耦合电感支路的阻抗为

$$Z_1 = [R_1 + j\omega(L_1 + M)]$$
$$Z_2 = [R_2 + j\omega(L_2 + M)]$$

（7.2.6）

总等效阻抗为

$$Z = Z_1 + Z_2 = (R_1 + R_2) + j\omega(L_1 + L_2 + 2M)$$

（7.2.7）

由式（7.2.7）可以看出，由于互感的同向耦合作用，使每个耦合电感的等效电抗、串联后的总等效电抗都比无互感时的电抗增大了。

综合同向耦合和反向耦合的特点，可以看出同向耦合时，串联等效电抗为 $X_1 = \omega(L_1 + L_2 + 2M)$，反向耦合时串联等效电抗为 $X_2 = \omega(L_1 + L_2 - 2M)$，由于 $X_1 > X_2$，因此同向串联时线圈的总阻抗比反向串联大。如果在两个串联的线圈上加一个正弦电压测电流，则可得出同向串联时电流比反向串联时电流小的结论，用这种方法可以判断出耦合线圈的同名端。

【例 7.2.1】 如图 7.2.1(b)所示电路中的参数为 $R_1 = 6\Omega$，$R_2 = 10\Omega$，$\omega L_1 = 15\Omega$，$\omega L_2 = 25\Omega$，$\omega M = 16\Omega$，正弦电压 u 的有效值为 100V，求串联电路的电流和电路中各支路吸收的复功率 $\overline{S}_1$ 和 $\overline{S}_2$。

解 由于耦合电感是反向串联，支路的等效阻抗分别为

$$Z_1 = R_1 + j\omega(L_1 - M) = (6 - j)\Omega = 6.1 \underline{/-9°}\Omega(容性)$$
$$Z_2 = R_2 + j\omega(L_2 - M) = (10 + j9)\Omega = 13.5 \underline{/42°}\Omega(感性)$$

输入阻抗 Z 为

$$Z = Z_1 + Z_2 = (16 + j8)\Omega = 17.9 \underline{/27°}\Omega$$

令 $\dot{U} = 100 \underline{/0°}\text{V}$，解得电流 $\dot{I}$ 为

$$\dot{I} = \frac{\dot{U}}{Z} = \frac{100 \underline{/0°}}{17.9 \underline{/27°}}\text{A} = 5.6 \underline{/-27°}\text{A}$$

各支路吸收的复功率分别为

$$\overline{S}_1 = I^2 Z_1 = (188 - j31)\text{V} \cdot \text{A}$$

$$\overline{S}_2 = I^2 Z_2 = (314 + j282)\text{V} \cdot \text{A}$$

验算电源发出的复功率 $\overline{S}$ 为

$$\overline{S} = \dot{U}\dot{I}^* = (502 + j251)\text{V} \cdot \text{A} = \overline{S}_1 + \overline{S}_2$$

7.2.2 耦合电感的并联电路计算

耦合电感的并联连接也分为两种情况，同侧并联和异侧并联。同名端连接在同一个结点上时，称为同侧并联电路，异名端连接在同一结点上时，则称为异侧并联电路。如图 7.2.3(a)所示电路，由于同名端连接在同一个结点上，因此为耦合电感的同侧并联电路。而如图 7.2.3(b)所示则为异侧并联电路。

设在正弦稳态情况下，根据耦合电感的电压电流关系，对同侧并联电路有

$$\dot{U} = (R_1 + j\omega L_1)\dot{I}_1 + j\omega M\dot{I}_2$$
$$\dot{U} = j\omega M\dot{I}_1 + (R_2 + j\omega L_2)\dot{I}_2 \qquad (7.2.8)$$
$$\dot{I}_3 = \dot{I}_1 + \dot{I}_2$$

类似地，对异侧并联电路可得

$$\dot{U} = (R_1 + j\omega L_1)\dot{I}_1 - j\omega M\dot{I}_2$$
$$\dot{U} = -j\omega M\dot{I}_1 + (R_2 + j\omega L_2)\dot{I}_2 \qquad (7.2.9)$$
$$\dot{I}_3 = \dot{I}_1 + \dot{I}_2$$

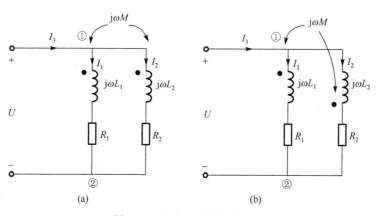

图 7.2.3 耦合电感的并联电路

令 $Z_1 = R_1 + j\omega L_1$，$Z_2 = R_2 + j\omega L_2$，$Z_M = \omega M$，式（7.2.8）和式（7.2.9）可统一改写为

$$\dot{U} = Z_1\dot{I}_1 \pm Z_M\dot{I}_2$$
$$\dot{U} = \pm Z_M\dot{I}_1 + Z_2\dot{I}_2 \qquad (7.2.10)$$
$$\dot{I}_3 = \dot{I}_1 + \dot{I}_2$$

式中，"+"号对应同侧并联电路，"−"号对应异侧并联电路。根据上述的电路方程就可以对耦合电感的并联电路进行分析求解。

【例 7.2.2】 如图 7.2.3(a)所示电路中的参数为 $R_1 = 6\Omega$，$R_2 = 10\Omega$，$\omega L_1 = 15\Omega$，$\omega L_2 = 25\Omega$，$\omega M = 16\Omega$，正弦电压的 u 的有效值为 100V。求并联支路 1、2 的电流和整个电路的输入阻抗。

解 令 $\dot{U} = 100\underline{/0°}\text{V}$，由于耦合电感为同侧并联，根据式（7.2.10）解得

$$\dot{I}_1 = \frac{Z_2 - Z_M}{Z_1 Z_2 - Z_M^2}\dot{U} = 4.4\underline{/-59°}\text{A}$$

$$\dot{I}_2 = \frac{Z_1 - Z_M}{Z_1 Z_2 - Z_M^2}\dot{U} = 1.9\underline{/-111°}\text{A}$$

输入阻抗 Z_i 为

$$Z_i = \frac{\dot{U}}{\dot{I}_1 - \dot{I}_2} = \frac{Z_1 Z_2 - Z_M^2}{Z_1 + Z_2 - 2Z_M} = 17.7\underline{/75°}\Omega = (4.6 + j16.4)\Omega$$

如 $R_1 = R_2 = 0$，Z_i 为输入电抗，有

$$Z_i = jX = \frac{(j\omega L_1)(j\omega L_2) - (j\omega M)^2}{(j\omega L_1) + (j\omega L_2) - 2(j\omega M)}$$

$$= j\omega \frac{L_1 L_2 - M^2}{L_1 + L_2 - 2M} = j\omega L_{eq} = j14.9\Omega$$

根据同侧并联耦合电路方程式（7.2.8）可推导出去耦合等效电路。用 $\dot{I}_2 = \dot{I}_3 - \dot{I}_1$ 消去支路 1 方程中的 $\dot{I}_2$，用 $\dot{I}_1 = \dot{I}_3 - \dot{I}_2$ 消去支路 2 中的 $\dot{I}_1$，有

$$\dot{U} = j\omega M\dot{I}_3 + [R_1 + j\omega(L_1 - M)]\dot{I}_1$$
$$\dot{U} = j\omega M\dot{I}_3 + [R_2 + j\omega(L_2 - M)]\dot{I}_2 \tag{7.2.11}$$

根据上述方程可得同侧并联的耦合电感的去耦等效电路，如图 7.2.4(a)所示。同理，按式（7.2.9）可得出异侧并联的去耦合等效电路，如图 7.2.4(b)所示，其差别主要在于互感 M 前的 "+"、"–" 号。

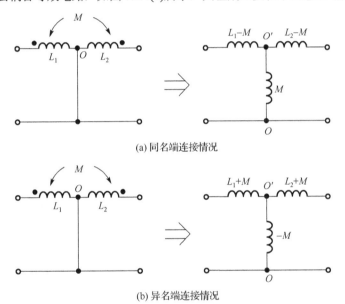

(a) 同名端连接情况

(b) 异名端连接情况

图 7.2.4　耦合电感的去耦等效电路

由此，如果耦合电感的两条支路各有一端与第 3 支路形成一个仅含 3 条支路的共同结点的并联电路，可通过用 3 条无耦合的电感支路分别等效代替对应的 3 条支路的方法来得到其去耦等效电路，而这 3 条支路的等效电感分别为：

（支路 3）$L_3 = \pm M$　（同侧取 "+"，异侧取 "–"）

（支路1）$L_1' = L_1 \mp M$　$\Big\}$ M 前所取符号与 L_3 中的相反
（支路2）$L_2' = L_2 \mp M$

在得到去耦等效电路的过程中需要注意：等效电感与电流参考方向无关，这 3 条支路中的其他元件不变。另外，还要注意去耦等效电路中的结点（如图 7.2.4(a)中 O' 点所示）不是原电路的结点 O，原结点 O 移至 M 支路侧。事实上，上述去耦等效电路方法还可推广用于两个耦合电感一端连接在一起并与第 3 支路连接的情况。

【例 7.2.3】　如图 7.2.5 所示电路中，$R_1 = 3\Omega$，$R_2 = 5\Omega$，$\omega L_1 = 7.5\Omega$，$\omega L_2 = 12.5\Omega$，$\omega M = 6\Omega$，电源电压 $\dot{U}_s = 50\underline{/0°}$ V。求开关断开和闭合时的电流 $\dot{I}$。

解　将电路解耦后如下

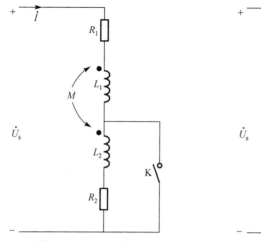

图 7.2.5　例 7.2.3 的图

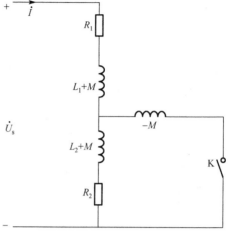

图 7.2.6　例 7.2.3 的去耦等效图

在开关断开时

$$\dot{I} = \frac{\dot{U}_s}{R_1 + R_2 + j\omega(L_1 + L_2 + 2M)} = \frac{50\,\underline{/0^\circ}}{8 + 32j} = 1.52\,\underline{/-75.96^\circ}\,\text{A}$$

开关闭合后总阻抗

$$Z = \frac{-j\omega M \cdot [R_2 + j\omega(L_2 + M)]}{-j\omega M + R_2 + j\omega(L_2 + M)} + R_1 + j\omega(L_1 + M) = 6.41\,\underline{/51.48^\circ}\,\Omega$$

$$\dot{I} = \frac{\dot{U}_s}{Z} = \frac{50\,\underline{/0^\circ}}{6.41\,\underline{/51.48^\circ}} = 7.79\,\underline{/-51.48^\circ}\,\text{A}$$

练习与思考

7.2.1　思考利用耦合电感的同向和反向串联分析计算互感的方法。

7.2.2　试分析说明耦合电感的并联连接中连接点的移位。

7.3　耦合电感的功率

耦合电感之间是通过电磁场传输能量的。当耦合电感中的施感电流变化时，将产生变化的磁场，进而产生变化的电场，能量通过电磁场从耦合电感的一边传输到另一边。

如图 7.3.1 所示电路，在开关 S 打开状态下，电路为耦合电感的同向串联情况。现将图中开关 S 闭合（线圈 2 短接），讨论两个线圈中电磁能的传送。显然，如无耦合情况，达到稳态时电流 i_2 必定为零。但在有耦合的情况下，只要 $\dfrac{di_1}{dt}$ 不为零，则电流 i_2 就不会为零，电磁能将从线圈 1 传送到线圈 2。

根据如图 7.3.1 所示参考方向，电路方程为

$$R_1 i_1 + L_1 \frac{di_1}{dt} + M \frac{di_2}{dt} = u_s$$

$$M \frac{di_1}{dt} + R_2 i_2 + L_2 \frac{di_2}{dt} = 0$$

（7.3.1）

用式（7.3.1）中的第 1 式乘以 i_1，第 2 式乘以 i_2，得到耦合电感电路的瞬时功率方程为

$$R_1 i_1^2 + i_1 L_1 \frac{\mathrm{d}i_1}{\mathrm{d}t} + i_1 M \frac{\mathrm{d}i_2}{\mathrm{d}t} = u_s i_1$$

$$i_2 M \frac{\mathrm{d}i_1}{\mathrm{d}t} + R_2 i_2^2 + i_2 L_2 \frac{\mathrm{d}i_2}{\mathrm{d}t} = 0$$

$$(7.3.2)$$

式中，$i_1 M \dfrac{\mathrm{d}i_2}{\mathrm{d}t}$（在线圈 1 中）和 $i_2 M \dfrac{\mathrm{d}i_1}{\mathrm{d}t}$（在线圈 2 中）为一对通过互感电压耦合的功率，通过它们与 2 个耦合的线圈实现电磁能的转换和传输。

设在正弦稳态下，当如图 7.3.1 所示耦合电感电路中的电压、电流为同频率正弦量时，则两个线圈的复功率 $\bar{S}_1$ 和 $\bar{S}_2$ 分别为

$$\bar{S}_1 = \dot{U}_s \dot{I}_1^* = (R_1 + \mathrm{j}\omega L_1)I_1^2 + \mathrm{j}\omega M \dot{I}_2 \dot{I}_1^*$$

$$\bar{S}_2 = 0 = \mathrm{j}\omega M \dot{I}_1 \dot{I}_2^* + (R_2 + \mathrm{j}\omega L_2)I_2^2$$

$$(7.3.3)$$

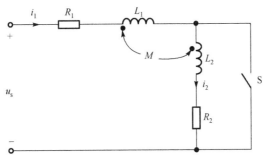

图 7.3.1　耦合电感电路

注意到线圈 1 和线圈 2 中耦合电感的复功率分别为 $\mathrm{j}\omega M \dot{I}_2 \dot{I}_1^*$ 和 $\mathrm{j}\omega M \dot{I}_1 \dot{I}_2^*$，由于（$\dot{I}_2 \dot{I}_1^*$）和（$\dot{I}_1 \dot{I}_2^*$）互为共轭复数，两者的实部同号，而虚部异号，但乘以 j 以后，则变为虚部同号，而实部异号。这反映了耦合电感的有功功率和无功功率传递的特点。当 M 起同向耦合作用时，它的储能性质与电感相同，将使耦合电感中的磁能增加；当 M 起反向耦合作用时，它的储能性质与电容相同，与自感储存的磁能彼此互补。因此，两个互感电压耦合功率中的无功功率对两个耦合线圈的影响、性质是相同的，这就是耦合功率中虚部同号的原因。无功功率是通过互感 M 的储能性质与耦合电感进行转换的。耦合功率中的有功功率是相互异号的，这表明有功功率从一个端口进入（吸收，正号），必须从另一个端口输出（发出，负号），这是互感 M 非耗能特性的体现，有功功率是通过耦合电感的电磁场传播的。由此可见，互感 M 为正或为负时分别具有储能元件电感和电容两者的特性，也可以认为是一个非耗能的储能参数。举例说明如下。

【例 7.3.1】 图 7.3.1 中，$U = 100\text{V}$，$R_1 = 6\Omega$，$\omega L_1 = 15\Omega$，$R_2 = 10\Omega$，$\omega L_2 = 25\Omega$，$\omega M = 16\Omega$。求该电路的复功率，并分析互感在功率转换和传输中的作用。

解　令 $\dot{U}_s = 100\underline{/0°}\text{V}$

可列电路的方程为

$$(6 + \mathrm{j}15)\dot{I}_1 + \mathrm{j}16\dot{I}_2 = \dot{U}_s$$

$$\mathrm{j}16\dot{I}_1 + (10 + \mathrm{j}25)\dot{I}_2 = 0$$

解得

$$\dot{I}_1 = 8.8 \underline{/-33°} \text{A}$$
$$\dot{I}_2 = 5.2 \underline{/169°} \text{A}$$

复功率分别为

$$\overline{S}_1 = \dot{U}_S \dot{I}_1^* = (6 + \text{j}15)I_1^2 + \text{j}16\dot{I}_2\dot{I}_1^*$$
$$= [(466 + \text{j}1164) + (274 - \text{j}686)]\text{V}\cdot\text{A}$$

$$\overline{S}_2 = \text{j}16\dot{I}_1\dot{I}_2^* + (10 + \text{j}25)I_2^2$$
$$= [(-274 - \text{j}686) + (274 + \text{j}686)]\text{V}\cdot\text{A}$$
$$= 0$$

从上式可以看出，互感电压发出无功，分别补偿 L_1 和 L_2 中的无功功率，其中，L_2 和 M 处于完全补偿状态。线圈 1 中的互感电压吸收的 274W 有功功率，由线圈 2 中的互感电压发出，供给支路 2 中的电阻 R_2 消耗。只要 $\arg(\dot{I}_1\dot{I}_2^*) \neq 0$，就会出现互感传递有功功率的现象。

【例 7.3.2】 对例 7.2.2 中的复功率的转换和传输作进一步分析。

解 复功率 $\overline{S}_1$ 和 $\overline{S}_2$ 分别为

$$\overline{S}_1 = \dot{U}\dot{I}_1^* = (6 + \text{j}15)I_1^2 + \text{j}16(1.9\ \underline{/-111°} \times 4.4\ \underline{/59°})$$
$$= [(116 + \text{j}290) + (110 + \text{j}87)]\text{V}\cdot\text{A}$$

$$\overline{S}_2 = \dot{U}\dot{I}_2^* = \text{j}16(1.9\ \underline{/111°} \times 4.4\ \underline{/-59°}) + (10 + \text{j}25)I_2^2$$
$$= [(-110 + \text{j}87) + (40 + \text{j}99)]\text{V}\cdot\text{A}$$

从结果可以看出，对于无功功率，互感 M 起同向耦合作用，耦合电感中的无功功率增加量相同。而有功功率的传输情况是：线圈 1 多吸收的 110W 传输给线圈 2，并由线圈 2 发出，扣除线圈 2 中电阻 R_2 的消耗后，尚有 70W 多余功率，这部分有功功率又返回电源。如果将如图 7.2.1(b)所示电路改接成如图 7.3.2 所示的形式，而其中的参数值与例 7.2.2 所述相同，而两边的电压源为 $\dot{U}_1 = \dot{U}_2 = \dot{U}$，这样计算结果完全相同，但可以看得更清楚。有功功率从左边的电压源发出，供给耦合电感中的电阻消耗后，又将多余部分传输给右边的电压源吸收。

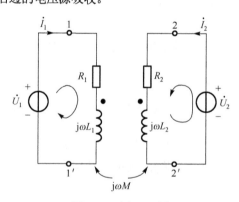

图 7.3.2 例 7.3.2 图

最后应当指出，当 $\arg(\dot{I}_1\dot{I}_2^*) = 0$ 时，耦合电感中将不会出现有功功率的传播。此外，上述的分析不能反映耦合电感电路中电磁能的转换和传播的全过程，仅在正弦稳态的条件下反映耦合电感在电磁能的转换和传播中的作用和一些特点，当然，这也是耦合电感电磁性能的一种表现。

练习与思考

7.3.1 正弦稳态下，电磁能通过互感转换和传输有功功率和无功功率的情况。

习 题

7.1.1 在同一个磁心上绕 3 组线圈，绕向如图 7.1 所示，他们的电感量各为 L_1、L_2、L_3，之间的互感各为 M_{12}、M_{23}、M_{31}。（1）对线圈 1、2、3 分别标上同名端标记；（2）设线圈分别通过电流 $\dot{I}_1$、$\dot{I}_2$、$\dot{I}_3$，其方向如图所示，求 3 组线圈的端电压 $\dot{U}_1$、$\dot{U}_2$、$\dot{U}_3$；电源角频率为 $\omega(\text{rad/s})$。

7.1.2 如图 7.2 所示电路中，L_1=1H，L_2=0.25H，M=0.5H，求 u_2。（1）i_1=5sin2tA，i_2=0；（2）i_1=0，i_2=3sin2tA；（3）i_1=5sin2tA，i_2=3sin2tA。

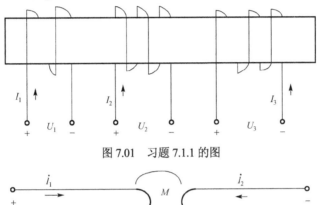

图 7.01 习题 7.1.1 的图

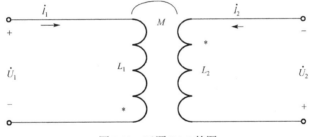

图 7.02 习题 7.1.2 的图

7.2.1 如图 7.03 所示电路中，R_1=5Ω，R_2=8Ω，ωL_1=15Ω，ωL_2=25Ω，ωM=6Ω，电源电压 $\dot{U}_s = 50\underline{/0°}$ V。求开关断开和闭合时的电流 $\dot{I}$。

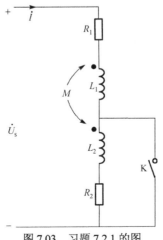

图 7.03 习题 7.2.1 的图

7.2.2 如图 7.4 所示电路中，已知 $R_1=X_1=X_2=5\Omega$，$X_3=4\Omega$，$X_M=2\Omega$，在 $I_3=5A$ 时，若使 X_2 上电压等于 0。问必须与 X_2 串联接入多大的阻抗 Z？并求电路的输入电压和各支路电流。

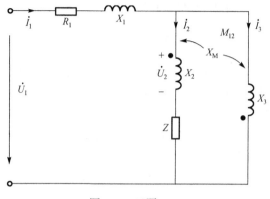

图 7.04 习题 7.2.2

7.2.3 如图 7.5 所示电路中，$\dot{I}_s$ 为角频率 ω 的正弦电流源，求 $\dot{I}_2$

7.2.4 作出图 7.6 电路的去耦等效电路。如果 R_1、L_1、R_2、L_2、R_3、L_3 是已知的，以及 $M_{12}=M_{13}=M_{23}=M$。

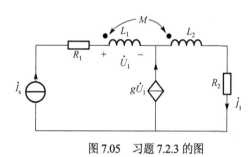

图 7.05 习题 7.2.3 的图

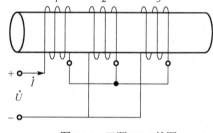

图 7.06 习题 7.2.4 的图

7.2.5 试列写出如图 7.7 所示电路的相量形式的回路电流方程，电源角频率为 ω(rad/s)。回路方向均为顺时针。

7.3.1 在如图 7.8 所示电路中，已知 $\dot{I}_s = 2\ \underline{/45°}A$，$R_1=R_2=10\Omega$，$\omega L_1=\omega L_2=40\Omega$。$1/\omega C_1=1/\omega C_2=\omega M=20\Omega$。试求：（1）作无互感等效电路；（2）$\dot{I}_{C1} = ?$，$\dot{I}_{L2} = ?$；（3）电流源 $\dot{I}_s$ 供出的复功率。

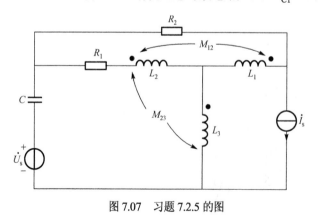

图 7.07 习题 7.2.5 的图

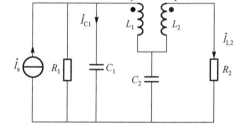

图 7.08 习题 7.3.1 的图

第8章 磁路与电磁能量转换

前面我们研究了耦合电感电路，着重于它们的电路分析。实际上，耦合电感是利用电磁场建立联系的，不仅如此，除了耦合电感外，很多电器中也往往同时存在电路和磁路的问题，这就要求我们不仅要具有电路的基本知识，还要有磁路的基本理论，才能对各种电器做全面的分析。此外，在这些电器的工作过程中，既满足能量守恒原理，在设备内部又进行着能量形态之间的转换。

8.1 电 与 磁

说起电的应用，世界上第一个有规模的发电厂尼加拉水力发电厂开动于 1896 年，距今只有一百多年，但这一百多年间，世界上人类的生活却发生了巨大的变化，从几乎没有电器用品到充满了电器用品，甚至已经离不开电器用品了。而关于磁的应用，在我国古代秦始皇为了防备刺客行刺，曾用磁石建筑阿房宫的北阙门，以阻止身带刀剑的刺客入内。除此之外，指南针的发明与应用可算是磁的早期应用中最光辉的成就。在我国战国时期就发现了磁体的指南针，最早指南的磁石是一种勺状的司南，它的灵敏度虽然很低，但却给人以启示：有地磁存在，磁可以指南。到了北宋时期，制成新的指向仪器指南鱼，在曾公亮的《武经总要》中详细记载了制造过程，此后不久，指南针与方位结合起来成了罗盘，为航海事业提供了可靠的指向仪器。后来，我国的指南针传入欧洲各国，到了 16 世纪，成为更加精确的航海罗盘，为航海事业的发展创造了条件。

当然，到了现代，电与磁这两样东西在我们的日常生活中十分常见，应用也十分广泛，那么，这两样东西之间的关系又是怎样的呢？

早期，在人们还不知道电的本质时，认为电荷分正电荷与负电荷，电是电荷储存在物体上的。到了 1755 年，法国科学家库仑提出了著名的库仑定律：电荷与电荷之间，同性相斥，异性相吸，其力的方向在两电荷间的联线上，其大小与电荷间距离的平方成反比，而与两电荷量大小成正比，这是电学以数学来描述的第一步。

后来，科学家逐步发现了电与磁的关系。首先，法国物理学家安培提出了电磁学中一个重要的定理——安培定律：两根平行的长直导线中通入电流，若电流方向相同，则导线相互吸引，反之，则相斥，力的大小与两线间距离成反比，与电流大小成正比，同时，他提出假说：物质的磁性，都是由物质内的电流而引起的，使"磁性"成为"电流"的生成物，由此，他被誉为电磁学的始祖。

电磁学进一步发展，法拉第提出了"场"的概念，同时，他提出了电磁学中另一个重要定律——法拉第电磁感应定律：穿过导电回路所限定面积的磁通发生变化，在该导电回路中会产生感应电动势。这个定律动态地描述了磁产生电的关系。电磁感应现象的发现有着跨时代的意义。法拉第把电与磁长期分立的两种现象最终连接在了一起，揭露出电与磁本质上的联系，找到了机械能与电能之间的转化方法，为建立电磁场的理论体系打下了基础。

1762 年，麦克斯韦完整地总结了电磁关系，他由理论推导出：电场变化时也会感应出磁场，进一步通过数学分析，麦克斯韦写下了著名的"麦克斯韦方程式"，不但完整而精确地描述了所有的已知电磁场现象，而且预言了电磁波的存在。至此，麦克斯韦将电与磁统一起来了。

由此，我们可以看到，电磁学的发展经历了从电到磁、再到电与磁关系的研究过程，与之对应的电磁学核心有 4 个部份：库仑定律、安培定律、法拉第定律和麦克斯韦方程式。没有库仑定律对电荷的概念，安培定律中的电流就不易说清；不理解法拉第的磁感应电，也很难了解麦克斯韦的电磁交感。

现代社会，随着电子计算机的发明和新的磁性材料的不断涌现，人类科学技术与生产和电与磁已经不可分割。现在电磁学在生活生产中有许许多多的应用，磁悬浮列车就是电磁学的推广和应用。随着新的磁现象的发现、磁的更深刻本质的揭露，电磁学的应用也会出现新的局面。

练习与思考

8.1.1　想想我们生活中还有哪些应用到电磁关系的例子。

8.2　磁路及其计算

8.2.1　磁路

关于如何产生磁场，目前主要有两种方式；由永久磁铁产生或者由电流来产生。在大多数情况下，包括电机和变压器，都采用后者来产生磁场。因此，应该运用电磁场理论来分析电机及变压器，但在工程运用上，为了分析问题简便，通常把场的问题等效为路的问题来研究。因此，磁场的各个基本物理量也适用于磁路。

磁路指的是把磁场集中在一定范围内的磁场通路。如线圈绕在铁心上，线圈产生的磁通主要在铁心的路径上通过，磁通所经过的路径即为磁路。

根据不同的分类标准，磁路有不同的分类。磁路可以分为主磁路和漏磁路。在磁场中，通常有导磁性能良好的材料，如铁心（其导磁性能远好于空气），因此，磁场中的磁通绝大部分通过铁心成为主磁通，相应的路径称为主磁路，而少量磁通经过部分铁心和空气闭合，称为漏磁通，相应的路径称为漏磁路。

产生磁通的电流称为励磁电流，所以根据励磁电流性质的不同，磁路又可以分为直流磁路和交流磁路。图 8.2.1 和图 8.2.2 为两种常见的磁路和它们的主、漏磁通。其中图 8.2.1 为交流磁路，图 8.2.2 为直流磁路。

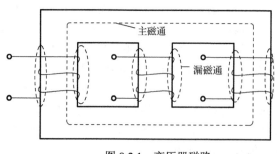

图 8.2.1　变压器磁路

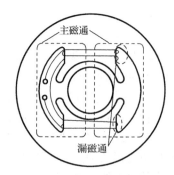

图 8.2.2　二级直流电机磁路

8.2.2　铁磁材料的基本性质

分析磁路问题，首先就要了解磁路的一些基本情况，包括铁磁材料的基本性质及分析磁场的基本物理量等。

首先铁磁材料主要指铁、镍、钴及其合金，它们具有下列磁性能。

1. 磁饱和性

将磁性材料放入磁场强度为 **H** 的磁场，磁性材料会受到磁化，其磁化曲线（**B-H** 曲线）如图 8.2.3 所示。从磁化曲线中可以看出，磁感应强度随磁场强度的变化并不是一成不变的，磁感应强度 **B** 与磁场强度 **H** 先是缓慢增加，而后近似成比例增加，此后，磁场强度虽然继续增大，但磁感应强度的增加相对减小很多，最后趋于不变的饱和状态。磁化期间，磁性材料的导磁系数 μ 也会随着磁场强度的变化，而发生改变，改变的趋势是在一定的范围内增加的，而后随着磁场强度的增加，磁导率反而会减小。磁化曲线之所以会出现上述的变化也是因为磁畴的存在。

磁畴指的是在磁性材料的内部许多很小的磁化区开始时，外磁场较弱，顺着外磁场方向的磁畴开始扩大，逆着外磁场方向的磁畴在缩小，因此磁感应强度增加较为缓慢，后来，外磁场已经较强，虽然磁畴的扩大与缩小仍在进行，但逆着外磁场方向的磁畴已经开始倒转到与外磁场的方向一致了，所以磁感应强度随着磁场强度的增加迅速上升，再后来，由于铁磁材料内部的磁畴几乎全部都转到与外磁场方向一致的方向上，所以，即使再增强外磁场，铁磁材料的附加磁场已经达到最大值，因而磁感应强度的增加也很有限，所以出现了磁饱和现象。当然，不同铁磁材料要达到磁饱和所需要的磁场强度也不相同。

2. 磁滞性

在磁化过程中，磁感应强度的变化滞后于磁场强度的变化的特点称为磁滞性。如当交流电通入铁心线圈中时，铁心产生磁化现象。在一个电流变化周期内，磁感应强度随磁场强度变化的关系如图 8.2.4 所示。由图可见，磁感应强度的变化滞后于磁场强度的变化，即当磁场强度 **H** 降到 0 时，磁感应强度 **B** 并未回到 0，这就是磁滞性。如图 8.2.4 所示的曲线也称为磁滞回线。

磁性材料可以分成两种类型：软磁材料和硬磁材料。其中软磁材料的磁滞回线较窄，硬磁材料的磁滞回线较宽。软磁材料包括铸铁、钢、硅钢片等，由于软磁材料的导磁率较高，可用于制造电机和变压器的铁心。硬磁材料包括铁氧体、铝镍钴和稀土等，硬磁材料导磁率相对较低，但其中的稀土永磁材料是一种性能优异的永磁材料，采用稀土永磁材料研制电机是电机学科的发展趋势之一。

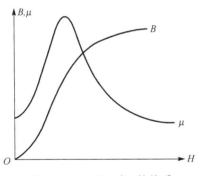

图 8.2.3　**B** 和 **H** 与 μ 的关系

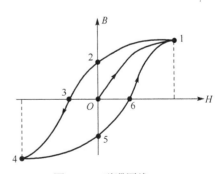

图 8.2.4　磁滞回线

3. 高导磁性

磁性材料的磁畴是铁磁材料具有较高的导磁性能的原因，也是它与其他物质相区别的原因。这些磁畴杂乱无章的排列着，磁场互相抵消，因此对外界不显示磁性。但在外界磁场的作用下，这些磁畴会沿外界磁场的方向呈现规则的排列，产生一个不能相互抵消的磁场——附加磁场，附加磁场叠加在外磁场上，显现出较强的导磁性。非磁性材料由于没有磁畴的存在，所以即使受到外磁场作用，也不会显示出磁化特性来。

实验表明所有非铁磁材料的导磁率都接近于真空的导磁率，而根据需要，电机中常用的导磁材料要求其导磁率要非常大，这样将不大的励磁电流通入铁心线圈中，便可以产生足够大的磁通和磁感应强度，这就解决了既要磁通大，又要励磁电流小的矛盾。利用优质的磁性材料可以使同一容量的电机的重量大大减轻，体积大大减小。

8.2.3　磁场的基本物理量

分析磁路，也需要了解磁场的基本物理量。基本物理量可以用于表示磁场的特性，这些基本物理量通常包括磁感应强度、磁场强度、磁通、磁导率、磁势等，各物理量具体说明如下。

1．磁场强度 H

磁场强度是计算磁场时引出的一个矢量，常用 H 来表示，单位为安培/米（A/m）。

2．磁势 F

线圈建立磁场和永磁铁产生磁场的能力用磁势 F（有时也称为磁动势）表示。

3．磁感应强度 B

磁感应强度是表征磁场特性的基本场量，是一个表示磁场内某一点的磁场强弱和方向的物理量，常用 B 来表示，单位为特斯拉 T（T=韦伯/米^2）。磁感应强度是一个矢量，可以根据电流的方向按照右手螺旋定则来确定。

如果磁场内各点的磁感应强度的大小相等、方向相同，这样的磁场称为均匀磁场。

4．磁通 Φ

磁通是磁感应强度与垂直于磁场方向面积的乘积，称为穿过该面积的磁通，常用 Φ 来表示，单位为韦伯（Wb）。

$$\Phi = BS \tag{8.2.1}$$

由式（8.2.1）可见，磁感应强度在数值上可以看成与磁场方向垂直的单位面积内所通过的磁通，所以磁感应强度又称为磁通密度。

5．磁导率 μ

磁导率是用来表示物质导磁能力的一个物理量，可以用来衡量磁场媒质磁性的大小，常用 μ 来表示，单位为亨/米（H/m）。

$$B = \mu H \tag{8.2.2}$$

由式（8.2.2）可见，磁导率与磁场强度的乘积就等于磁感应强度。任意一种物质的磁导率 μ 和真空的磁导率 μ_0 的比值称为该物质的相对磁导率 μ_r。

$$\mu_r = \mu / \mu_0$$

8.2.4　磁路计算

磁路计算的任务是确定磁势 F、磁通量 Φ 和磁路结构（如材料、形状、尺寸、气隙）的关系。在分析和计算中常用到如下基本定律。

1. 磁路基尔霍夫定律

（1）磁路基尔霍夫第一定律

磁路基尔霍夫第一定律是指穿入（穿出记为负）任一封闭面的总磁通量等于 0，可记为

$$\sum \Phi = 0 \qquad\qquad (8.2.3)$$

或磁路基尔霍夫第一定律也可叙述为：穿入任一封闭面的磁通等于穿出该封闭面的磁通，$\sum \Phi_{入} = \sum \Phi_{出}$。

如图 8.2.5 所示的磁路，称为有分支磁路，各磁支路的磁通分别为 Φ_1、Φ_2 和 Φ_3，方向如图所示，取封闭面 S 如图中虚线球面所示，由磁通连续性原理

$$\int B \cdot dS = 0$$

得 $\Phi_1 - \Phi_2 - \Phi_3 = 0$，即穿入（穿出记为负）任一封闭面的总磁通量等于 0。

或 $\Phi_1 = \Phi_2 + \Phi_3$，即穿入任一封闭面的磁通等于穿出封闭面的磁通。

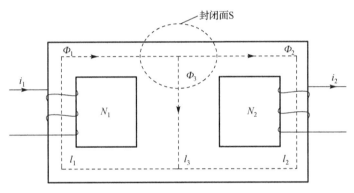

图 8.2.5　有分支的磁路

（2）磁路基尔霍夫第二定律

磁路基尔霍夫第二定律是指在磁路中沿任何闭合磁路径 l 上，磁势的代数和等于磁压降的代数和。可记为

$$\sum F = \sum Hl \qquad\qquad (8.2.4)$$

在图 8.2.5 中，顺时针沿 l_1，l_3 取回路，应用全电流定律

$$N_1 i_1 = \int H dl = H_1 l_1 + H_3 l_3 \qquad\qquad (8.2.5)$$

式中，$N_1 i_1 = F_1$ 称为磁势，N_1 为线圈匝数，i_1 方向与回路方向符合右螺旋定则时记为正，反之为负。l_1 称为 l_1 段的磁压降，H_1 的方向与回路方向相同时，磁压降记为正，反之为负。

同理，顺时针沿 l_1、l_2 取回路，应用全电流定律也有

$$N_1 i_1 - N_2 i_2 = H_1 l_1 - H_2 l_2 \quad 即 \quad \sum F = \sum HL \qquad\qquad (8.2.6)$$

2. 磁路欧姆定律

在图 8.2.6 中，由磁路基尔霍夫第二定律

$$Hl = Ni = F \qquad\qquad (8.2.7)$$

考虑到 $B = \mu H$ ， $B = \Phi / S$ ，得

$$\Phi = F / (l / \mu S) = F / R_\mathrm{m} = \Lambda_\mathrm{m} F \tag{8.2.8}$$

式中， R_m 表示 l 段磁路的磁阻，单位为 H-1， $R_\mathrm{m} = l / \mu A$ ， Λ_m 表示 l 段磁路的磁导，单位为 H，$\Lambda_\mathrm{m} = l / R_\mathrm{m} = \mu A / l$

式（8.2.8）称为磁路欧姆定律，它表示某段磁路的磁势（磁压降）除以这段磁路的磁阻等于该段磁路所通过的磁通量。

在磁路计算中，对于铁磁材料来说，磁路欧姆定律没有实用意义，而在电机和电器的磁路计算中，磁路欧姆定律常用于气隙段上，用来决定气隙磁压降与气隙磁通量的关系。

如果磁路中的铁磁材料处于饱和状态， μ 、 Λ_m 、 R_m 在不同工作情况其值不同。由于铁磁材料的非线性，磁导率 μ 不是常数，因而磁导 Λ_m 或磁阻 R_m 与磁场强弱有关，在特定的某一工作情况下，磁路的 B 、 H 一定，对应于磁路磁化曲线上某一工作点，可算出此工作状态下 μ 、 R_m 、 Λ_m ，其中 R_m 、 Λ_m 分别称为饱和磁阻、饱和磁导。

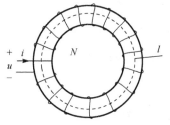

图 8.2.6 铁心圆环

3. 电磁感应定律

电磁感应定律将电场和磁场的分析结合起来，根据使用情况的不同，感应定律常用形式有：线圈感应电动势、运动电势、自感电势和互感电势，磁路计算中可用于决定电动势与磁通量或磁通密度的关系，或计算磁路的磁导与电路的电抗的关系。在这几种形式中，线圈感应电动势和运动电势分别和变压器与电机有关，所以本节着重介绍这两种电动势。

（1）线圈感应电动势

设交变磁通 Φ 与 N 匝线圈完全交链，磁链数为

$$\psi = N\Phi \tag{8.2.9}$$

当磁通 Φ 的正方向与感应电动势正方向符合右螺旋定则时，根据电磁感应定律和楞次定律

$$e = -\frac{\mathrm{d}\Psi}{\mathrm{d}t} = -N\frac{\mathrm{d}\Phi}{\mathrm{d}t} \tag{8.2.10}$$

即线圈感应电动势与线圈匝数和磁通变化率成正比，负号表示产生的感应电动势的实际方向总是阻止磁通的变化。

通常，电机中常见的磁通 Φ 随时间按正弦规律变化，设

$$\Phi = \Phi_\mathrm{m} \sin \omega t \tag{8.2.11}$$

式中， $\omega = 2\pi f$ ，为磁通变化的角频率，单位为 rad/s，由电磁感应定律

$$e = -N\frac{\mathrm{d}\Phi}{\mathrm{d}t} = -N\omega\Phi_\mathrm{m} \cos \omega t = E_\mathrm{m} \sin(\omega t - 90°) \tag{8.2.12}$$

式中， $E_\mathrm{m} = \omega N\Phi_\mathrm{m}$ ，为感应电动势的最大值。

表明磁通随时间按照正弦规律变化时，线圈的感应电动势也随时间正弦变化，但相位上滞后于磁通 90 度。

（2）运动电势

运动电势也称为切割电势，指导体在磁场中由于切割磁力线而产生的感应电动势。若磁力线、导体和运动方向三者互相垂直，则导体的感应电动势为

$$E = Blv \qquad (8.2.13)$$

式中，B 为磁感应强度，单位为 T；l 为长直导体的长度，单位为 m；v 为直导体切割磁力线的线速度，单位为 m/s，沿直导体 l 上感应电动势 e 的方向由右手定则决定。

4. 电磁力定律

电磁力定律同样表征了电场与磁场相互作用的能力。载流导体在磁场中受到电磁力的作用，力的方向与磁场和导体相垂直，按左手定则确定。当磁场与导体互相垂直时，作用在导体上的电磁力为

$$F = BIl \qquad (8.2.14)$$

式中，B 为磁感应强度，单位为 T；l 为长直导体的长度，单位为 m；I 为导线中的电流，单位为 A；F 为作用在导体上与磁场垂直方向的电磁力，单位为 N。

式（8.2.14）称为安培力公式或电磁力公式。

为便于大家掌握磁路分析涉及的基本物理量和分析依据，我们将它们和电路进行了对比，列表如表 8.2.1 和表 8.2.2 所示。

在物理量上

表 8.2.1 磁路和电路物理量的比较

电路	磁路
电动势 E	磁势 F
电流 I	磁通 Φ
电流密度 J	磁感应强度 B
电阻 R	磁阻 R_m
电导 G	磁导 Λ

在基本定律上

表 8.2.2 磁路和电路基本定律的比较

	电路	磁路
欧姆定律	$E = IR$	$F = \Phi R_\mathrm{m}$
基尔霍夫第一定律	$\sum I = 0$	$\sum \Phi = 0$
基尔霍夫第二定律	$\sum E = \sum IR = \sum U$	$\sum NI = \sum Hl$

尽管如此，分析与处理磁路比电路要难得多，这是因为

（1）在磁路计算上，由于铁心的磁导率不是一个常数，它会随着励磁电流的变化而变化，因此不能直接应用磁路的欧姆定律来计算磁导率。而由于电路中导体的电阻率在一定温度下是常数，所以可以应用欧姆定律计算电路。

（2）磁路中只有当磁通交变时才引起铁耗。电路中电流要引起大小为 $I^2 R$ 的功率损耗。

（3）在磁路中，由于有剩磁的存在，当 $F=0$ 时，$\Phi \neq 0$。在电路中，当 $E=0$ 时，$I=0$。

（4）磁路中，产生磁势的电流与磁势的正方向之间符合右手螺旋法则。在电路中，电动势的方向与电流方向一致（或者相反）。

（5）处理磁路时，因为磁路材料的磁导率并不比周围介质的磁导率大太多，因此计算中通常要考虑漏磁通。在处理电路时，一般可以不考虑漏电流，这是因为导体的电导率比周围介质的电导率大得多。

（6）磁路计算中，只有不考虑饱和效应时才能用叠加原理，而随着磁密度的增高，具有铁心的磁路必然越来越趋近于饱和。在线性电路中，计算时可以用叠加原理。

（7）处理磁路时，要考虑磁场的存在。如在讨论变压器时，常常要分析变压器磁路的气隙中磁感应强度的分布情况。在处理电路时，大多不涉及电场问题。

练习与思考

8.2.1　试说出磁路计算的基本原理有哪几条，分别可用于哪些地方？

8.2.2　试说出电路与磁路的区别。

8.3　交流铁心线圈电路

根据励磁方式的不同，铁心线圈分为直流铁心线圈和交流铁心线圈。直流铁心线圈是通入直流电流来励磁，（如直流电机的励磁线圈、电磁吸盘及各种直流电器的线圈）。交流铁心线圈是通入交流电流来励磁（如交流电机、变压器及各种交流电器的线圈）。直流铁心线圈中，因为励磁电流是直流，产生的磁通是恒定的，在一定的电压 U 下，线圈中的电流 I 只和线圈本身的电阻 R 有关，功率损耗也只有 I^2R。交流铁心线圈和直流铁心线圈不同，本节主要分析交流铁心线圈的基本原理与电磁关系及功率与损耗。

8.3.1　基本原理与电磁关系

如图 8.3.1 所示的是有铁心的交流线圈，在线圈中通入交流电，电流产生交变的磁通，此磁通分为两部分。第一部分也是绝大部分的磁通经过铁心闭合，这部分磁通称为主磁通，其路径称为主磁路。此外还有很少的一部分磁通主要经过空气或者其他非导磁媒质闭合，这部分磁通称为漏磁通 Φ_σ。由于这两个磁通本身也是变换的，所以在线圈中会分别产生两个感应电动势：主磁电动势 e 和漏磁电动势 e_σ。其中，因为漏磁通不经过铁心，所以励磁电流 i 与 Φ_σ 之间可以认为成线性关系，铁心线圈的漏磁电感为

$$L_\sigma = \frac{N\Phi_\sigma}{i} = 常数 \tag{8.3.1}$$

而主磁通通过铁心，所以 i 与 Φ 之间不是线性关系，所以铁心线圈的主磁电感 L 不是一个常数，它随着励磁电流而变化，其相应的变化关系和磁导率 μ 随着磁场强度而变化的关系相似。因此，铁心线圈是一个非线性电感元件。这个电磁关系可以用如图 8.3.2 如示如下。

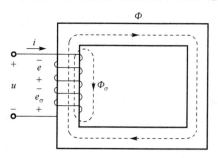

图 8.3.1　有铁心的交流线圈

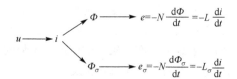

图 8.3.2　交流铁心线圈磁通和电动势的关系

铁心线圈交流电路（图 8.3.1）的电压和电流之间的关系也可以由基尔霍夫电压定律得出

$$u + e + e_\sigma = Ri$$

即
$$u = Ri + (-e_\sigma) + (-e) = Ri + L_\sigma \frac{\mathrm{d}i}{\mathrm{d}t} + (-e) = u_R + u_\sigma + u' \tag{8.3.2}$$

根据以上分析可以看出，电源电压主要用于平衡以下 3 个分量：

$u_R = iR$，是电阻上的电压降；$u_\sigma = -e_\sigma$，是平衡漏磁电动势的电压分量；$u' = -e$，是与主磁电动势平衡的电压分量。

假设 u 是正弦电压时，式（8.3.2）中各量可视为正弦量，于是式（8.3.2）可用相量表示为

$$\dot{U} = -\dot{E} + -\dot{E}_\sigma + \dot{I}R = -\dot{E} + \mathrm{j}\dot{I}X_\sigma + \dot{I}R = \dot{U}' + \dot{U}_\sigma + \dot{U}_R \tag{8.3.3}$$

式（8.3.3）中，漏磁感应电动势表达式 $\dot{E}_\sigma = -\mathrm{j}\dot{I}X_\sigma$ 中的 $X_\sigma = \omega LX_\sigma$ 称为漏磁感抗，它是由漏磁通引起的，R 是铁心线圈的电阻。由于主磁电感或相应的主磁感抗不是常数，所以主磁感应电动势需要通过电磁感应定律计算。

设主磁通按正弦规律变化，即

$$\Phi = \Phi_m \sin \omega t \tag{8.3.4}$$

式中，Φ_m 为主磁通的最大值，ω 为电源角频率。主磁通所产生的感应电动势瞬时值为

$$
\begin{aligned}
e &= -N \frac{\mathrm{d}\Phi}{\mathrm{d}t} = -N \frac{\mathrm{d}(\Phi_m \sin \omega t)}{\mathrm{d}t} \\
&= -N\omega\Phi_m \cos \omega t = N\omega\Phi_m \sin\left(\omega t - \frac{\pi}{2}\right) = E_m \sin\left(\omega t - \frac{\pi}{2}\right)
\end{aligned}
\tag{8.3.5}
$$

式中，$E_m = N\omega\Phi_m$ 为主磁感应电动势的最大值，感应电动势的有效值为

$$E = \frac{E_m}{\sqrt{2}} = \sqrt{2}\pi f N \Phi_m = 4.44 f N \Phi_m \tag{8.3.6}$$

一般情况下，线圈的电阻 R 和漏磁感抗 X_σ 较小，所以它们所产生的电压降也较小，与主磁电动势比较以后，可以忽略不计。于是

$$\dot{U} = -\dot{E} \tag{8.3.7}$$

$$U \approx E = 4.44 f N \Phi_m \tag{8.3.8}$$

8.3.2　功率与损耗

在交流铁心线圈中，有两类损耗，一类是线圈电阻 R 上的有功率损耗 $I^2 R$，通常称为铜损 ΔP_{Cu}，另一类是处于交变磁化下的铁心中的功率损耗，通常称为铁损 ΔP_{Fe}，而铁损主要分为磁滞损耗和涡流损耗。

由磁滞所产生的铁损称为磁滞损耗 ΔP_h。磁滞损耗要引起铁心发热，为了减小磁滞损耗，应该选用磁滞回线狭小的磁性材料制造铁心，硅钢就是变压器和电机中常用的铁心材料，其磁滞损耗较小。

在图 8.3.1 中，当线圈中通有交流电流时，它所产生的磁通也是交变的，交变的磁通在铁心内会产生感应电流，该电流在垂直于磁通方向的平面内环流，也称为涡流。涡流有有害的一面，在某些场合也有有利的一面。例如，利用涡流效应来制造感应式仪器、涡流测矩器，利用涡流的热效应来冶炼金属等。

由涡流所产生的铁损称为涡流损耗 ΔP_e。涡流损耗也要引起铁心发热。为了减小涡流损耗，在顺磁场方向，铁心可以由彼此绝缘的钢片叠成，这样就可以限制涡流只能在较小的截面内流通。此外，通常所用的硅钢片中含有少量的硅（约为 0.8%～4.8%），因此电阻率较大，这也可以使涡流减小。

在交变磁通的作用下，铁损差不多与铁心内的磁感应强度的最大值 $\boldsymbol{B}_m$ 的平方成正比，故 $\boldsymbol{B}_m$ 不宜选得过大，一般取 0.8～1.2T。

由上述可知，铁心线圈交流电路的有功功率为

$$P = UI \cos\phi = I^2 R + \Delta P_{Fe} \tag{8.3.9}$$

练习与思考

8.3.1　试说明交流铁心线圈的电磁关系。

8.3.2　思考交流铁心线圈中的磁滞和涡流损耗是怎样产生的，它们与哪些因素有关？

8.4 变 压 器

广泛应用在控制、电力系统、电工测量等方面的变压器也是一种利用电磁感应作用，实现交流电能的转换的电器。虽然变压器品种繁多，但基本原理是一致的。本节将以单相双绕组变压器为例，介绍变压器的基本结构和工作原理，并由此分析变压器的运行特性，最后简单介绍了几种其他常见的变压器。

8.4.1 变压器的结构

1. 变压器的分类

变压器根据分类的方式不同，可分为不同类型。

按用途分类，变压器分为电力变压器（升压变压器、降压变压器、配电变压器等）、仪用互感器（电压互感器和电流互感器）、特种变压器（整流变压器、电炉变压器、电焊变压器等）和调压器等；按绕组数目的多少，分为双绕组变压器、三绕组变压器和多绕组变压器及自耦变压器；按铁心结构，分为心式和壳式变压器；按相数多少，分为单相和三相变压器等；按冷却方式和冷却介质的不同，分为空气冷却干式变压器、油冷却的油浸式变压器、六氟化硫变压器等。

由此可见，变压器可按其用途、结构、相数、冷却方式和冷却介质来进行分类。它们的类型很多，它们在结构和性能上差异也很大，在具体使用时，可以根据不同的使用目的和工作条件选择合适的变压器类型。

2. 变压器的结构

虽然不同类型的变压器在具体结构上不尽相同，但其基本结构是一致的。本节主要以油浸式电力变压器为例，介绍变压器的基本结构。

油浸式变压器主要用在电力系统中。图 8.4.1 是一台油浸式电力变压器。油浸式电力变压器的主要组成部分有铁心、绕组、油箱和绝缘套管。铁心和绕组是变压器实现电磁感应的基本部分，称为器身；油箱盛载变压器油，起机械支撑、冷却散热和保护作用；套管主要起绝缘作用，穿过套管的引出线实现绕组和其他电气设备的连接。在油浸式变压器中，铁心和绕组都浸放在装满变

压器油的油箱中，各绕组的端点通过绝缘套管引至油箱的外面，以便与外线路相连。以下主要对变压器实现电磁感应的铁心和绕组作简要介绍。

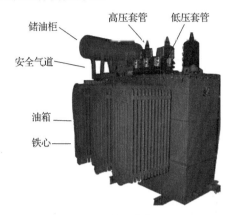

图 8.4.1　油浸式变压器

铁心代表了变压器的磁路部分，同时也是器身的机械骨架。铁心的基本组成部分分为铁心柱和铁轭两部分。套装绕组的铁心部分称为铁心柱，连接铁心柱使之形成闭合磁路的铁心部分称为铁轭。

铁心按照结构的不同分为心式和壳式两种。壳式结构的铁心中，铁轭不仅包围绕组的顶面和底面，而且还包围绕组的侧面，壳式铁心机械强度好，但制造复杂。铁心的制作材料通常用厚度为 0.35mm、表面涂绝缘漆的含硅量较高的硅钢片制成，目的是为了提高磁路的磁导率和降低铁心内的涡流损耗，而通常大型变压器和干式变压器的铁心都采用高导磁率、低损耗的单取向冷轧硅钢片制成。壳式铁心基本结构如图 8.4.2 所示。

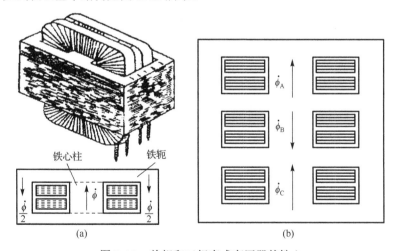

图 8.4.2　单相和三相壳式变压器的铁心

在心式结构的铁心中，铁轭靠着绕组的顶面和底面，但不包围绕组侧面。心式铁心结构比较简单，绕组的布置和绝缘也比较容易，因此电力变压器主要采用心式铁心结构。心式铁心基本结构如图 8.4.3 和图 8.4.4 所示。

绕组代表了变压器的电路部分，常用绝缘包铝线或铜线绕制而成，其外形通常采用不易变形的圆柱形，具有较好的机械性能，同时也便于线圈绕制。如图 8.4.5 所示的双绕组变压器中有两个绕组。其中与交流电源连接的绕组，称为原绕组或原边绕组，也称一次绕组，简称一次侧，如图 8.4.5 所示中的 AX。与负载连接的绕组称为副绕组，或副边绕组，也称二次绕组绕组，简称二次侧，如图 8.4.5 所示中的 ax。

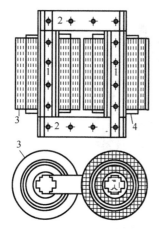

图 8.4.3 单相心式变压器的铁心

1-铁心柱 2-铁轭 3-高压绕组 4-低压绕组

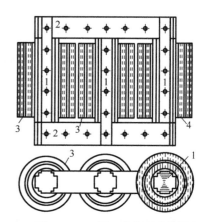

图 8.4.4 三相心式变压器的铁心

1-铁心柱 2-铁轭 3-高压绕组 4-低压绕组

8.4.2 变压器的工作原理

为了分析变压器的基本工作原理，描述变压器中各个物理量之间的关系，需要先规定各物理量的正方向。由于变压器的电压、电流、电动势、磁势和磁通都是随时间交变的物理量，因此，在列电路方程时，虽然原则上正方向的选取是可以任意的，但是，若正方向规定的不同，则同一电磁过程所列出的公式或者方程中有关物理量的正、负号则不同。在分析变压器时，我们采用了电机学中常用的惯例，对各物理量的正方向作如下规定（以图 8.4.5 为例）。

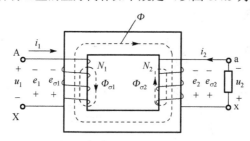

图 8.4.5 变压器的负载运行和各量正方向的规定

（1）原绕组电流的正方向与电源电压的正方向选取一致（如由 A 流向 X），副绕组电流的正方向与感应电动势的正方向一致。感应电动势的正方向为电位升的方向，如副绕组电动势为由 x 指向 a，则副绕组所接负载中电流的方向为由 x 流向 a。

（2）磁势的正方向与产生该磁势的电流的正方向之间符合右手螺旋法则。

（3）磁通的正方向与磁势的正方向一致。

（4）感应电动势的正方向（即电位升的方向）与产生该电动势的磁通的正方向之间符合右手螺旋法则。

根据（2）和（4），由交变磁通所感应的电动势，其正方向与绕组中电流的正方向一致，于是得到如图 8.4.5 所示的变压器各物理量的正方向假设。

　　当变压器原边绕组接到电压 u_1 上时，原边绕组电流 i_1 和 u_1 方向关联，由 i_1 产生的磁通 Φ 符合右螺旋定则，磁通 Φ 沿铁心分布，交变磁通 Φ 与原边绕组自身交链产生感应电动势 e_1，根据电磁感应定律，感应电动势 e_1 与磁通的正方向符合右螺旋法则，因此电动势 e_1 的方向与 i_1 的方向关联；磁通通过铁心闭合，与副边绕组也交链，在副边绕组上也会产生感应电动势 e_2，e_2 的方向与 Φ 的方向也符合右螺旋定则；如果原副边绕组 AX、ax 中 A、a 是同极性端，则 e_2 的方向沿 xa 方向，副边绕组若闭合，其中的电流 i_2 与 e_2 同方向，负载上电压 u_2 的方向与流过它的电流 i_2 关联。

　　后面变压器的基本工作原理的分析均按照以上正方向的选取为原则。

　　从变压器的结构可见，变压器的两个绕组通过一个共同的铁心，利用电磁耦合关系传递能量。在外施电压作用下，原绕组中有交流电流流过，交变电流产生交变磁通，交变磁通的频率和电压的频率一样，交变磁通的绝大部分通过铁心闭合，因此与原、副绕组同时交链，根据电磁感应定律，在原、副绕组内分别产生感应电动势，如果副绕组通过负载组成闭合回路，则二次侧通过感应电动势向负载供电，实现了能量传递。如图 8.4.5 所示，可以看到变压器原、副绕组没有电的直接联系，能量通过耦合磁场来传递，这也是变压器工作的一个突出特点。

　　本节以单相双绕组变压器为例，首先分析变压器空载和负载运行的基本工作原理，导出变压器运行中关于电压、电流以及阻抗变换的的基本变换关系。本节虽然是以单相变压器为例讨论上述问题，但所得结论完全适用于三相变压器在对称负载下运行时对每一相的分析。

1. 变压器的空载运行

　　空载运行是指变压器原绕组接交流电源，副绕组开路时的运行情况。单相变压器空载运行的示意图如图 8.4.6 所示。

　　原绕组接到电压为 u_1 的交流电源上，原绕组有电流 i_0 流过，i_0 称为变压器的空载电流，而此时，$i_2=0$，$u_2=e_2$，即副绕组开路，二次侧感应电动势等于二次侧端电压。原绕组中空载电流 i_0 在 N_1 匝的原绕组中，产生空载磁势 $i_0 N_1$，并建立起空载磁通，这个磁通分为两部分，其中大部分磁通中沿铁心闭合，与原、副绕组都交链，称为主磁通 Φ，其路径称为主磁路，变压器即是通过主磁通来实现能量传递的；根据电磁感应定律，主磁通与原、副绕组交链，分别在原、副绕组中产生感应电动势 e_1 和 e_2，方向与 i_0 相同；另一部分磁通主要沿非磁性材料（变压器油、绝缘材料或空气）闭合，仅与原绕组相交链，称为原绕组的漏磁通 $\Phi_{\sigma 1}$。漏磁通仅与原绕组交链，在原绕组中产生漏磁感应电动势 $e_{\sigma 1}$，方向与 i_0 相同。

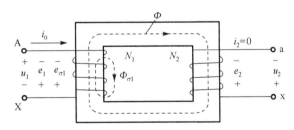

图 8.4.6　变压器的空载运行示意图

　　由此可见，在变压器空载运行时，主磁通仅由原绕组中电流产生，但与原、副绕组都交链。下面分别研究主磁通和漏磁通的具体情况。

　　设主磁通按正弦规律变化，即

$$\Phi = \Phi_{\mathrm{m}} \sin \omega t \tag{8.4.1}$$

式中，Φ_{m} 为主磁通的最大值，ω 为电源角频率。

主磁通在原绕组中产生的感应电动势瞬时值为

$$e_1 = -N_1\frac{\mathrm{d}\Phi}{\mathrm{d}t} = -N_1\omega\Phi_\mathrm{m}\cos\omega t$$
$$= N_1\omega\Phi_\mathrm{m}\sin\left(\omega t - \frac{\pi}{2}\right) = E_{1\mathrm{m}}\sin\left(\omega t - \frac{\pi}{2}\right) \tag{8.4.2}$$

式中，$E_{1\mathrm{m}} = N_1\omega\Phi_\mathrm{m}$ 为原绕组感应电动势的最大值，其感应电动势的有效值为

$$E_1 = \frac{E_{1\mathrm{m}}}{\sqrt{2}} = \sqrt{2}\pi f N_1\Phi_\mathrm{m} = 4.44 f N_1\Phi_\mathrm{m} \tag{8.4.3}$$

同理，主磁通在副绕组中所感应的电动势为

$$e_2 = -N_2\frac{\mathrm{d}\Phi}{\mathrm{d}t} = -N_2\omega\Phi_\mathrm{m}\cos\omega t$$
$$= N_2\omega\Phi_\mathrm{m}\sin\left(\omega t - \frac{\pi}{2}\right) = E_{2\mathrm{m}}\sin\left(\omega t - \frac{\pi}{2}\right) \tag{8.4.4}$$

式中，$E_{2\mathrm{m}} = N_2\omega\Phi_\mathrm{m}$ 为副绕组感应电动势的最大值，其感应电动势的有效值为

$$E_2 = \frac{E_{2\mathrm{m}}}{\sqrt{2}} = \sqrt{2}\pi f N_2\Phi_\mathrm{m} = 4.44 f N_2\Phi_\mathrm{m} \tag{8.4.5}$$

除了主磁通产生的感应电动势以外，漏磁通在原绕组中产生的漏磁感应电动势

$$E_2 = \frac{E_{2\mathrm{m}}}{\sqrt{2}} = \sqrt{2}\pi f N_2\Phi_\mathrm{m} = 4.44 f N_2\Phi_\mathrm{m} \tag{8.4.6}$$

式中，$\Phi_{\sigma\mathrm{m}1}$ 为原绕组漏磁通的最大值。将上式写为复数形式

$$\dot{E}_{\sigma1} = -\mathrm{j}\frac{N_1\omega\Phi_{\sigma\mathrm{m}1}}{\sqrt{2}}\dot{I}_0 \tag{8.4.7}$$

定义漏磁电感

$$L_{\sigma1} = \frac{N_1\Phi_{\sigma\mathrm{m}1}}{\sqrt{2}} \tag{8.4.8}$$

得

$$\dot{E}_{\sigma1} = -\mathrm{j}\omega L_{\sigma1}\dot{I}_0 = -\mathrm{j}\dot{I}_0 X_{\sigma1} \tag{8.4.9}$$

式中，$X_{\sigma1} = \omega L_{\sigma1}$ 称为一次绕组漏电抗，简写为 X_1。由于漏电抗的大小正比于漏磁路的磁导 $\Lambda_{\sigma1}$，而 $\Lambda_{\sigma1}$ 是一个常数，所以漏电感 $L_{\sigma1}$ 和漏电抗 X_1 均为常数。如果考虑到原绕组电阻 R_1，根据基尔霍夫电压定律，可得原绕组电动势方程

$$u_1 = -e_1 - e_{\sigma1} + i_0 R_1 \tag{8.4.10}$$

如果电压电流都为正弦量，且计及漏电抗 X_1，则可将上式写为复数形式

$$\dot{U}_1 = -\dot{E}_1 + \mathrm{j}\dot{I}_0 X_1 + \dot{I}_0 R_1 = -\dot{E}_1 + \dot{I}_0(R_1 + \mathrm{j}X_1) = -\dot{E}_1 + \dot{I}_0 Z_1 \tag{8.4.11}$$

式中，$Z_1 = R_1 + \mathrm{j}X_1$ 为原绕组的漏阻抗。

对于一般电力变压器，空载电流在原绕组的漏阻抗上产生的电压降很小，可以忽略不计，因此可以近似认为

$$\dot{U}_1 = -\dot{E}_1, \quad 或 \ u_1 = -e_1 \tag{8.4.12}$$

由于副绕组开路电流为 0，所以副绕组上的空载电压就等于感应电动势

$$\dot{U}_{20} = \dot{E}_2 \tag{8.4.13}$$

由此定义变压器的变比为原绕组电动势与副绕组电动势之比，根据变压器的电磁关系，变压器的变比也等于原、副绕组的匝数比，通常用 K 表示变比，于是有以下关系

$$K = \frac{E_1}{E_2} = \frac{4.44 f N_1 \Phi_m}{4.44 f N_2 \Phi_m} = \frac{N_1}{N_2} \tag{8.4.14}$$

当变压器空载时，可以认为近似的等于原、副绕组的电压之比

$$K = \frac{E_1}{E_2} \approx \frac{U_1}{U_{20}} \tag{8.4.15}$$

2. 变压器的负载运行

变压器的负载运行是指变压器一次侧施加额定电压，二次侧接入负载运行的情况。单相变压器负载运行的示意图如图 8.4.5 所示。变压器负载运行时，原绕组中的电流由空载时的 $\dot{I}_0$ 变为负载时的 $\dot{I}_1$，副绕组中有感应电动势，接上负载组成闭合回路后，就会产生电流 $\dot{I}_2$，由 $\dot{I}_2$ 产生磁势 $\dot{F}_2 = \dot{I}_2 N_2$，此时，铁心中的主磁通由两部分磁势共同作用产生，一部分是一次绕组中的电流产生的磁势 $\dot{F}_1 = \dot{I}_1 N_1$，另一部分是由二次绕组中的电流产生的磁势 $\dot{F}_2 = \dot{I}_2 N_2$，这也是和变压器空载运行时的一个区别。原、副绕组电流共同作用产生的主磁通，与一次、二次绕组交链，分别在一次、二次绕组中产生感应电动势 e_1 和 e_2；一次绕组电流产生的仅与其自身交链的漏磁通，在一次绕组中产生漏磁感应电动势 $e_{\sigma 1}$；二次绕组电流产生的仅与其自身交链的漏磁通，在二次绕组中产生漏磁感应电动势 $e_{\sigma 2}$，它们的方向由电磁感应定律确定，标注于图 8.4.5 中。

通常，可以用漏抗压降来表示漏磁感应电动势

$$\dot{E}_{\sigma 1} = -j \dot{I}_1 X_1 \tag{8.4.16}$$

$$\dot{E}_{\sigma 2} = -j \dot{I}_2 X_2 \tag{8.4.17}$$

副边电流 $\dot{I}_2$ 流过负载阻抗 Z_L 所产生的电压即为副边端电压 $\dot{U}_2$

$$\dot{U}_2 = I_2 Z_L \tag{8.4.18}$$

由此，可得变压器原边电动势方程

$$\begin{aligned}
\dot{U}_1 &= -\dot{E}_1 - \dot{E}_{\sigma 1} + \dot{I}_1 R_1 = -\dot{E}_1 + j \dot{I}_1 X_1 + \dot{I}_1 R_1 \\
&= -\dot{E}_1 + \dot{I}_1 (R_1 + j X_1) = -\dot{E}_1 + \dot{I}_1 Z_1
\end{aligned} \tag{8.4.19}$$

副边电动势方程

$$\begin{aligned}
\dot{U}_2 &= \dot{E}_2 + \dot{E}_{\sigma 2} - \dot{I}_2 R_2 = \dot{E}_2 - j \dot{I}_2 X_2 - \dot{I}_2 R_2 \\
&= \dot{E}_2 - \dot{I}_2 (R_2 + j X_2) = \dot{E}_2 - \dot{I}_2 Z_2
\end{aligned} \tag{8.4.20}$$

式中，$Z_2 = R_2 + j X_2$ 为副绕组的漏阻抗，其中 R_2 为副绕组电阻，X_2 为副绕组漏电抗。

变压器负载时，原绕组电流和副绕组电流共同作用产生的合成磁势为

$$\dot{I}_1 N_1 + \dot{I}_2 N_2 \tag{8.4.21}$$

由于变压器原绕组的漏阻抗压降很小，于是可以近似地认为 $\dot{U}_1 \approx -\dot{E}_1$，假设 U_1 不变（代表外施电压不变），则 E_1 也应基本保持不变，因此主磁通的最大值也保持近似不变（ $E_1 = 4.44 f N_1 \Phi_m$ ），于是可以认为空载时和负载时的合成磁势不变（磁通不变原理），即

$$\dot{I}_1 N_1 + \dot{I}_2 N_2 = \dot{I}_0 N_1 \qquad (8.4.22)$$

或

$$\dot{I}_1 N_1 = \dot{I}_0 N_1 + (-\dot{I}_2 N_2) \qquad (8.4.23)$$

进一步，由式（8.4.23）可以导出

$$\dot{I}_1 = \dot{I}_0 + \left(-\frac{N_2}{N_1} \dot{I}_2 \right) = \dot{I}_0 + \left(-\frac{1}{K} \dot{I}_2 \right) \qquad (8.4.24)$$

通常铁心的磁导率高，变压器的空载电流很小，它的有效值在原绕组额定电流的 10% 以内，因此可以忽略。于是，式（8.4.24）可以写成： $\dot{I}_1 N_1 \approx -\dot{I}_2 N_2$

由此，原、副绕组的电流关系可以用下式表示

$$\frac{I_1}{I_2} \approx \frac{N_2}{N_1} = \frac{1}{K} \qquad (8.4.25)$$

式（8.4.25）表明变压器原、副绕组的电流之比近似等于它们的匝数比的倒数。原、副边绕组虽然没有直接的电联系，但是由于两个绕组共用一个磁路，共同交链一个主磁通，借助于主磁通的变化，通过电磁感应，原、副绕组间实现电压的变换及电功率的传递。同时也可看出，副边电流 I_2 变化时，原边电流 I_1 也随之变化。副边输出功率增大表现为 I_2 增大，根据变压器电流变换关系 I_1 会相应增加，表示电源向变压器输出的功率增加。

由于磁路计算相对复杂，在实际工程计算中把变压器互感电路变换成无互感的并联电路，也就是说根据电路等效变换条件，变换前后变压器一次侧上 $\dot{U}_1$、$\dot{I}_1$ 的值不变，即有同样的电流和功率流入一次侧，并且一次侧有同样的功率传递到二次侧，即保持原绕组不变，而把实际具有匝数为 N_2 的变压器副绕组，看成匝数为 N_1（等于原绕组匝数）的等效副绕组 Z_L'（即副绕组用折算到原边的等效阻抗表示），放置于原来原绕组位置。

根据前边推导的电压电流关系

$$\frac{U_1}{I_1} = \frac{\dfrac{N_1}{N_2} U_2}{\dfrac{N_2}{N_1} I_2} = \left(\frac{N_1}{N_2} \right)^2 \frac{U_2}{I_2} \qquad (8.4.26)$$

由于

$$\frac{|U_1|}{|I_1|} = |Z_L'| \qquad \frac{|U_2|}{|I_2|} = |Z_L|$$

因此

$$|Z_L'| = K^2 |Z_L| \qquad (8.4.27)$$

进一步，由折算前后副绕组漏磁无功损耗应保持不变的原则，可得

$$X_L' = K^2 X_L \qquad (8.4.28)$$

由折算前后副绕组中的电阻损耗应保持不变的原则，可得：

$$R_L' = K^2 R_L \qquad (8.4.29)$$

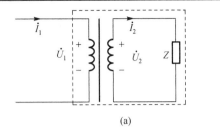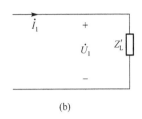

(a)　　　　　　　　　　　　　　(b)

图 8.4.7　负载的阻抗变换

式（8.4.27）说明副绕组的阻抗（包括电阻及其漏电抗）折算到原边的等效值为实际值乘以变比的平方，此时输入电路的电压、电流和功率不变。根据这种折算关系，我们可以将接在变压器副绕组的负载阻抗 Z 用串联接入原绕组的等效阻抗 Z' 来替代，替代以后，如图 8.4.7 所示，图（a）中的虚线框部分可以用一个接在原绕组的阻抗为 Z'_L 的等效阻抗来替代图（b），值得注意的是，等效阻抗替代了整个副绕组和负载。

变压器的变比不同，负载阻抗折算到原绕组的等效阻抗也不同，我们可以采用不同的变比，把负载阻抗变换为所需要的、较为合适的数值，这种做法称为阻抗匹配。在阻抗匹配中，常常用到一种匹配关系称为最大功率匹配，使负载阻抗折算以后的等效阻抗等于电源的内阻，这时负载获得最大功率。

综上所述，变压器在运行过程中，实现了 3 种变换关系：电压变换、电流变换和阻抗变换。它们的变换关系分别为：电压变换，$K = \dfrac{E_1}{E_2} \approx \dfrac{U_1}{U_{20}}$；电流变换，$\dfrac{I_1}{I_2} \approx \dfrac{N_2}{N_1} = \dfrac{1}{K}$；阻抗变换，$|Z'_L| = K^2 |Z_L|$。

【例 8.4.1】 如图 8.4.8(a)所示电路，一个交流信号源 $E = 38.4\text{V}$，内阻 $R_0 = 1280\Omega$，对电阻 $R_L = 20\Omega$ 的负载供电，为使该负载获得最大功率。求：（1）应采用电压变比为多少的输出变压器；（2）变压器原、副边电压、电流各为多少；（3）负载 R_L 吸取的功率为多少。

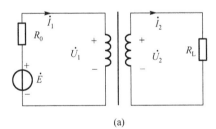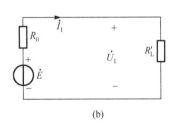

(a)　　　　　　　　　　　　　　(b)

图 8.4.8　例 8.4.1 的图

解　（1）若负载获得功率最大，按照最大功率的阻抗匹配关系

$$R'_L = R_0 = 1280\Omega$$

则变压器的变比

$$K = \sqrt{\frac{R'_L}{R_L}} = \sqrt{\frac{R_0}{R_L}} = 8$$

（2）由于阻抗匹配后，原绕组电压、电流、功率不变，所以可以采用折算后的电路（如图 8.4.8(b)所示）计算原绕组的电压

$$\text{原边电压 } U_1 = \frac{U_S R'_L}{R_0 + R'_L} = 19.2\text{V}, \quad \text{副边电压 } U_2 = \frac{U_1}{K} = 2.4\text{V}$$

副边电流 $I_2 = \dfrac{U_2}{R_L} = 0.12\text{A}$ ， 原边电流 $I_1 = \dfrac{I_2}{K} = 0.015\text{A}$

（3）负载吸收的功率为

$$P_L = I_2^2 R_L = 0.288\text{W}$$

最后，需要说明的是变压器中线圈上也标有同极性端，且同极性端的规定和第 7 章耦合线圈的规定是一致的。变压器线圈标注了同极性端后，便于我们正确连接线圈。例如，一台变压器有相同的两个原绕组 1-2 和 3-4，如图 8.4.9(a)所示中的 1-2 和 3-4，它们的额定电压均为 110V。当接到 220V 的电源上时，两个绕组需要串联，根据图中的绕组绕向，正确的连接方式应该为两个绕组的 2、3 端连在一起，如图 8.4.9(b)所示，如果连接错误，如串联时将 2 和 4 连在一起，将 1 和 3 接在电源上，铁心中不产生磁通，则两个绕组的磁势就会相互抵消，绕组中也没有感应电动势，绕组中就会有很大的电流流过，这样将把变压器烧毁。而如果需要将两个绕组接到 110V 的电源上时，两个绕组需要并联，根据图中的绕组绕向，正确的连接方式应该为两个绕组的 1、3 端连在一起，2、4 端连在一起，如图 8.4.9(c)所示。

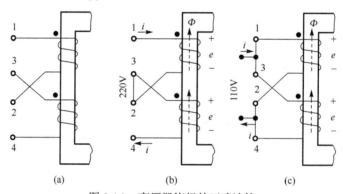

图 8.4.9 变压器绕组的正确连接

8.4.3 变压器的运行性能

本节我们主要讨论变压器的额定值和反映变压器运行性能的参数。

变压器的额定值统一标注在它的铭牌中，包括以下数据

（1）额定频率：以赫兹为单位，我国规定为 50Hz。

（2）额定电流：一次侧额定电流用 I_{1N} 表示、二次侧额定电流用 I_{2N} 表示，以 A 为单位，额定电流是根据额定容量和额定电压计算出来的电流值。对于三相变压器，额定电流指线电流。

对于单相变压器

$$I_{1N} = \frac{S_N}{U_{1N}} \qquad I_{2N} = \frac{S_N}{U_{2N}} \tag{8.4.30}$$

对于三相变压器

$$I_{1N} = \frac{S_N}{\sqrt{3}U_{1N}} \qquad I_{2N} = \frac{S_N}{\sqrt{3}U_{2N}} \tag{8.4.31}$$

（3）额定电压：一次侧额定电压常用 U_{1N} 表示，二次侧额定电压用 U_{2N} 表示，以 V 或 kV 为单位。二次侧额定电压 U_{2N} 是当变压器一次侧外加额定电压 U_{1N} 的二次侧空载电压,也可用 U_{20} 表示。对于三相变压器，额定电压指线电压。

（4）额定容量：额定容量是变压器在铭牌所规定的额定状态下的额定视在功率，用 S_N 表示，以 kVA 为单位。对于双绕组变压器，一次侧和二次侧的额定容量设计必须相等。对于三相变压器，它是指三相总容量。

当变压器接在额定频率、额定电压的电网上，一次侧电流为 I_{1N}，二次侧电流为 I_{2N}，并且功率因数为额定值时，称为额定运行状态，此时的负载称为额定负载。

此外，额定运行时变压器的效率、温升等数据也有额定值。变压器应能长期可靠地运行于额定状态。铭牌上除额定值外，还标有相数、阻抗电压、接线图等。

从变压器的二次侧看，变压器相当于一台发电机向负载输出电功率。变压器的运行性能主要体现在两方面。

（1）外特性：指一次侧外施电压和二次侧负载功率因数不变时，二次侧端电压随负载电流变化的规律，即 $U_2 = f(I_2)$，如图 8.4.10 所示。变压器的电压变化率体现了这个特性，并且是变压器的主要性能指标之一。

变压器带负载后，二次侧电压与空载电压不相等，通常用电压变化率来表示二次侧电压随负载而变化的程度。变压器电压变化率 ΔU 是指：当一次侧接在额定频率和额定电压的电网上，空载时的二次侧电压 U_{20} 与在负载时的二次侧电压 U_2 的差值与该空载电压 U_{20} 之比，即

$$\Delta U = \frac{U_{20} - U_2}{U_{20}} \times 100\% \tag{8.4.32}$$

常用的电力变压器，当负载电流为额定值，功率因数为 0.8（滞后）时，$\Delta U = 5\% - 8\%$。电压变化率反映了变压器供电电压的平稳能力，是表征变压器运行性能的重要数据之一。

（2）效率特性：指一次侧外施电压和二次侧负载功率因数不变时，变压器的效率随负载变化率变化的规律，即 $\eta = f(\beta)$，如图 8.4.11 所示。

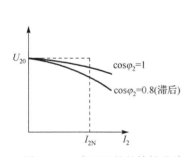

图 8.4.10　变压器的外特性曲线

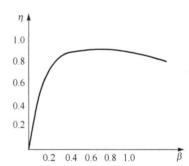

图 8.4.11　变压器的效率特性曲线

变压器的效率体现了这个特性，并且也是变压器的主要性能指标之一。而变压器的效率和它的损耗有关。变压器作为一种转换电能的电气设备，在能量转换过程中必然有损耗，变压器的总损耗可分成两大类型：铁损和铜损。

铁损包括基本铁损和附加铁损。基本铁损是变压器铁心中的磁滞损耗和涡流损耗，近似地与 U_1^2 成正比。附加铁损包括铁心叠片间由于绝缘损伤引起的局部涡流损耗、主磁通在结构部件中（夹板、螺钉等处）引起的涡流损耗及高压变压器中的介质损耗等，也近似地与 U_1^2 成正比，附加铁损难于准确计算，一般约为基本铁损的 15%～20%。

铜损也包括基本铜损和附加铜损。基本铜损是绕组的直流电阻引起的损耗，它等于电流的平方和直流电阻的乘积，计算时电阻应换算到工作温度（75℃）下的电阻值；附加铜损包括由漏磁

场引起的集肤效应使导线有效电阻变大而增加的铜损、多根导线并绕时内部环流的损耗，以及漏磁场在结构件与油箱壁等处引起的涡流损耗等。附加铜损和基本铜损一样，与负载电流的平方成正比。附加铜损也难于准确计算，在中小型变压器中，附加铜损约为基本铜损的 0.5～5%，在大型变压器中则可达到 10%～20%，甚至更大。

由于变压器的损耗，变压器向负载的输出功率一定会小于电源向变压器的输入功率，输出功率与输入功率之比称为效率。即

$$\eta = \frac{P_2}{P_1} \tag{8.4.33}$$

效率的高低反映了变压器运行的经济性。由于变压器是一种静止的电气设备，在能量转换过程中没有机械损耗，效率一般较高。中小型变压器的效率为 95%～98%，大型变压器则可达 99%以上。由于变压器的效率很高，所以输出功率和输入功率的差值不大，也难于用式（8.4.33）计算。因此，一般用间接法计算效率，即先测出各种损耗，然后用输出功率加总损耗得到输入功率

$$P_1 = P_2 + P_{cu} + P_{Fe} \tag{8.4.34}$$

效率为

$$\eta = \frac{P_2}{P_1} = \frac{P_2}{P_2 + P_{cu} + P_{Fe}} \tag{8.4.35}$$

【例 8.4.2】 有一个带容性负载的三相变压器，负载的功率因数为 0.8，变压器的额定数据如下：$S_N = 150KVA$，$U_{1N} = 5000V$，$U_{2N} = U_{20} = 600V$，$f = 50Hz$，绕组为 Y/Y 连接方式。由实验测得：$P_{cu} = 1200W$，$P_{Fe} = 600W$，求（1）变压器原、副绕组的额定电流；（2）变压器满载时的效率。

解 （1）根据三相变压器额定容量和电压、电流的关系，可得

$$I_{1N} = \frac{S_N}{\sqrt{3}U_{1N}} = \frac{150 \times 10^3}{\sqrt{3} \times 5000} = 17(A)$$

$$I_{2N} = \frac{S_N}{\sqrt{3}U_{2N}} = \frac{150 \times 10^3}{\sqrt{3} \times 600} = 144(A)$$

（2）计算变压器满载时候的效率，需要先计算出变压器副绕组的输出功率，根据功率和容量的计算关系，可得

$$P_2 = S_N \cos\phi = 1500 \times 10^3 \times 0.8 = 1200(KW)$$

再根据效率的计算公式可得

$$\eta = \frac{P_2}{P_1} = \frac{P_2}{P_2 + P_{cu} + P_{Fe}} = \frac{1200 \times 10^3}{1200 \times 10^3 + 1200 + 600} = 99\%$$

8.4.4　其他变压器

1. 三相变压器

由于现代各国电力系统均采用三相制，所以实际上使用最广的电力变压器是三相变压器。一般三相变压器各相结构是相同的，当一次侧加对称三相电压、二次侧接对称负载时，各相电压、

相电流大小相等，相位互差 120°，这时可将三相变压器的任意一相视为单相变压器，取其中一相进行分析。

单相变压器中，变比等于额定电压比。而对于三相变压器，变比指相电压之比，一次侧线电压和二次侧线电压之比则称为线电压比。在三相变压器中，不论原绕组或副绕组，我国均主要采用三角形连接和星形连接两种。把一相绕组的末端和另一相绕组的首端联结在一起，这样绕组首尾依次相接构成一个三角形连接，用△表示。星形连接是把三相绕组的 3 个末端联结在一起，形成 Y 形的形状，用 Y 表示，有中性线的星形连接用 Y 表示。我国生产的电力变压器常用 Y/Y、 Y/△、Y/△等联结，其中斜线上面的字母表示高压。

根据运行的可靠性、经济性，鉴于现代发电厂和变电所的容量增大，在实际运行的时候，常常采用多台变压器并联运行。变压器并联运行是指：两台或多台变压器的原绕组和副绕组的出线段分别并联在一起，各接在原绕组和副绕组的公共母线上共同对负载供电，如图 8.4.12 所示。并联运行的优点有：（1）能提高供电的可靠性。并联后，当某台变压器因为各种原因退出并联运行时，其余的变压器仍然可以供给一定的负载。（2）提高供电的灵活性。并联运行可以根据负载大小调整投入并联运行的变压器台数，以便提高运行效率，也可以根据用电需求，分批安装投入新变压器，减少总的备用容量。

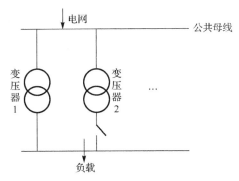

图 8.4.12　变压器的并联运行

2. 三绕组变压器

在电力系统中，除了大量的采用双绕组变压器外，还经常用到三绕组变压器。三绕组变压器可将发电厂中发出的一种电压等级的电能，转换为两种不同的电压等级输送到不同的电网中，从而可以在发电厂和变电站内，通过变压器就可以把几种不同电压的输电系统联系起来了。

三绕组变压器的铁心一般为心式结构，铁心柱上都套着 3 个绕组，根据高压、中压、低压 3 个电压等级，3 个绕组分别称为高压、中压和低压绕组。如果高压是原绕组，低压和中压是副绕组，则称为降压变压器。如果低压是原绕组，中压和高压是副绕组，称为升压变压器。为了绝缘方便，高压绕组都放在最外边。升压变压器中，常把中压绕组靠近铁心柱放置，低压绕组放在中间，这样使漏磁场、漏电抗分布均匀、分配合理，可以较好地提高运行效率，如图 8.4.13(a)所示。而在降压变压器中，中压绕组放在中间，低压绕组靠近铁心柱，如图 8.4.13(b)所示。这时如果采用图 8.4.13(b)布置，附加损增加很多，低压和高压绕组之间的漏磁通较大，变压器可能发生局部过热且降低效率。

三绕组变压器的原绕组和副绕组的电压比仍然为

$$\frac{U_1}{U_2}=\frac{N_1}{N_2}=K_{12} \qquad \frac{U_1}{U_3}=\frac{N_1}{N_3}=K_{13} \tag{8.4.36}$$

三绕组变压器中功率从一次侧传递到二次侧，即原绕组的有功（无功）功率等于副绕组的有功（无功）功率．实际生产的三绕组变压器，各绕组的容量（绕组的额定电压乘以额定电流）可以不相等。三绕组变压器的额定容量是指 3 个绕组中容量最大的一个绕组的容量。

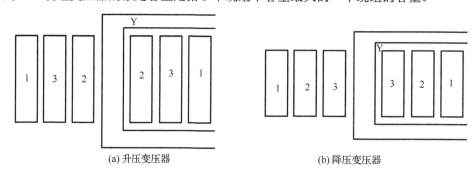

  (a) 升压变压器   (b) 降压变压器

1为高压绕组，2为中压绕组，3为低压绕组

图 8.4.13　三绕组变压器绕组布置示意图

3. 自耦变压器

自耦变压器在输电系统中主要用来连接电压相近的电力系统。在工厂和实验室里，自耦变压器常常用于调压器或作为异步电动机的补偿起动器。在配电系统中，自耦变压器主要用于补偿线路的电压降。图 8.4.14 是实验室调压器的外形和电路结构图。

自耦变压器是指原、副绕组共用一个绕组的变压器，其中原、副绕组公用的绕组部分称为公共绕组。自耦变压器与普通双绕组变压器的区别在于：自耦变压器的原、副绕组之间不但有磁的耦合，还有电的直接联系。

 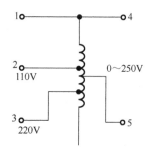

图 8.4.14　调压器的外形和电路结构图

自耦变压器可以通过一台双绕组变压器改接而成。如果双绕组变压器一、二次侧电压、电流相差不大，绕组的绝缘结构相近，则可以把原、副绕组串联起来作为新的一次侧，副绕组仍为二次侧，即为一台降压自耦变压器。反之，也可构成升压自耦变压器。图 8.4.15 是一个降压自耦变压器。

自耦变压器的原、副绕组之间的电压比和电流比仍然为

$$\frac{U_1}{U_2} = \frac{N_1}{N_2} = K \qquad \frac{I_1}{I_2} = \frac{N_2}{N_1} = \frac{1}{K} \tag{8.4.37}$$

自耦变压器的主要特点如下。

（1）自耦变压器的容量大于相应的双绕组变压器的容量，因此自耦变压器比普通变压器具有损耗少、效率高、节省材料、体积小、重量轻、成本低、便于运输和安装的优点。

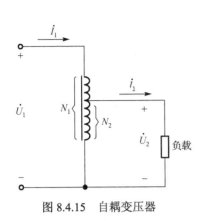

图 8.4.15 自耦变压器

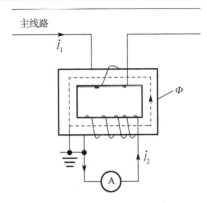

图 8.4.16 电流互感器的原理图

（2）由于自耦变压器一次侧与二次侧之间有电的直接联系，当高压侧过电压时，会引起低压侧严重的过电压，所以自耦变压器一次、二次侧都要装上避雷器。另外，为了避免高压边单相接地故障引起的低压侧的过电压，用在电网中的三相自耦变压器的中点必须可靠接地。

4．仪用互感器

在测量系统中，为了安全和方便，广泛采用仪用互感器用于高电压及大电流的测量。为了能利用常规仪器、仪表进行测量，扩大常规仪表的量程，即能用小量程电流表测量大电流，用低量程电压表测量高电压，此外，为了保障工作人员和测试设备的安全，也需要将二次侧的测量回路与一次侧被测量高压系统相隔离，因此在高、低压变电站、工厂供电系统，以及发电厂等的输、配电线路上都安装仪用互感器，以便将线路的一次侧高电压、大电流变换成二次侧的低电压、小电流来进行测量、运算与控制等。除此以外，在各种继电保护装置的测量中，也可由互感器直接带动继电器线圈，或经过整流变换成直流电压，为各类继电保护装置或为控制系统或微机系统提供控制信号。

仪用互感器通常分为电压互感器和电流互感器，下面分别介绍如下。

（1）电流互感器

电流互感器的原理图如图 8.4.16 所示。它的原绕组由较大截面积的导线构成，串联接入需要测量电流的电路中；二次侧的匝数较多，导线截面较小，并与阻抗很小的仪表（如电流表，功率表的电流线圈等）接成闭合回路，因此，电流互感器的运行情况相当于变压器的短路情况。电流互感器的工作原理和普通降压变压器相同，如果忽略漏阻抗，则有 $\dfrac{I_1}{I_2} = \dfrac{N_2}{N_1} = \dfrac{1}{K}$，由于一次侧匝数少，二次侧匝数多，于是利用原、副绕组匝数不同，可将线路上的大电流变为小电流来测量。

电流互感器的二次侧额定电流为 5V 或 10A，所以配合互感器使用的仪表量程，电流应该是 5A 或 10A，而作为控制用途的互感器，通常也需要由设计人员根据需要自行设计。

测流钳是电流互感器的一种变形。测流钳的外形如图 8.4.17 所示。不必像普通电流互感器那样必须固定在一处，或者在测量时要断开电路而将原绕组串联接入。利用测流钳可以随时随地测量线路中的电流，它的铁心封闭在其内部，如同钳子一样，用弹簧压紧，副绕组绕在铁心上与电流表接通，测量时，将钳压开而引入被测导线，这时，该导线就是原绕组，这样，根据副绕组所接的电流表读数，按照电流比关系得到实测电流值。

在使用电流互感器时应特别注意：

图 8.4.17　测流钳的外形

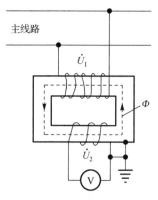

图 8.4.18　电压互感器的原理图

a）电流互感器的副绕组绝对不容许开路。因为二次侧开路时，在运行过程中或者带电切换仪表时，互感器成为空载运行，所以一次侧电流全部成了励磁电流，且一次侧的电流不会因为副边绕组开路而减小，由于励磁电流增加很多倍，这会导致铁损大大增加，使铁心过热，影响电流互感器的性能，甚至把它烧坏。另一方面，增大的励磁电流和磁通密度，会使二次侧感应出很高的电压，可能使绝缘击穿，且有可能对测量人员的安全造成危害。

b）为了使用安全，电流互感器的副绕组一端和铁心必须可靠接地，以防止由于绝缘损坏导致一次侧的高电压传到二次侧带来的不安全因素。

c）电流互感器的二次侧不宜接过多仪表，以免影响互感器的准确度。

（2）电压互感器

电压互感器的原、副绕组套在一个闭合的铁心上，原绕组并联接到被测量的电压线路上，副绕组接到阻抗很大的测量仪表的电压线圈上，所以电压互感器的运行情况相当于变压器的空载情况。图 8.4.18 是电压互感器的原理图。电压互感器的工作原理和普通降压变压器相同。如果忽略漏阻抗，则有 $\dfrac{U_1}{U_2} = \dfrac{N_1}{N_2} = K$，由于一次侧匝数很多，二次侧匝数较少，于是利用一次、二次侧不同的匝数比，可将线路上的高电压变为低电压来测量。

在规格上，供测量系统使用的电压互感器，其二次侧额定电压都统一设计成 100V。所以配合互感器使用的仪表量程，电压应该是 100V，而作为控制用途的互感器，通常由设计人员根据需要自行设计，没有统一的规格。

在使用电压互感器时应特别注意：

a）副边绕组绝对不允许短路，否则会产生很大的短路电流，会引起绕组过热甚至烧坏绕组绝缘，从而导致一次回路的高电压侵入二次低压回路，危及人身和设备安全。

b）为安全起见，电压互感器的副绕组的一端与铁心一起必须可靠接地。

c）有时，根据测量要求，需要在被测的高压电路并联接入多个仪表，这时如果仪表个数不止一个，则各个测量仪表的电压线圈就应该并联接在同一电压互感器的二次侧，但二次侧不宜接过多的仪表，以免由于电流过大引起较大的漏抗压降，影响互感器的准确度。

练习与思考

8.4.1　试简述变压器的基本结构和各部分作用。

8.4.2　试简述变压器的基本工作原理，并分析变压器线圈中的电磁转换关系。

8.4.3 反映变压器的运行情况的参数有哪些，分别体现了变压器的哪些运行性能？

8.4.4 变压器的损耗包括哪些，分别和哪些因素有关？

8.5 电磁能量转换

8.5.1 能量守恒原理

通过前面的分析，我们知道变压器是通过耦合磁场实现能量转换的，而能量转换的过程遵循能量守恒原理。能量守恒原理是指在物理系统内，能量总是守恒的，它既不能凭空产生，也不会凭空消失，只可能改变其存在的形态。如在发电机中，能量的转换形式是把机械能转化为电能，而电动机则是把电能转换为机械能，两者都是在电机内部进行能量形态的转换，即电能、机械能、磁场储能及热能等 4 种能量形态之间的交换。以电动机为例，这 4 种能量形态之间存在着下列平衡关系

从电源输入电能=磁场储能的增加+转换成热能的能量损耗+输送出机械能到负载 　　（8.5.1）

式（8.5.1）中的磁场储能是靠电机中气隙磁场来完成的，耦合磁场是用来耦合电系统和机械系统的，起着把电系统和机械系统联系在一起的纽带作用。转换为热能的能量主要包括 3 部分：

（1）电能中的一部分消耗在导体电阻上、铜损耗（即 I^2R）上。

（2）机械能中的一部分消耗在轴承摩擦、通风的机械损耗上。

（3）磁场能中的一部分消耗在铁心中的磁滞和涡流损耗上。

这些转换为热能的能量在转换过程中是不可逆的，如果把上述 3 部分损耗分别计入电能、磁场能和机械能中，则能量平衡方程可以写成

输入的电能–电阻 I^2R 损耗=磁场储能的增加+

铁心损耗+输出的机械能加上机械损耗 　　（8.5.2）

式（8.5.2）也可以用图 8.5.1 来表示

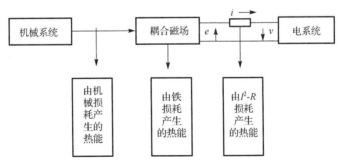

图 8.5.1 能量守恒示意图

用微分形式表示时，式（8.5.3）也可以改写为

$$\text{电动机：} \quad \mathrm{d}W_e = \mathrm{d}W_\Omega + \mathrm{d}W_m \tag{8.5.3}$$

式中，$\mathrm{d}W_e$ 为输入电机中的净电能（已扣除 I^2R 损耗在内）的微分，$\mathrm{d}W_\Omega$ 为变换为机械形式的总能量（包括机械损耗在内）的微分，$\mathrm{d}W_m$ 为磁场吸收的总能量（包括磁场储能的增量和铁心损耗）的微分，当然，对发电机也可以用以上分析方法得到相应的能量平衡表达式和能量平衡图。

8.5.2 电磁能量转换的枢纽——耦合磁场

无论是变压器还是电机，它们都是通过耦合磁场进行能量转换的，或者说电磁能量转换的关键就在于耦合磁场及它对机械系统和电系统的作用和反作用，因此耦合磁场是电磁能量转换的枢纽。研究电磁能量转换过程的时候，我们可以忽略各种损耗，将研究的重点放在耦合磁场上。

耦合磁场承担着从电源吸收电能或从原动机吸收机械能的作用，而耦合磁场这一功能的实现依赖于线圈产生的感应电动势。就耦合磁场和电系统的作用来看，耦合磁场对电系统的作用表现在线圈感应电动势上，只有当线圈内产生有感应电动势时，电机才能从电系统吸收或发出电能。因此，产生感应电动势是耦合磁场从电源输入电能或从原动机输入机械能的必要条件。

当多个绕组接到电系统时，电能的变化关系可以写成

$$dW_e = \sum_l^n ei dt \qquad (8.5.4)$$

式中，n 为接到电系统的绕组数目，相应的电磁功率表达式为

$$P_{em} = \frac{dW_e}{dt} = \sum_l^n ei \qquad (8.5.5)$$

如果 e、i 按同频率正弦规律变化时，则电磁功率的平均值为

$$P_{em} = \sum_1^n EI\cos\phi \qquad (8.5.6)$$

式中，E 和 I 分别为 e 和 i 的有效值，φ 是它们的相位差。

耦合磁场对机械系统的作用或反作用表现在电磁转矩上，以电动机或发电机为例，若磁场储能随着转子转角的变化而变化时，转子上就受到电磁转矩的作用，只有当电机内部产生有电磁转矩时，电机才能向机械系统送出（或吸收）机械能。在恒速运行情况下，转子的动能没有变化，机械能变化的表达式为

$$dW_\Omega = T \cdot \Omega \cdot dt \qquad (8.5.7)$$

对于直流电机和三相相对稳定运行的交流电机，除了过渡过程外，在不计铁心损耗的条件下，气隙磁场的总储能在稳态运行中是不变的，即 $dW_m = 0$，于是

$$\sum_l^n ei dt = T \cdot \Omega \cdot dt \quad 或：\ dW_\Omega = dW_e \qquad (8.5.8)$$

由此可见，作为耦合场的恒定气隙磁场，一方面从机械系统中吸收机械能，另一方面又把等量的磁场储能转换为电能，或者相反，一方面从电系统中吸收电能，另一方面又把等量的磁场储能转换为机械能。完成上述等量转换过程是通过电磁功率和电磁转矩来实现的。而电磁功率和电磁转矩都需要通过起耦合机电两个系统的气隙磁场的作用才能产生。因此，耦合磁场在电磁能量转换过程中起着极其重要的枢纽作用。

练习与思考

8.5.1 想想还有哪些电器设备以耦合磁场作为电磁能量转换的枢纽，说说它们是如何进行能量转换的。

8.6　变压器的应用

变压器是生产、生活中常见的电器，休积上大到电力变压器小到手机充电器，甚至还有更小的贴片式变压器，都与我们生活密切相关。本节我们就来看看其中一些常见或常用的变压器。

大家都知道，远距离输电常常采用高电压等级。这是因为，若发电厂欲将 $P=3UI\cos\varphi$ 的电功率输送到用电区域，在 P、$\cos\varphi$ 为一定值时，采用的电压越高，则输电线路中的电流越小，这样可以大大减小输电线路上的损耗（与电流的平方成正比），且节约导电材料。事实上，目前，交流输电的电压已达 500kV 甚至以上的电压等级，这样高的电压，对发电侧和用电侧会产生什么样的影响呢？就发电侧而言，无论从发电机的安全运行还是从制造成本方面考虑，都不适合也不允许由发电机直接产生高电压。考虑到发电机的输出电压一般有 3.15kV、6.3kV、10.5 kV 等几种，因此必须用升压变压器将电压升高才能实现电能的远距离输送。就用电侧而言，由于多数用电器所需电压是 380V、220V，少数电机也采用 3kV、6kV 等。高电压的电能输送到用电区域后，为了适应用电设备的电压要求，还需通过各级变电站利用降压变压器将电压降低为各类电器所需的电压值。因此，构成电力系统的示意图通常如图 8.6.1 所示。

图 8.6.1　电力系统构成的示意图

隔离变压器也是一种应用广泛的变压器。电力系统在供给低压用户时，一般采取三相四线制，中性线接地。连接到居民家的电线，一根是相线（火线），另一根是零线，它是和大地同电位，当人体触及火线时，就会因为人体和大地构成回路，造成电流流过人体，发生触电危害。如果使用隔离变压器，因为一次侧和二次侧是通过磁场交换能量，没有物理上的实际连接，就算人体接触带电物品，也会因为人体和大地同电位，不会引起触电危害。又如在维修彩色电视机和其他一些家用电器时，因为有彩色电视机或家用电器的电源部分和电源连接，若维修人员不注意碰到了这部分电路，就会触电，而如果我们在电源和维修的家用电器间增加隔离变压器则有效的避免了触电危险。

隔离变压器的工作原理和普通变压器是一样的，都是利用电磁感应原理而工作，它的变比为 1，但变压器初级和次级回路有较好的"隔离性"。表现在结构上，隔离变压器和一般变压器有一些不同。一般变压器原、副绕组之间虽也有隔离电路的作用，但在频率较高的情况下，两绕组之间的电容仍会使两侧电路之间出现静电干扰。为避免这种干扰，隔离变压器的原、副绕组一般分置于不同的心柱上，以减小两者之间的电容；也有采用原、副绕组同心放置的，但需要在绕组之间加置静电屏蔽，以获得较高的抗干扰特性。除了结构上的不同外，隔离变压器的次级不与地相连，次级任一根线与地之间没有电位差，因此使用安全。正是隔离变压器的隔离性和安全性的特点，决定了隔离变压器的主要作用：使一次侧与二次侧的电气完全隔离，同时利用铁心的高频损耗大的特点，抑制高频杂波传入控制回路，从而保护设备；另外，隔离危险电压，保护人身安全。

隔离变压器的隔离输入和输出之间的电气连接的特点也被用在了不间断电源 UPS 的使用上。随着 UPS 的大量应用，用户安装的某些负载会对 UPS 输出零地电压有较高的要求，但在实际的使用时会发现，UPS 没开机时输出零地电压基本满足要求，而开机后 UPS 的输出零地电压会上升甚至可能超出要求的范围，使设备无法正常工作甚至损坏设备。为有效地降低输出的零地电压，常常加装隔离变压器，在变压器副边零地短接，利用变压器输入和输出之间的电气连接的隔离，达到降低零地电压的目的。对于中小功率的 UPS，常常在输出端加装输出隔离变压器；对于大功率 UPS，常常在其旁路输入加装旁路隔离变压器。此外，隔离变压器还可以减小电源中的噪声。音乐发烧友常会在电源上加装隔离变压器，作用就是要把电源中的噪声减小。因为家庭用户的电器使用，会在电源上以倍频方式将噪声传至各电源插座，而采用隔离变压器，利用硅铜片型的变压器对中高次波的吸收作用，改善电源中的噪声污染，达到音乐的保真。

开关变压器是常见的又一变压器类型。开关变压器一般工作于开关状态；当输入电压为直流脉冲电压时，称为单极性脉冲输入，如单激式变压器开关电源；当输入电压为交流脉冲电压时，称为双极性脉冲输入，如双激式变压器开关电源。为了简便起见，这里以单极性脉冲输入为例分析开关变压器的原理，但该分析对双极性脉冲输入同样有效，因为我们可以把双极性脉冲输入看成是两个单极性脉冲分别输入即可。单激式变压器开关电源等效为如图 8.6.2 所示电路，我们把直流输入电压通过控制开关通、断的作用，看成是一个序列直流脉冲电压，即单极性脉冲电压，直接给开关变压器供电。 开关变压器的原理和一般变压器原理基本类似，不同之处在于在一般的电源变压器电路中，当电源变压器两端的输入电压为 0 时，表示输入端是短路的，因为电源内阻可以看成为 0；而在开关变压器电路中，当开关变压器两端的输入电压为 0 时，表示输入端是开路的，因为电源内阻可以看成为无限大。

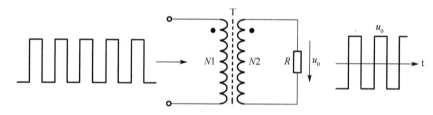

图 8.6.2　单激式变压器开关电源

手机充电器中采用的是开关变压器。如图 8.6.3 所示是一个手机充电器的电路原理图。该充电器电路主要由振荡电路（三极管 VT2 及开关变压器 T 等）、充电电路（软塑封集成块 IC1（YLT539）和三极管 VT3 等）、稳压保护电路（三极管 VT1、稳压二极管 VDZ1 等）等组成，其输入电压为 220V 交流电，输出电压为 4.2V 左右的直流电。在该电路的振荡电路中，变压器 T 作用为一个开关变压器。

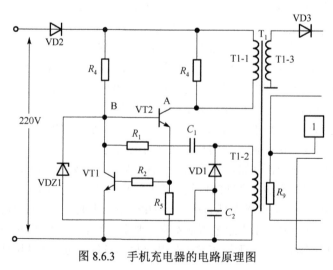

图 8.6.3　手机充电器的电路原理图

在该充电器电路的振荡电路部分，220V 交流电经二极管 VD2 半波整流后转换为直流电压。该直流电压经开关变压器 T1 的 1-1 初级绕组加在三极管 VT2 的集电极 A 上，形成 VT2 的偏置电压，同时，开关变压器 T1 的 1-1 初级绕组中有电流流过，因此变压器 T1 的 1-2 绕组中有感应电压产生，该电压加到 VT2 的基极 B，使三极管 VT2 的基极导通。随着电容 C1 两端电压升高，变压器 T1 的 1-1 初级绕组中产生的磁通量逐渐减少，在变压器 T1 的 1-2 绕组感应出负反馈电压，使 VT2 截止，完成一个振荡周期。在 VT2 进入截止期间，变压器 T1 的 1-3 绕组感应出交流电压，作为后级的充电电压。

习　题

8.2.1　有一个闭合铁心，磁路的平均长度为 0.3m，截面积为 $3 \times 10^{-4} \mathrm{m}^2$，铁心的磁导率为 $2500\mu_0$，励磁绕组有 1000 匝，求铁心中产生 $1 \mathrm{Wb/m}^2$ 的磁通密度时所需要的励磁电流和励磁磁势。

8.2.2　由铸钢制成的闭合铁心的截面积为 $20 \mathrm{cm}^2$，一个通入 0.28A 的直流电流的线圈，匝数 $N=1500$ 绕在铁心上，在铁心中产生大小为 0.002Wb 的磁通，求铁心的平均长度。（铸钢在 $B=1\mathrm{T}$ 时的 $H=0.8 \times 10^3 \mathrm{A/m}$）

8.3.1　线圈接在电压为 110V，频率为 60Hz 的正弦电源上，线圈中的电流为 5A，功率因数为 0.08，之后在此线圈加入铁心重新接入相同电源，其电流变为 3A，功率因数 0.87。求此线圈在具有铁心时的铜损和铁损。

8.3.2　将一个铁心线圈，先接在交流电源上，测得电压为 220V，电流为 2A，功率为 180W，然后接在直流电源上，测得线圈的电阻为 $1.5\,\Omega$，求铁损和线圈的功率因数。

8.3.3　频率为 60Hz 的正弦电源加在一个交流线圈上，现在在此铁心上再绕一个线圈，其匝数为 200，当此线圈开路时，测得其两端的电压为 232.9V，求铁心中磁通的最大值。

8.4.1　有一台电压为 330V/110V 的变压器，$N_1=3000$，$N_2=1000$，为了节约铜线，将匝数减为 900 和 300 是否可以，为什么？

8.4.2　原绕组有 110 匝，接于 110V 电压的变压器，副绕组接有 3 个纯电阻负载：一个电压 26V，负载 43W；一个电压 16V，负载 13W；一个电压 8V，负载 6W。试求 3 个副绕组的匝数和一次侧电流 I_1。

8.4.3　已知变压器原、副绕组匝数分别为 600 和 200，接入的信号源电动势 $E=15\mathrm{V}$，副绕组侧接入一阻值为 $12\,\Omega$ 的电阻性质负载，信号源输出功率为 9mW，试求信号源内阻。

8.4.4　实验室里同学做变压器实验，看见三相变压器的铭牌数据上有：电源频率为 60Hz，连接方式为 Y/Y，额定容量 450kVA，原、副绕组额定电压分别为 22KV、330V，经测量每匝线圈感应电动势为 16.5V，试初步估算：（1）变压器的变比，（2）原、副绕组的额定电流。

8.4.5　某容量为 100kVA，电压为 2200V/110V 的单相变压器。今欲在副绕组接上 100W，110V 功率因数为 0.87 的负载，求（1）变压器在额定情况下时，可接多少负载，（2）原、副绕组的额定电流。

第9章 电 动 机

实现电能与机械能相互转换的装置称为电机，从能量转换角度分为发电机和电动机。电动机主要分为交流电动机和直流电动机两大类，交流电动机又分为异步电动机和同步电动机两种。其中，应用最为广泛的是三相交流异步电动机。

9.1 三相异步电动机的结构

三相异步电机主要由固定不动的定子（Stator）和旋转的转子（Rotor）两部分组成，定、转子之间有空气气隙。三相异步电动机的基本结构如图9.1.1所示。

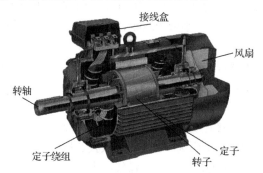

图 9.1.1 三相异步电动机的基本结构

9.1.1 定子铁心及定子绕组

三相异步电动机的定子部分主要由定子铁心、定子绕组和机座等组成。定子铁心是电机磁路的一部分，由涂有绝缘漆的硅钢片叠压而成。在定子铁心内圆周上均匀地冲制若干个形状相同的槽，槽内安放三相定子绕组。大、中容量的高压电动机的定子绕组常连接成星形，只引出3根线，而中、小容量的低压电动机常把三相绕组的6个出线头都引到接线盒中，可以根据需要连接成星形和三角形。定子绕组是构成电路部分，其作用是感应电动势、流过电流、实现机电能量转换。整个定子铁心装在机座内，机座是用来固定和支撑定子铁心。一个三相异步电动机的定子构造如图9.1.2所示。

图 9.1.2 三相异步电动机的定子构造

9.1.2　绕线式转子和鼠笼式转子

三相异步电动机的转子由转子铁心、转子绕组和转轴组成。转子铁心也是磁路的一部分，由 0.5mm 厚的表面冲槽的硅钢片叠成一圆柱形，铁心与转轴必须可靠地固定，以便传递机械功率。转子铁心的外表面有槽，用于安放转子绕组。按绕组形式的不同，转子可分成绕线式转子和鼠笼式转子，如图 9.1.3 和图 9.1.4 所示。

绕线式转子同电动机的定子一样，都是在铁心的槽中嵌入三相绕组，三相绕组的一般接成星形，将 3 个出线端分别接到转轴上 3 个滑环上（如图 9.1.5 所示），再通过电刷引出电流。绕线式转子的特点是在起动和调速时，可以通过滑环电刷在转子回路中接入附加电阻，以改善电动机的起动性能、调节其转速。

图 9.1.3　绕线式转子

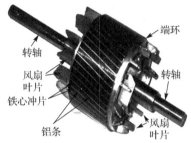

图 9.1.4　鼠笼式转子

鼠笼式转子是在转子铁心槽里嵌入导条（铜或铝），再将导条两端焊在两个端环上，以构成闭合回路。去掉转子铁心，剩下的导条和两边的端环，其形状像个鼠笼，故称为鼠笼式电动机。中、小容量的鼠笼式电动机是在转子铁心的槽中浇注铝液铸成笼形导体，以替代铜制笼体。如图 9.1.6 所示，铸铝转子把导条、端环和风扇一起铸出，结构简单、制造方便。

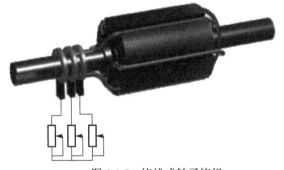

图 9.1.5　绕线式转子绕组

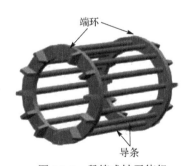

图 9.1.6　鼠笼式转子绕组

虽然鼠笼式异步电动机和绕线式异步电动机在转子构造上有所不同，但它们的工作原理是一样的。鼠笼式异步电动机由于转子结构简单，价格低廉，工作可靠。在实际应用中，如果对电机的起动和调速没有特殊的要求，一般采用鼠笼式异步电动机。只在要求起动电流小、起动转距大，或需平滑调速的场合才使用绕线式异步电动机。

9.2　三相异步电动机的转动原理

三相异步电动机又称交流感应电动机，基本工作原理是电磁感应定律。由三相交流电流在定子绕组及定子铁心中产生旋转磁场，转子导体切割磁力线产生感应电动势及感应电流，该旋转磁场又对转子感应电流有安培力作用，产生转矩带动转子转动，从而实现了机电能量的转换。

9.2.1　旋转磁场的产生

通常，我们在三相异步电动机的定子铁心槽中放置三相对称绕组（即 3 个匝数相同、结构一样、互隔 120°的绕组），如图 9.2.1 所示。将三相绕组作星形连接或三角形连接，接线端接在三相正弦交流电源上，在三相对称绕组中会产生三相对称电流，三相对称电流在绕组和铁心附近空间产生一个合成的旋转磁场。

假设每相绕组只有一个线圈，3 个绕组分别嵌放在定子铁心内圆周上在空间位置上互差 120°对称分布的 6 个槽之中。A 相绕组的首端用大写英文字母 A 来表示，末端用大写英文字母 X 来表示。B 相和 C 相绕组的首末端分别为 BY 和 CZ。将三相绕组的末端连接在一起，始端分别接在三相对称的交流电源上，如图 9.2.2 所示，定子绕组为星形连接。

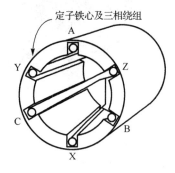

(a) 定子铁心和绕组

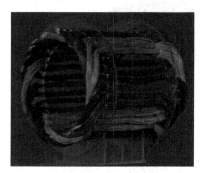

(b) 三相对称交流绕组模型

图 9.2.1　用以产生旋转磁场的定子铁心和绕组分布示意图

规定电流正方向由始端指向末端，图 9.2.3 中实际电流的流入端用 ⊗ 表示，流出端用 ⊙ 表示。

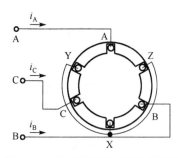

图 9.2.2　接成星形的三相定子绕组

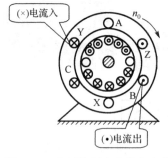

图 9.2.3　定子绕组中电流方向的表示

设三相定子绕组通入的对称三相电流为

$$i_A = I_m \sin \omega t$$

$$i_B = I_m \sin(\omega t - 120°)$$

$$i_C = I_m \sin(\omega t + 120°)$$

三相电流的波形如图 9.2.4 所示，为了分析合成磁场的变化规律，我们任选几个特定时刻 $\omega t = 0°$、$\omega t = 60°$、$\omega t = 120°$ 进行分析。

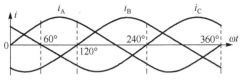

图 9.2.4 三相电流波形

如图 9.2.5(a)所示，当 $\omega t = 0°$ 时，A 相电流 $i_A = 0$。C 相电流 i_C 为正值，即从 C 端流入，Z 端流出。B 相电流 i_B 为负值，即从 Y 端流入，B 端流出。根据电流的流向，应用右手螺旋定则，由 i_C 和 i_B 产生的合成磁场如图 9.2.5(a)中虚线所示。它具有一对（即两个）磁极（Poles）：N 极和 S 极，且与 A 相绕组平面重合。

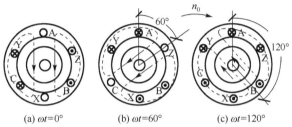

(a) $\omega t = 0°$ (b) $\omega t = 60°$ (c) $\omega t = 120°$

图 9.2.5 旋转磁场的形成

当 $\omega t = 60°$ 时，C 相电流 $i_C = 0$。A 相电流 i_A 为正值，即从 A 端流入，在 X 端流出。B 相电流 i_B 为负值，即从 Y 端流入，在 B 端流出。由 i_A 和 i_C 产生的合成磁场如图 9.2.5(b)所示。可以看出，此时合成磁场同 $\omega t = 0°$ 时相比，按顺时针方向旋转了 60°。

当 $\omega t = 120°$ 时，B 相电流 $i_B = 0$。A 相电流 i_A 为正值，即从 A 端流入，在 X 端流出。C 相电流 i_C 为负值，即从 Z 端流入，在 C 端流出。由 i_A 和 i_C 产生的合成磁场如图 9.2.5(c)所示。合成磁场同 $\omega t = 0°$ 时相比，按顺时针方向旋转了 120°。

同理可得，当 $\omega t = 360°$ 时，合成磁场正好转了一周。三相电流产生的合成磁场是一旋转的磁场，即一个电流周期，旋转磁场在空间转过 360°。

由此可知，当定子绕组中的对称三相电流随时间周期性变化时，由它们在电动机里所产生的合成磁场随电流的变化而在不断旋转着。

图 9.2.2 中，三相定子绕组电动机定子三相绕组 A—X、B—Y、C—Z 是按三相电流 A、B、C 的相序接到三相电源上的，则合成磁场的旋转方向便沿着 A 相绕组轴线—B 相绕组轴线—C 相绕组轴线的正方向旋转，即合成磁场的转向取决于电流的相序。

如果将电源接到定子绕组上的 3 根引线中的任意两根对调一下，例如将电源 B 相接到原来的 C 相绕组上，电源 C 相接至原来的 B 相绕组上，如图 9.2.6 所示。这时定子三相绕组中的电流相序就按逆时针方向排列，在这种情况下产生的旋转磁场将按逆时针方向旋转（如图 9.2.7 所示）。

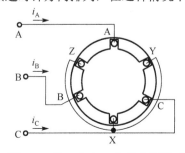

图 9.2.6 将 B 相和 C 相的电源线对调

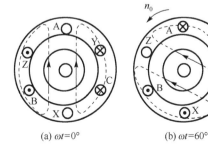

(a) $\omega t = 0°$ (b) $\omega t = 60°$

图 9.2.7 旋转磁场的反转

由此可见，旋转磁场的转向与通入绕组的三相电流相序有关。只要改变三相交流电流的相序，即把三相电源接到电机三相绕组的任意两根导线对调，就可以改变旋转磁场的方向。

9.2.2 旋转磁场的极数与转速

由图 9.2.5 两极（即极对数 $p=1$）旋转磁场的分析可知，电流变化一周，磁场也正好在空间旋转一周。电流的频率为 f_1，则每分钟变化 $60f_1$ 次，旋转磁场的转速（又称同步转速，Synchronous Speed）为

$$n_0 = 60f_1 \text{ (r/min)} \tag{9.2.1}$$

若 f_1 为 50Hz 的工频交流电，则此时旋转磁场的转速为 3000r/min。

在实际应用中，常使用极对数 $p>1$ 的多磁极电动机。而旋转磁场的极对数与定子绕组的安排有关。如果电动机绕组由原来的 3 个绕组增至为 6 个绕组，每相绕组由两个线圈串联组成，如图 9.2.8 所示，每个绕组的始端（或末端）之间在定子铁心的内圆周上按互差 60° 角的规律进行排列，则通入对称三相电流后便产生四极旋转磁场，即磁极对数为 $p=2$。

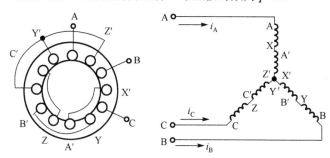

图 9.2.8 产生四极旋转磁场的定子绕组

如图 9.2.9 所示，当电流也从 $\omega t = 0°$ 到 $\omega t = 60°$ 经历了 60° 时，而磁场在空间仅旋转了 30°。由此可知，当电流经历了一个周期（360°），磁场在空间仅仅能旋转半个周期（180°），所以，两对磁极的磁场旋转速度比一对磁极的磁场转速慢了一半，即

$$n_0 = \frac{60f_1}{2} (r/\min)$$

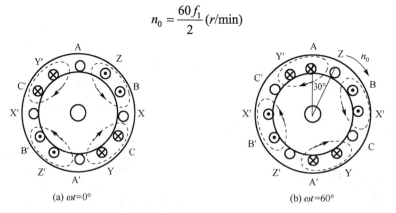

(a) $\omega t = 0°$　　　　　　　　　(b) $\omega t = 60°$

图 9.2.9 三相电流产生的旋转磁场（$p=2$）

由此可见，只要按一定规律安排和连接定子绕组，就可获得不同极对数的旋转磁场，产生不同的转速，其关系为

$$n_0 = \frac{60 f_1}{P} \text{ (r/min)} \tag{9.2.2}$$

由式（9.2.2）可知，旋转磁场的转速 n_0 的大小与电流频率 f_1 成正比，与磁极对数 p 成反比。其中 f_1 是由异步电动机的供电电源频率决定，而 p 由三相绕组的各相线圈串联多少决定。通常对于一台具体的异步电动机，f_1 和 p 都是确定的，所以磁场转速 n_0 为常数。

在我国，工频交流电 f_1=50Hz，不同磁极对数的旋转磁场转速如表 9.2.1 所示。

表 9.2.1　旋转磁场的转速 n_0 与磁极对数 p 的关系

磁极对数 p	1	2	3	4	5	6
磁场转速 n_0（r/min）	3000	1500	1000	750	600	500

9.2.3　异步电动机的转动原理

三相异步电动机的转动原理是基于法拉第电磁感应定律和载流导体在磁场中会受到安培力的作用。定子三绕组接入三相交流电源后，电机内便形成一个以同步转速 n_0 旋转的旋转磁场。设其方向为顺时针转，假设转子不转，转子鼠笼导条与旋转磁场有相对运动，导条中有感应电动势。若把旋转磁场视为静止，则相当于转子导体逆时针方向切割磁力线，感应电动势的方向可用右手定则来判定。由于转子导条在端部短路，于是导条中有感应电流，若不考虑电动势与电流的相位差时，感应电流方向与感应电动势方向相同，其方向如图 9.2.10 所示。在磁场中的载流导体将受到电磁力的作用。根据左手定则确定电磁力的方向，上下两根载有感应电流的转子导条与旋转磁场相互作用所受电磁力的方向如图 9.2.10 所示，即 N 极下的导条受力方向是朝向右，而 S 极下的导条受力方向是朝向左，这一对力形成一顺时针方向的转矩，即对转轴形成一个与旋转磁场同向的

电磁转矩（Torque）。当磁场旋转时，磁极经过的每对导条都会产生这样的电磁转矩，在这些电磁转矩的作用下，使转子沿着旋转磁场的方向以转速 n 旋转起来。拖着转子带动机械负载，顺着旋转磁场的旋转方向旋转，将从定子绕组输入的电能变成旋转的机械能从转子输出。

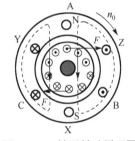

异步电动机的旋转方向始终与旋转磁场的旋转方向一致，而旋转磁场的方向又取决于异步电动机的三相电流相序，因此，三相异步电动机的转向与电流的相序一致。要改变转向，只需改变电流的相序即可，即任意对调电动机的两根电源线，可使电动机反转。

图 9.2.10　转子转动原理图

综上分析可知，三相异步电动机转动的基本原理是：（1）三相对称绕组中通入三相对称电流产生旋转磁场；（2）转子导体切割旋转磁场产生感应电动势和电流；（3）转子载流导体在磁场中受到电磁力的作用，从而形成电磁转矩，驱使电动机转子转动。

转子的旋转速度 n（即电动机的旋转速度）比同步转速 n_0 要低一些。这是因为如果这两种转速相等，转子和旋转磁场就没有了相对运动，转子的导条将不切割磁力线，便不能产生感应电动势，也就不能产生感应电流，这样就没有电磁转矩，转子将不会继续旋转。因此，若要转子旋转，旋转磁场和转子之间就一定存在转速差，即转子的旋转速度总要落后于旋转磁场的旋转速度，即 $n<n_0$。由于转子的旋转速度不同于且低于旋转磁场的转速，这就是异步电动机名称的缘由。

同步转速与转子转速存在着转速差（n_0-n），我们将这个转速差与同步转速 n_0 之比称为转差率（又称为滑差，Slip），用 s 表示。即

$$s = \frac{n_0 - n}{n_0} \tag{9.2.3}$$

转差率是反映异步电动机运行情况的一个重要物理量。在很多情况下用 s 表示电动机的转速要比直接用转速 n 方便得多，使很多运算大为简化。转差率反映异步电动机的各种运行情况。对异步电动机而言，当转子尚未转动（如起动瞬间）时，$n=0$，三相电流已经流入，旋转磁场已经产生，这时的转差率最大，即转差率 $s=1$；当转子转速接近同步转速（空载运行）时，$n \approx n_0$，此时转差率 $s \approx 0$，由此可见，作为异步电动机，转速在 $0 \sim n$ 范围内变化，电动机转差率在 $0 < s \leqslant 1$ 范围内变化。一般情况下，运行中的三相异步电动机的额定转速与同步转速相近，所以转差率很小。通常不同容量的异步电动机在额定负载时的转差率约为 1%～9%。

9.3　三相异步电动机的电路分析

从电磁关系上来看，异步电动机同变压器的运行相似，即定子绕组相当于变压器的一次绕组，转子绕组（一般为短接）相当于二次绕组，异步电动机的工作原理及分析方法与变压器有很多相似之处。电动机运行时，旋转磁场是由定子绕组和转子绕组产生的合成磁。不同的是在电动机定子绕组和转子绕组中的感应电动势都是由旋转磁场作用产生的，异步电动机通过电磁感应把从定子绕组输入的电功率转换成转轴上的机械功率输出。

三相异步电动机的每相等效电路如图 9.3.1 所示，当定子绕组接上三相电源电压（相电压为 $\dot{U}_1$）时，则有三相电流（相电流为 $\dot{I}_1$）通过。定子三相电流产生旋转磁场，旋转磁场在定子绕组和转子每相绕组中分别感应出电动势 $\dot{E}_1$ 和 $\dot{E}_2$；漏磁通在定子绕组和转子每相绕组中分别感应出漏电动势 $\dot{E}_{\sigma 1}$ 和 $\dot{E}_{\sigma 2}$。N_1 和 N_2 分别为定子和转子绕组的匝数。

9.3.1　定子电路

根据如图 9.3.1 所示三相异步电动机的等效电路，其电压方程为

$$\dot{U}_1 = R_1 \dot{I}_1 + (-\dot{E}_{\sigma 1}) + (-\dot{E}_1) = R_1 \dot{I}_1 + jX_1 \dot{I}_1 + (-\dot{E}_1) \qquad （9.3.1）$$

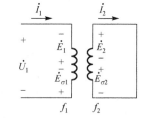

图 9.3.1　三相异步电动机的每相等效电路

式中，R_1 和 X_1 分别为定子每相绕组的电阻和定子磁路漏磁通产生的感抗（漏磁感抗）。

旋转磁场切割定子导体产生感生电动势 $\dot{E}_1$，与变压器一次绕组路类似

$$U_1 \approx E_1 = 4.44 f_1 N_1 \Phi_{\mathrm{m}} \qquad （9.3.2）$$

式中，Φ_{m} 为通过每相绕组的磁通最大值，为旋转磁场的每极磁通。

感应电动势的频率与旋转磁场和定子导体间的相对速度有关，异步电动机的定子绕组是静止的，所以旋转磁场与定子导体间的相对速度为 n_0，故定子感应电势的频率为

$$f_1 \approx \frac{p n_0}{60}$$

即定子感应电动势的频率等于电源或定子电流的频率。

9.3.2　转子电路

转子每相电路的电压方程为

$$\dot{E}_2 = R_2 \dot{I}_2 + (-\dot{E}_{\sigma 2}) = R_2 \dot{I}_2 + jX_2 \dot{I}_2 \qquad (9.3.3)$$

式中，R_2 和 X_2 分别为转子每相绕组的电阻和漏磁感抗。

1．转子电路的频率

当电动机旋转时，旋转磁场切割转子绕组导体，在绕组上产成的感应电动势应为交流电动势。感应电动势的频率取决于旋转磁场同转子的相对速度和磁极对数。旋转磁场切割转子绕组导体的速度为（$n_0 - n$），转子绕组中电动势和电流的频率 f_2 为

$$f_2 = \frac{n_0 - n}{60} p = \frac{n_0 - n}{n_0} \times \frac{n_0 p}{60} = sf_1 \qquad (9.3.4)$$

f_2 又称为转差频率（Slip Frequency）。当转子不转时，电动机起动瞬间，$n=0(s=1)$，转子导体与旋转磁场间的相对速度最大，旋转磁场切割转子导体的速度最快，所以这时的 f_2 最高，$f_2 = f_1$。异步电动机在额定负载时，$s=1\% \sim 9\%$，若 $f_1 = 50\text{Hz}$，则 $f_2 = 0.5 \sim 4.5\text{Hz}$。

2．转子感应电动势 E_2

$$E_2 = 4.44 f_2 N_2 \Phi_{\mathrm{m}} = 4.44 sf_1 N_2 \Phi_{\mathrm{m}} \qquad (9.3.5)$$

当转速 $n=0(s=1)$ 时，f_2 最高，此时 E_2 最大，记为 E_{20}，有

$$E_{20} = 4.44 sf_1 N_2 \Phi_{\mathrm{m}} \qquad (9.3.6)$$

即

$$E_2 = sE_{20} \qquad (9.3.7)$$

可见，转子感应电动势与转差率 s 有关。

3．转子感抗 X_2

转子感抗 X_2 与转子频率 f_2 有关，即

$$X_2 = 2\pi f_2 L_{\sigma 2} = 2\pi sf_1 L_{\sigma 2} \qquad (9.3.8)$$

当转速 $n = 0(s = 1)$ 时，f_2 最高 $f_2 = f_1$，此时 X_2 最大，记为 X_{20}，有

$$X_{20} = 2\pi f_1 L_{\sigma 2} \qquad (9.3.9)$$

即

$$X_2 = sX_{20} \qquad (9.3.10)$$

可见转子感抗 X_2 与转差率 s 有关。

4．转子电流 I_2

转子每相电路的感应电流由式（9.3.3）得

$$I_2 = \frac{E_2}{\sqrt{R_2^2 + X_2^2}} = \frac{sE_{20}}{\sqrt{R_2^2 + (sX_{20})^2}} \qquad (9.3.11)$$

可见转子电流也与转差率 s 有关。当 s 增大，即转速 n 降低时，转子与旋转磁场间的相对转速 $n_0 - n$ 增加，转子导体切割磁场的速度提高，于是 E_2 增加，I_2 也增。I_2 随 s 变化的关系可用图 9.3.2 的曲线表示。当 $s=0$，即 $n_0 - n = 0$ 时，$I_2 = 0$；当 $s = 1$ 时，$R_2 \ll sX_{20}$

$$I_2 = I_{2\max} = \frac{E_{20}}{\sqrt{R_{20}^2 + X_{20}^2}} \approx \frac{E_{20}}{X_{20}} = 常数 \qquad (9.3.12)$$

5. 转子电路的功率因数 $\cos\varphi_2$

由于转子漏电感的存在，I_2 滞后 E_2，相位差用 φ_2 来表示，因此转子电路的功率因数为

$$\cos\varphi_2 = \frac{R_2}{\sqrt{R_2^2 + X_2^2}} = \frac{R_2}{\sqrt{R_2^2 + (sX_{20})^2}} \tag{9.3.13}$$

可见，功率因数与转差率有关。当 s 增大时，X_2 也增大，φ_2 增大，$\cos\varphi_2$ 减少。

s 很小时：$R_2 \gg sX_{20}$ $\cos\varphi_2 \approx 1$

s 较大时：$R_2 \ll sX_{20}$ $\cos\varphi_2 \approx \dfrac{R_2}{sX_{20}}$

可见，由于转子是旋转的，转子转速不同时，转子绕组和旋转磁场之间的相对速度不同，所以转子电路中的各个量，如频率、电动势、感抗、电流和功率因数等都与转差率有关，即与电动机的转速有关，学习和分析三相异步电动机时应当注意这个重要特点。

9.4　三相异步电动机的电磁转矩与机械特性

异步电动机将电能转换为机械能，输送转矩和转速给生产机械。本节将讨论电动机的电磁转矩有关的因素及转矩与转速之间的关系。

9.4.1　三相异步电动机的电磁转矩

三相异步电动机的电磁转矩（Electromagnetic Torque）是由转子电流与旋转磁场相互作用产生的，因此电磁转矩 T 的大小与转子电流 I_2 及旋转磁场每极磁通 Φ 成正比。转子电路不但有电阻，还有漏感阻抗存在，呈电感性，转子电流 I_2 滞后转子感应电动势 $E_2 \varphi_2$ 角，转子电流的有功分量部分 $I_2\cos\varphi_2$ 与旋转磁场相互作用而产生电磁转矩，所以电磁转矩同磁场和转子电流的关系为

$$T = K_T \Phi_m I_2 \cos\varphi_2 \tag{9.4.1}$$

式中，K_T 是与电动机结构有关的常数，$\cos\varphi_2$ 为转子电路的功率因数。

将式（9.3.2）、式（9.3.11）和式（9.3.13）代入式（9.4.1）可得电磁转矩的参数表达式

$$T = K_T \frac{sR_2}{R_2^2 + s^2 X_{20}^2} U_1^2 \tag{9.4.2}$$

可见，三相异步电动机的转矩与每相电压的有效值平方成正比，当电源电压变动时，对转矩的影响较大。电磁转矩与转子电阻也有关。当电压和转子电阻一定时，电磁转矩同转差率有关，$T=f(s)$ 或 $n=f(T)$ 的关系称为电动机的机械特性曲线（Torque Versue Speed Curve）。

9.4.2　异步电动机的机械特性

在一定的电源电压 U_1 和转子电阻 R_2 之下，转矩与转差的关系曲线 $T=f(s)$ 或转速与转矩的关系曲线 $n=f(T)$。根据式（9.4.2），以 T 为函数，以 s 为变量可做出如图 9.4.1 所示的 $T=f(s)$ 曲线；若将 $T=f(s)$ 曲线按顺时针方向旋转 $90°$，再将 T 轴下移，就可得到 $n=f(T)$ 的关系曲线，即机械特性曲线，如图 9.4.2 所示。

为了研究机械特性的特点，分析电动机的运行状态，下面主要讨论 3 个反映电动机工作状态的重要转矩。

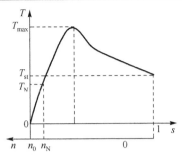

图 9.4.1 三相异步电动机的 $T = f(s)$ 曲线

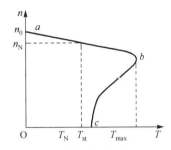

图 9.4.2 三相异步电动机的 $n = f(T)$ 曲线

1. 额定转矩 T_N

当三相异步电动机以转速 n 稳定运行时，电动机的驱动转矩——电磁转矩 T 必与阻转矩 T_C 相平衡，即

$$T = T_C$$

而阻转矩主要是机械负载转矩 T_2，另外，还包括空载损耗转矩 T_0（主要是机械损耗转矩和附加损耗转矩）。由于 T_0 很小，可忽略，所以

$$T = T_C = T_2 + T_0 \approx T_2$$

由物理学公式 $P = T\Omega = T\dfrac{2\pi n}{60}$ 可得

$$T \approx T_2 = \frac{P_2(\mathrm{W})}{\dfrac{2\pi n}{60}} = 9550\frac{P_2(\mathrm{kW})}{n} \tag{9.4.3}$$

式中，P_2 是电动机输出的机械功率。转矩的单位是 N·m（牛·米），转速的单位是 r/min（转/分）。

额定转矩 T_N 是电动机制造商根据设计制造的情况和绝缘材料的耐热能力规定的电动机在额定负载时的转矩。额定转矩可从电动机铭牌数据给出的额定功率 P_N 和额定转速 n_N 根据下式求得

$$T_N = 9550\frac{P_N(\mathrm{kW})}{n_N} \tag{9.4.4}$$

【例 9.4.1】 有两台功率都为 $P_N = 6\mathrm{kW}$ 的三相异步电动机，一台 $U_N = 380\mathrm{V}$，$n_N = 970\mathrm{r/min}$，另一台 $U_N = 380\mathrm{V}$，$n_N = 1430\mathrm{r/min}$，求两台电动机的额定转矩。

解 第一台 $\qquad T_N = 9550\dfrac{P_N}{n_N} = 9550\times\dfrac{6}{970} = 59\mathrm{N\cdot m}$

第二台 $\qquad T_N = 9550\dfrac{P_N}{n_N} = 9550\times\dfrac{6}{1430} = 40.1\mathrm{N\cdot m}$

2. 最大转矩 $T_{\max}$

从机械特性曲线上看，电磁转矩有一个最大值，称为最大转矩，它表示电机带动最大负载的能力，也称为临界转矩。对应最大转矩的转差率为 s_m，称为临界转差率，它由对转矩公式对 s 进行求导，并令其导数等于零，即

$$\frac{\mathrm{d}T}{\mathrm{d}S_m} = 0$$

可得
$$s_m = \frac{R_2}{X_{20}} \qquad (9.4.5)$$

代入转矩公式得
$$T_{max} = K_T \frac{U_1^2}{2X_{20}} \qquad (9.4.6)$$

由式（9.4.5）、式（9.4.6）可见，最大转矩 T_{max} 与电源电压 U_1 的平方成正比，与 X_{20} 成反比，而与 R_2 无关；而临界转差率 s_m 与 R_2 成正比，与 X_{20} 成反比。T_{max} 与 U_1 及 R_2 的关系曲线分别如图 9.4.3 和图 9.4.4 所示。

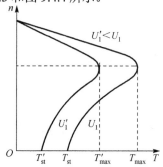

图 9.4.3　对应不同电源电压 U_1 的
$n = f(T)$ 特性曲线（R_2 为常数）

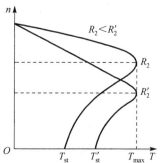

图 9.4.4　对应不同转子电阻 R_2 的
$n = f(T)$ 性曲线（U_1 为常数）

故当转子回路电阻增加如绕线型转子串入附加电阻，如图 9.4.4 中 R_2' 时，T_{max} 虽然不变，但 s_m 增大，整个 $n = f(T)$ 曲线向下移动。

当负载转矩超过最大转矩时，电动机就带不动负载，发生"堵转"的现象，此时电动机的电流是额定电流的数倍，若时间过长，电动机严重发热，以致烧坏。电动机负载转矩超过 T_{max} 称为过载，常用过载系数 λ 来标定异步电动机的过载能力，即

$$\lambda = \frac{T_{max}}{T_N} \qquad (9.4.7)$$

过载能力是异步电动机重要的性能指标之一。最大转矩越大，其短时过载能力越强。对于一般异步电动机，$\lambda = 2.0 \sim 2.2$，起重等机械专用电动机的 $\lambda = 2.2 \sim 2.8$。在选择电动机时，必须考虑可能出现的最大负载转矩，而使所选电动机的最大转矩大于最大负载转矩。

3．起动转矩 T_{st}

电动机刚起动时（$n=0$，$s=1$）的转矩称为起动转矩，用 T_{st} 表示。起动转矩 T_{st} 是电动机运行性能的重要指标。因为起动转矩的大小将直接影响到电机拖动系统的加速度的大小和加速时间的长短，如果起动转矩小，电机的起动变得十分困难，有时甚至难以起动。

在电动机起动时，$n=0$，$s=1$，将 $s=1$ 带入式（9.4.2）可得

$$T_{st} = K \frac{R_2 U_1^2}{R_2^2 + X_{20}^2} \qquad (9.4.8)$$

式（9.4.8）结合图 9.4.4，当转子电阻 R_2 适当加大时，最大转矩 T_{max} 不变，但起动转矩 T_{st} 会加大，这是因为转子电路电阻增加后，转子回路的功率因数提高，转子电流的有功分量增大，因而

起动转矩增大。由式（9.4.5）、式（9.4.6）和式（9.4.8）可以推出，当 $R_2 = X_{20}$ 时，$T_{st} = T_{max}$，$s_m = 1$，但继续增大 R_2，T_{st} 就要逐渐减小。

由式（9.4.8）还可以看出，异步电动机的起动转矩同电源电压 U_1 的平方成正比，当 U_1 降低时，起动转矩 T_{st} 明显降低。所以异步电动机对电源电压的波动十分敏感，运行时，如果电源电压降得太多，不仅会大大降低异步电动机的过载能力，还会大大降低其起动能力。

起动转矩必须大于负载转矩才能带动负载起动，通常将起动转矩与额定转矩之比称为起动能力

$$K_{st} = \frac{T_{st}}{T_N} \tag{9.4.9}$$

4．电动机的机械特性

在电动机运行过程中，负载常会变化，如电动机机械负载增加时，负载转矩大于电磁转矩，电动机的速度将下降，旋转磁场相对于转子的速度加大，切割转子导条的速度加快，感应电动势及转子电流 I_2 增大，从而电磁转矩增大，直到同负载转矩相等，达到一个新的平衡，这时电动机在一个略低于原来转速的速度下平稳运转。所以电动机有载运行一般工作在如图 9.4.2 所示的机械特性中较为平坦的 ab 段。在这段区间内，电动机能自动适应负载转矩变化而稳定地运转，故称为稳定运行区。电动机的电磁转矩可以随负载的变化而自动调整，这种能力称为自适应负载能力。自适应负载能力是电动机区别于其他动力机械的重要特点。但 $T_2 > T_N$ 的过载情况下只能短时运行，否则电动机将因温升太高而过热，影响寿命。

在 ab 段稳定运行的电动机，若机械负载增加到 $T_2 = T_{max}$，电动机立即减速，因惯性作用，电动机不能稳定工作在 b 点，而是越过 b 点进入 bc 段。但在 bc 段电磁转矩随转速 n 的降低进一步一直减小，最终堵转，如不及时切断电源，电动机将烧毁。称 bc 段为电动机的非稳定运行区。

鼠笼式异步电动机当负载在空载与额定值之间变化时，电动机的转速变化很小，这种特性称为硬的机械特性。三相异步电动机的这种硬特性非常适合于一般金属切削机床。

绕线式异步电动机可通过外接附加电阻来改变转子回路的电阻，从而调节机械特性曲线的形状，达到增加起动转矩和向下调节转速的目的，机械特性较软，一般用于对起动性能和调速性能要求较高的场合。

9.5　三相异步电动机的铭牌数据和技术数据

9.5.1　铭牌

电动机外壳上都有铭牌（Nameplate），如图 9.5.1 所示，电动机铭牌提供了许多有用的信息，因为根据铭牌数据我们可以了解有关这个电动机的结构、电气、机械等性能参数，所以要正确地选择和使用电动机，就必须看懂电动机铭牌。

1．型号

为适应不同用途和不同工作环境的需要，电动机制成不同的系列，每个系列用各种型号。型号包括产品名称代号、规格代号等，由汉语拼音大写字母或英语字母加阿拉伯数字组成，如

图 9.5.1 电动机的铭牌

目前，我国生产的异步电动机的产品名称代号及其汉字意义摘录于表 9.5.1 中。Y 系列新产品比 J 系列老产品在同样功率时，效率高，体积小，重量轻。

表 9.5.1 异步电动机产品名称代号

产品名称	新代号	新代号的汉字意义	老代号
异步电动机	Y	异	J、JO
绕线式异步电动机	YR	异绕	JR、JRO
防爆型异步电动机	YB	异爆	JB、JBS
高起动转矩异步电动机	YQ	异起	JQ、JGQ

2. 额定电压 U_N 与接法

额定电压是指电动机在额定运行时定子绕组的线电压，它与绕组接法有对应关系。例如，380/220V、Y/Δ 是指线电压为 380V 时采用 Y 连接；线电压为 220V 时采用 Δ 连接。目前，Y 系列异步电动机的额定电压都是 380V，3kW 以下的接成 Y 形，而 4kW 以上的均接成 Δ 形。只有大功率的电动机才采用 3000V 和 6000V 的电压。

一般规定电源电压波动不应超过额定值的±5%，过高或过低对电动机的运行都是不利的。因为在电动机满载或接近满载情况下运行时，电压过高，磁通将增大（$U_1 \approx 4.44 f_1 N_1 \varPhi_m$），励磁电流会增大，大于额定电流过热，从而使绕组过热；同时，磁通的增大也会使铁损增大，使定子铁心过热，易烧坏电机。当电压低于额定值，会引起转速下降，电流增加，使电动机的电流大于额定值，从而使电动机过热；同时，由于异步电动机的转矩同电源电压的平方成正比，电动机的起动转矩或最大转矩也会因电压降低而降低，若降低到低于负载转矩，会使电机出现起动不起来或堵转现象。

3. 额定电流 I_N

铭牌上所标的电流值是指电动机在额定运行情况下定子的线电流。当电动机空载或轻载时，定子电流都小于额定电流。

例如，Y/Δ 6.73/11.64A，表示星形连接下电机的线电流为 6.73A，三角形连接下线电流为 11.64A。两种接法下相电流均为 6.73A，因此，功率相同。

4. 额定功率 P_N 与效率 η_N

铭牌上所标的功率值是指电动机在额定运行时从转轴上输出的机械功率，用 P_N 表示。额定功率总是小于电动机从电网输入的电功率 P_{1N}，其差值等于电动机本身的损耗功率，包括铜损、铁损及电动机轴承等的机械损耗等。

输入功率

$$P_1 = \sqrt{3}U_1I_1\cos\varphi \qquad (9.5.1)$$

电动机输出功率与电动机从电网输入电功率的比值称为电动机的效率。

$$\eta = \frac{P_2}{P_1} \qquad (9.5.2)$$

一般鼠笼式电动机额定运行时效率约为 72%～93%。

5. 功率因数

电动机为电感性负载，定子相电流比定子相电压滞后一个角度 φ，$\cos\varphi$ 就是电动机的功率因数。由前面内容可知，功率因数与转差率有关。三相异步电动机功率因数较低，在额定负载时约为 0.7～0.9，而在轻载和空载时更低，空载时只有 0.2～0.3。因此，必须正确选择电动机的容量，使电动机能保持在满载下工作，防止出现"大马拉小车"的现象。

额定功率　　　　　　$$P_N = P_{1N}\eta_N = \sqrt{3}U_NI_N\cos\varphi_N\eta_N \qquad (9.5.3)$$

6. 工作特性

异步电动机的工作特性是指在额定电压、额定频率下异步电动机的转速 n、效率 η、功率因数 $\cos\varphi$、输出转矩 T_2、定子电流 I_1 与输出功率 P_2 的关系曲线。在已知等效电路各参数、机械损耗、附加损耗的情况下，给定一系列的转差率 s，可以由计算得到工作特性。对于已制成的异步电动机，其工作特性也可以通过试验求得。

7. 额定转速 n_N

额定转速是电动机在额定电压、额定容量、额定频率下运行时每分钟的转数。电动机所带负载不同转速略有变化。轻载时稍快，重载时稍慢些。如果是空载，接近同步转速。

8. 接法

接法是指定子三相绕组的连接方法。一般电动机定子三相绕组的首、尾端均引至接线板上，用符号 U_1、V_1、W_1 分别表示电动机三相绕组线圈的首端，用符号 U_2、V_2、W_2 分别表示电动机三相绕组线圈的尾端。电动机的定子绕组可以接成 Y 形和 Δ 形，如图 9.5.3 所示。但必须按铭牌所规定的接法连接，才能正常运行。通常，电机功率小于 3W，采用星形连接；电机功率大于 3W，采用三角形连接。

9. 绝缘等级

绝缘等级是指电动机所采用的绝缘材料的耐热等级。按绝缘材料在使用时允许的极限温度分为 A、B、C、D、E、F、H 级。电动机的温度对绝缘影响很大。如电动机温度过高，则会使绝缘老化，缩短电机寿命。为使绝缘不致老化，对电动机绕组的温度有一定的限制。异步电动机的温升是指定子铁心和绕组温度高于环境温度的允许温差。

不同等级绝缘材料的极限温度如表 9.5.2 所示。

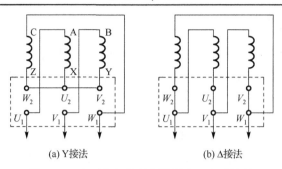

(a) Y接法　　　　　　　(b) Δ接法

图 9.5.2　定子绕组的星行连接和三角形连接

表 9.5.2　绝缘材料的耐热等级和极限温度

绝缘等级	Y	A	E	B	F	H	C
极限温度/℃	90	105	120	130	155	180	>180

10. 工作方式

工作方式是指是电动机工作在连续工作制，还是短时或断续工作制，分别用代号 S_1、S_2、S_3 表示。若标为 S_1 表示电动机可在额定功率下连续运行，绕组不会过热；若标为 S_2 表示电动机不能连续运行，而只能在规定的时间内依照额定功率短时运行，这样不会过热；若标为 S_3 表示电动机的工作是短时的，但能多次重复运行。

9.5.2　异步电动机的技术数据

异步电动机除了铭牌上介绍的常用额定数据外，在产品目录或电工手册中，通常还列出了其他一些技术数据，如起动电流倍数、起动能力、过载系数和额定效率等。

【例 9.5.1】 已知 Y225M-2 型三相异步电动机的有关技术数据如下：

P_N=45kW，f_N=50Hz，n_N=2970r/min，η_N=91.5%，起动能力为 2.0，过载系数 $\lambda = 2.2$，求该电动机的额定转差率、额定转矩、起动转矩、最大转矩和额定输入电功率。

解： 由型号知该电动机是两极的（参见表 9.2.1），其同步转速为 $n_0 = 3000$r/min，所以额定转差率为

$$s_N = \frac{n_0 - n_N}{n_0} = \frac{3000 - 2970}{3000} = 0.01$$

额定转矩为

$$T_N = 9550\frac{P_N}{n_N} = 9550 \times \frac{45}{2970} N \cdot m = 144.7 N \cdot m$$

起动转矩为

$$T_{st} = 2T_N = 2 \times 144.7 N \cdot m = 289.4 N \cdot m$$

最大转矩为

$$T_{max} = \lambda T_N = 2.2 \times 144.7 N \cdot m = 318.3 N \cdot m$$

额定输入电功率为

$$P_{1N} = \frac{P_N}{\eta_N} = \frac{45}{0.915}\text{kW} = 49.18\text{kW}$$

习　　题

9.1.1　三相异步电动机为什么任意交换两根电源线就可以改变其转动方向？请画出旋转磁场图进行分析。

9.2.1　三相异步电动机轴上所带的负载增大时，定子电流就会增大，试说明其原因和物理过程。

9.3.1　写出转子电路电动势、电流、频率、感抗、功率因数等的表达式，说明转子电路的所有电量都与转差率有关。

9.3.2　某人在检修三相异步电动机时，将转子抽掉，而在定子绕组上加三相额定电压，这会产生说明后果。

9.4.1　画出三相异步电动机的自然特性曲线，指出哪一段是三相异步电动机的稳定工作区？

9.5.1　某三相异步电动机，其额定转速为 $n = 2940$ r/min，电源频率为 $f_1 = 50$Hz，求：

（1）定子旋转磁场的转速；（2）额定转差率；（3）转子电流频率；

（4）定子旋转磁场相对转子旋转磁场的转速。

9.5.2　已知一台三相六极异步电动机，在电源为 380V、频率为 50Hz 的电网上运行。电动机的输入功率为 44.6kW，电流为 78A，转差率为 0.04，轴上输出转矩为 3118N·m，求：电动机的转速、功率因数、效率和输出功率。

9.5.3　已知 Y225M-4 型三相异步电动机的部分额定技术数据如下：

功率	转速	电压	效率	功率因数	I_{st}/I_N	T_{st}/T_N	T_{max}/T_N	f_1
45kW	1480r/min	380V	92.3%	0.88	7.0	1.9	2.2	50Hz

试求：（1）额定转差率、额定电流和额定转矩；

（2）起动电流、起动转矩和最大转矩。

第10章　工业供电与用电安全

10.1　电力系统的基本概念

电力是现代工业的主要动力。随着生产的社会化、现代化，社会生活的各个领域也越来越离不开电，本节将对电能的生产、输送、分配等环节进行简单介绍。

发电机把机械能转变为电能，电能经变压器和电力线路传送并分配到用户，在那里经电动机、电炉、电灯等用电设备又将电能转变为机械能、热能、光能等。由这些生产、变换、传送、分配、消耗电能的电气设备（发电机、变压器、电力线路及各种用电设备等）联系在一起组成的统一整体就是电力系统，如图 10.1.1 所示。

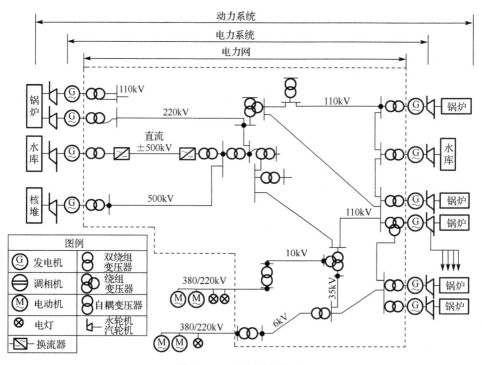

图 10.1.1　电力系统构成

10.1.1　发电厂

发电厂是生产电能的核心，担负着把不同种类的一次能源转换成电能的任务。依据使用的一次能源不同，发电厂可分为许多类型。例如，燃烧煤、石油、天然气发电的火力发电厂；利用水能发电的水力发电厂；利用核能发电的核能发电厂等。

（1）火力发电厂

它是利用燃料（煤、石油和天然气）的化学能转换为电能的。其主要设备有锅炉、汽轮机、发电机等。我国的火力发电厂目前以燃煤为主。原煤从煤矿达到电厂后，先存入原煤仓，随后由输煤皮带运进原煤斗。从原煤斗落入磨煤机中被磨成很细的煤粉，再由排粉机抽出，随同热空气送入锅炉的燃烧室进行燃烧。燃烧放出的热量一部分被燃烧室四周的水冷壁吸收，一部分加热燃烧室顶部和烟道入口处的过热器中的蒸汽，余下的热量则被烟气携带穿过省煤器、空气预热器传递给这两个设备内的水和空气。烟气经过除尘器净化处理，由吸风机导入烟囱，被排入大气。燃烧时生成的灰渣和由除尘器收集下来的细灰，用水冲进灰沟排出厂外。

燃烧用的助燃空气，经送风机进入空气预热器守加热，加热后，一部分被送往磨煤机作为干燥和运送煤粉的介质，大部分送入燃烧室参与助燃。

水、蒸汽是把热能转化成机械能的重要介质。净化后的给水，先送进省煤器预热，继而进入汽包，由汽包降入水冷壁管中吸收燃烧室的热能后蒸发成蒸汽。蒸汽通过过热器时，再次被加热，变为高温高压的过热蒸汽。过热蒸汽经主蒸汽管道进入汽轮机膨胀做功，推动汽轮机转子转动，将热能转变为机械能。做完功的蒸汽在凝汽器中被冷却凝结成水。凝结水经加热器加热、除氧器去氧后，再通过给水泵重新送入省煤器预热便可续循环使用。

凝汽器需要的冷却水由循环水泵送入。冷却水在凝汽器中吸热之后，流回冷却塔散热，最后，再经循环水泵供给凝汽器。

汽轮机转子转动带动发电机转子旋转，在发电机中把机械能转换成电能。发电机发出的电能经过变压器升高电压后送入高压电力网。

（2）水力发电厂

水力发电厂是利用河流所蕴藏的水能资源来发电的。水能资源是最干净、价廉的能源。水力发电厂的容量大小决定于上下游的水位差（简称水头）和流量的大小。因此，水力发电厂往往需要修建拦河大坝等水工建筑物以形成集中的较高水位差，并依靠大坝形成有一定容积的水库，以调节河水流量。根据地形、地质、水能资源特点等的不同，水力发电厂的形式是多种多样的。

水力发电厂的生产过程要比火力发电厂简单。一般由拦河坝维持在高水位的水，经压力水管进入螺旋形蜗壳，推动水轮机转子旋转，将水能变为机械能。水轮机转子再带动发电机转子旋转，使机械能变成了电能。而做完功的水则经过尾水管排往下游。发电机发出的电，经变压器升压后由高压输电线路送至用户。

由于水力发电厂的生产过程较简单，故所需的运行维护入员较少，且易于实现全盘自动化，再加之水力发电厂不消耗燃料，所以它的电能成本要比火力发电厂低得多。此外，水力机组的效率较高，承受变动负载的性能较好，在系统中的运行方式较为灵活。水力机组启动迅速，在事故时能有力地发挥其后备作用。再者，随着水力发电厂的兴建往往还可以同时解决发电、防洪、港溉、航运等多方面的问题，实现了河流的综合利用，使国民经济取得更大效益。

（3）核能发电厂

核能是一种新的能源。也是有望长期使用的能源。所以，自 1954 年世界上第一座核电厂投入运行以来，许多国家纷纷建设核电厂。

核能发电的基本原理：核燃料在反应堆内产生核裂变，即所谓链式反应，释放出大量热能。由冷却剂（水或气体）带出，在蒸汽发生器中将水加热为蒸汽。然后，同一般火力发电厂一样，用蒸汽推动汽轮机，再带动发电机发电。冷却剂在把热量传给水后，又被泵打回反应堆里去吸热，这样反复使用，就可以不断地把核裂变释放的热能引导出来。核能发电厂与火力发电厂在构成上最主要区别是，前者用核—英汽发电系统（反应堆、蒸汽发生器、泵和管道等）来代替后者的蒸汽锅炉，所以核电厂中的反应堆又被称为原子锅炉。

核能发电厂的主要优点之一是可以大量节省煤、石油等燃料。核能发电厂的另一个特点是燃烧时不需要空气助燃，所以核能电厂可以建设在地下、山洞里、水下或空气稀薄的高原地区。核能发电厂的主要问题是放射性污染。但随着科学技术的发展，核电厂将会变得越来越安全。目前大多数商业运行的核电厂属于水堆型，包括压水堆、沸水堆和重水堆。正在研究开发中的有快中子增殖堆和高温气冷堆核电厂。

（4）其他能源发电

新能源发电主要有风能发电、太阳能发电、地热能发电、潮汐能发电等。

1）风力发电。风力发电是通过风力发电机组将风能转化成机械能，再转化为电能。

2）太阳能发电。太阳能发电方式主要可分为光热发电和光电发电两种方式。光热发电是用反光镜集热产生蒸汽，再用汽轮机来发电；光电发电是用光电池直接把太阳能转化为电能。

3）地热能发电。地热能发电是通过热流体将地下热能携带到地上，经过专门的装置将热能转换为电能。

4）潮汐发电。潮汐发电是利用潮汐具有的能量转变成机械能，再转化成电能。

此外还有生物能、波浪能、海洋温差能等，这些能源都可以用来发电，并在实践中得到应用。从远景发展来看，还有聚变能、氢能等。

10.1.2 变电所和配电所

为了实现电能的经济输送和满足用电设备对供电质量的要求，需要对发电机输出的端电压进行多次的变换。变电所是接受电能、变换电压和分配电能的场所。根据任务的不同，变电所分为升压变电所和降压变电所两大类。升压变电所是将低电压变换为高电压，一般建立在发电厂厂区内；降压变电所是将高电压变换成适合用户需要的较低电压等级，一般建立在靠近电能用户的中心地点。

配电所是单纯用来接受和分配电能，而不改变电压高低的场所在建筑物的内部。

10.1.3 电力线路

电力线路是输送电能的通道。因为火力发电厂多建于燃料产地，水力发电厂建在水力资源丰富的地方。一般这些大型发电厂距离电能用户都比较远，所以需要用各种不同电压等级的电力线路，将发电厂、变电所和电能用户之间联系在一起，使发电厂生产的电能源源不断地输送给电能用户。

通常把电压在 35kV 及以上的高压电力线路称为送电线路，而把由发电厂生产的电能直接分配给用户，或由降压变电所分配给用户的 10kV 及以下的电力线路称为配电线路。

10.1.4 电力负荷

用户的用电设备消耗的功率称为负荷，电力系统的综合用电负荷是指所有电力用户的用电设备所消耗的功率的总和。它包含工业、农业、交通运输、市政生活等各方面消耗的功率。

按物理性能，电力负荷可分为有功负荷与无功负荷。

按用户的性质，负荷可分为工业负荷、农业负荷、交通运输业负荷和人民生活用电负荷等。

根据负荷对供电可靠性的要求。可将用电负荷分为 3 级（或称 3 类）。

一级负荷：重要负荷，对此类负荷中断供电，将造成人身事故、设备损坏、产品报废，给国民经济造成重大经济损失，使市政生活出现混乱及带来较大的政治影响。对一级负荷，必须由两个或两个以的独立电源供电，因为一级负荷不允许停电。所以要求电源间能手动和自动切换。

二级负荷：较重要负荷。对此类负荷中断供电，将造成生产部门大量减产、窝工、影响人民的生活水平。对二级负荷，可由两个独立电源或一回专用线路供电。若采用两个独立电源供电，因为二级负荷允许短时停电，所以两个电源间可采用手动切换。

三级负荷：一般负荷，即一级、二级负荷之外的一般用户负荷。对此类负荷中断供电，不会产生前两种负荷停电后的重大影响，故对三级负荷的供电不做特殊要求，一般采用一个电源供电即可。

10.2　电力系统的额定电压和额定频率

电气设备都是按照指定的电压和频率来进行设计制造的，这个指定的电压和频率称为电气设备的额定电压和额定频率。当电气设备在此电压和频率下运行时，将具有最好的技术性能和经济效果。

为了进行成批生产和实现设备的互换，各国都制定有标准的额定电压和额定频及以上设备与系统的额定电压的数值列于表 10.2.1 中。

表 10.2.1　电力系统设备元件额定电压（kV）

电力线路和用电设备额定电压	电力线路平均额定电压	交流发电机额定电压	变压器额定电压	
			一次绕组	二次绕组
3	3.15	3.15	3 及 3.15	3 及 3.15
6	6.3	6.3	6 及 6.3	6.3 及 6.6
10	10.5	10.5	10 及 10.5	10.5 及 11
		13.8	13.8	
		15.75	15.75	
		18	18	
		20	20	
35	37		35	38.5
60	63		60	66
110	115		110	121
220	230		220	242
330	345		330	363
500	525		500	550

线路的额定电压规定为 220V、380V 及 3kV、5kV、10kV、35kV、60kV、110kV、220kV、330kV、500V、750kV。因用电设备需连接在线路上使用，故用电设备的额定电压规定与线路额定电压相同。线路在运行时线路阻抗中要产生电压损耗，使沿线路各点的电压大小不同，一般线路首端电压高于末端电压。因为线路全长的电压损耗一般不超过其额定电压的 10%，而用电设备的端电压允许偏移为 ±5%，线路首端的电压应比其额定电压高 5%，即为其额定电压的 1.05 倍，这样其末端电压才不会低于其额定电压的 0.95 倍，使接于线路各处的用电设备的端电压都能在允许的偏移范围内。

我国规定，电力系统的额定频率为 50Hz，也就是工业用电的标准频率，简称工频。

10.3　电力系统的接线方式

电力系统的接线方式对于保证安全、优质和经济地向用户供电具有非常重要的作用。电力系统的接线包括发电厂的主接线、变电所的主接线和电力网的接线。这里只对电力网的接线方式作简略的介绍。

电力网的接线方式通常按供电可靠性分为无备用和有备用两类。无备用接线的网络中，每一个负荷只能靠一条线路取得电能，单回路放射式、干线式和树状网络即属于这一类（如图 10.3.1 所示）。这类接线的特点是简单，设备费用较少，运行方便。缺点是供电的可靠性比较低，任一段线路发生故障或检修时，都要中断部分用户的供电。在干线式和树状网络中，当线路较长时，线路末端的电压往往偏低。

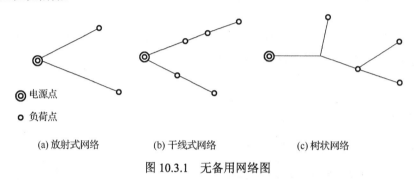

图 10.3.1　无备用网络图

每一个负荷都只能沿唯一的路径取得电能的网络，称为开式网络。

在有备用的接线方式中，最简单的一类是在上述无备用网络的每一段线路上都采用双回路。这类接线同样具有简单和运行方便的特点，而且供电可靠性和电压质量都有明显的提高，其缺点是设备费用增加很多。

由一个或几个电源点和一个或几个负荷点通过线路连接而成的环形网络，如图 10.3.1(a)和(b) 所示，是一类最常见的有备用网络。一般说，环形网络的供电可靠性是令人满意的，也比较经济。其缺点是运行调度比较复杂。在单电源环网中图 10.3.1(a)，当线路 a1 发生故障而开环时，正常线段可能过负荷，负荷节点 1 的电压也明显降低。

另一种常见的有备用接线方式是两端供电网络如图10.3.1(c)所示，其供电可靠性相当于有两个电源的环形网络。

对于上述有备用网络，根据实际需要也可以在部分或全部线段采用双回路。环形网络和两端供电网络中，每一个负荷点至少通过两条线路从不同的方向取得电能，具有这种接线特点的网络又统称为闭式网络。

电力系统中各部分电力网担负着不同的职能，因此对其接线方式的要求也不一样。电力网按其职能可以分为输电网络和配电网络。

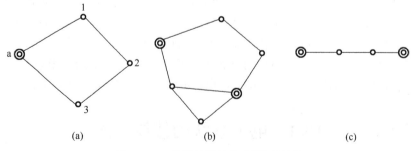

图 10.3.2　几种常用的有备用网络图

输电网络的主要任务是，将大容量发电厂的电能可靠而经济地输送到负荷集中地区。输电网络通常由电力系统中电压等级最高的一级或两级电力线路组成。系统中的区域发电厂（经升压站）和枢纽变电所通过输电网络相互联接。对输电网络接线方式的要求主要是，应有足够的可靠性，要满足电力系统运行稳定性的要求，要有助于实现系统的经济调度，要具有对运行方式变更和系统发展的适应性等。

用于联接远离负荷中心地区的大型发电厂的输电干线和向缺乏电源的负荷集中地区供电的输电干线，常采用双回路或多回路。位于负荷中心地区的大型发电厂和枢纽变电所一般是通过环形网络互相联接。

输电网络的电压等级要与系统的规模（容量和供电范围）相适应。表 10.3.1 列出各种电压等级的单回架空线路输送功率和输送距离的适宜范围。

表 10.3.1　各级电压架空线路的输送能力

额定电压/kV	输送容量/MVA	输送距离/km
3	0.1～1.0	1～3
6	0.1～1.2	4～15
10	0.2～2	6～20
35	2～10	20～50
60	3.5～30	30～100
110	10～50	50～150
220	100～500	100～300
330	200～800	200～600
500	1000～1500	150～850
750	2000～2500	500 以上

配电网络的任务是分配电能。配电线路的额定电压一般为 0.4～35kV，有些负荷密度较大的大城市也采用 110kV，以至于 220kV。配电网络的电源点是发电厂（或变电所）相应电压级的母线，负荷点则是低一级的变电所或者直接为用电设备。

配电网络采用哪一类接线，主要取决于负荷的性质。无备用接线只适用于向第 3 级负荷供电。对于第 1 级和第 2 级负荷占较大比重的用户，应由有备用网络供电。

实际电力系统的配电网络比较复杂，往往是由各种不同接线方式的网络组成的。在选择接线方式时，必须考虑的主要因素是，满足用户对供电可靠性和电压质量的要求，运行要灵活方便，要有好的经济指标等。一般都要对多种可能的接线方案进行技术经济比较后才能确定。

10.4　安　全　用　电

电能可以为人类服务，为人类造福。但若不能正确使用电器，违反电气操作规程或疏忽大意，则可能造成设备损坏，引起火灾，甚至人身伤亡等严重事故。因此，懂得一些安全用电的常识和技术是必要的。

10.4.1　安全电流与电压

图 10.4.1 显示了电流对人体的不同影响，以及发生该影响时的电流水平。受惊使肌肉失去控制可能会间接导致伤害，灼伤可以直接导致伤害。心跳停止和严重灼伤可能导致窒息，从而导致死亡。人体在体型、健康状态和对电击的忍耐力等方面存在较大的个体差异，因此，电流对人体的影响也存在较大不同。而且电流通过人体的部位也非常重要。例如，如果电流从腿的下端通过，

人可能会觉得很痛，但不会影响心脏功能。通过人体的电流达 5mA 时，人就会有所感觉，达到几十毫安时就能使人失去知觉乃至死亡。当然，触电的后果还与触电持续的时间相关，触电时间越长就越危险。通过人体的电流一般不能超过 7～10mA。人体电阻在极不利情况下为 1000Ω 左右，若不慎接触了 220V 的市电，人体中将会通过 220mA 的电流，这是非常危险的。

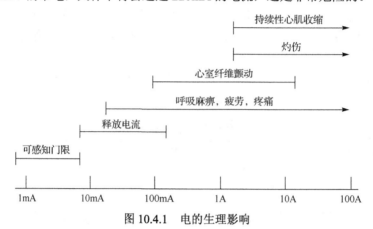

图 10.4.1　电的生理影响

频率为 20～300 Hz 的交流电，包括 50Hz 工频交流电在内，对人体的伤害最为严重，10Hz 以下和 1000Hz 以上的交流电对人体的伤害程度明显减轻。为了减少触电危险，规定凡工作人员经常接触的电气设备，如机床照明灯等，一般使用 36V 以下的安全电压。在特别潮湿的场所，应采用 12V 以下的电压。

10.4.2　对触电者的救助

人被电击时，对身体的伤害效果是随时间发展的，所以前期抢救非常重要。在送往医院之前，应先使触电者脱离电源。如果发生心脏失去了同步脉动功能，血液循环会停止的心室纤维颤动，则应使用医疗仪器及时恢复心脏的功能。

在电力设备周围工作时，最重要的事情就是提高自身安全的因素。在对电线或电气设备进行操作时，一定确保电源是关闭的。穿戴手套和橡胶底的鞋、避免站在潮湿的地面上。避免在暴露的电源周围独立工作。

10.4.3　人体电阻

通常人体电阻指的是人体的电阻。但多数电击发生在如图 10.4.2 所示的单相接地情况。"地"可能是潮湿的大地、管道，也可能是与管道相连的混凝土地面。此时，人体电阻不仅包括人体的电阻，还包括鞋的电阻和鞋与大地之间的电阻。

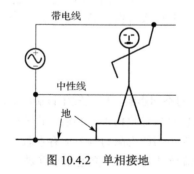

图 10.4.2　单相接地

表 10.4.1 给出了一些常见的人体电阻的参考值。

表 10.4.1　常见的人体电阻值

(a)不同的皮肤接触方式

条件（接触位置）	电阻	
	干	湿
手指接触	40kΩ～1MΩ	4～15kΩ
手握电线	15～50kΩ	3～6kΩ
手指紧握	10～30kΩ	2～5kΩ
手握钳子	5～10kΩ	1～3kΩ
手掌接触	3～8kΩ	1～2kΩ
手握 1.5 英寸的管子（或电钻手柄）	1～3kΩ	0.1～1.5kΩ
两手握 1.5 英寸的管子	0.5～1.5kΩ	250～750kΩ
手陷入		20～500kΩ
脚陷入		100～300kΩ
人体、内部、不包括皮肤=200～1000Ω		

(b)材料不同，面积相同（130cm^2）

材料	电阻
橡胶手套或鞋底	大于 20MΩ
优质干混凝土	1～5MΩ
中等干混凝土	0.2～1MΩ
皮鞋鞋底、干、包括脚	0.1～0.5MΩ
皮鞋鞋底、湿、包括脚	5～20MΩ
中等湿混凝土	1～5kΩ

10.4.4　接地与接零

把电气设备的外壳与电源的零线联接起来，称为接零保护。此法适用于低压供电系统中变压器中性点接地的情况。如图 10.4.3 所示为三相交流电动机的接零保护。有了接零保护，当电动机某相绕组碰壳时，电流便会从接零保护线流向零线，使开关跳闸，切断电源，从而避免了人身触电的危险。

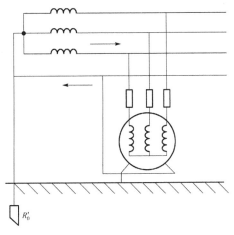

图 10.4.3　三相交流电动机的接零保护

把电气设备的金属外壳与接地线联接起来，称为接地保护。此法适用于三相电源的中性点不接地的情况。如图 10.4.4 所示为三相交流电动机的接地保护。

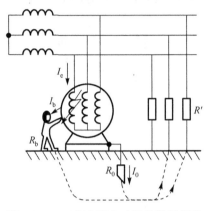

图 10.4.4 三相交流电动机的接地保护

由于每相火线与地之间分布电容的存在，当电动机某相绕组碰壳时，将出现通过电容的电流。但因人体电阻比接地电阻（约为 4Ω）大得多，所以几乎没有电流通过人体，人就没有危险。但若机壳不接地，如图 10.4.5 所示，则碰壳的绕组和人体及分布电容形成回路，人体中将有较大的电流通过，人就有触电的危险。

单相电气设备使用此种插座插头，能够保证人身安全。如图 10.4.6 所示为正确的接线方法。由此可以看出，因为外壳是与保护零线相连的，人体不会有触电的危险。

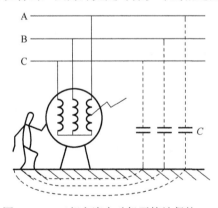

图 10.4.5 三相交流电动机无接地保护

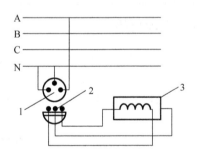

图 10.4.6 三孔插座和三极插头的接地

习　题

10.4.1　区别保护接地和保护接零

10.4.2　为什么在中性点接地的系统中不采用保护接地?

10.4.3　有些家用电器（如电冰箱等）用的是单相交流电，但是为什么电源插座是三孔的？试画出正确使用的电路图。

第11章 电工测量

在生产、生活、科学研究及商品贸易中都需要测量。通过测量可以定量地认识客观事物，从而达到掌握事物的本质和揭示自然界规律的目的。

11.1 电工测量与仪表的基本知识

11.1.1 测量的误差及其分析

被测量的真实值称为真值。在一定的时间和空间内，真值是一个客观存在的确定的数值。在测量中，即使选用准确度最高的测量器具、测量仪器和仪表，而且没有人为失误，要想测得真值也是不可能的。况且，由于人类对客观事物认识的局限性，测量方法的不完善性及测量工作中常有的各种失误等，更会不可避免地使测量结果与被测量的真值之间有差别，这种差别就称为测量误差。

1. 测量值的误差表示方法

测量误差按其性质和特点，可分为系统误差、偶然误差（也称为随机误差）和疏失误差 3 类。如果不讨论误差的性质和特点，而只讨论其具体的表示方式，则测量值的误差通常又可分为绝对误差和相对误差两类。

（1）绝对误差

被测量的测得值 x（从测量仪器表直接测量得到或经过必要的计算得到的数据）与其真值 A 之差，称为 x 的绝对误差。绝对误差用 Δx 表示，即

$$\Delta x = x - A \qquad (11.1.1)$$

因为从测量的角度讲，真值是一个理想的概念，不可能真正获得。因此，式（11.1.1）中的真值 A 通常用准确测量的实际值 x_0 来代替，即

$$\Delta x = x - x_0 \qquad (11.1.2)$$

式中，x_0 是满足规定准确度，可以用来近似替代真值的量值（如可以由高一级标准测量仪器测量获得）。一般情况下，式（11.1.2）表示的实际绝对误差通常就称为绝对误差，并用来计算被测量的绝对误差值。绝对误差具有大小、正负和量纲。

在实际测量中，除了绝对误差外还经常用到修正值的概念，它的定义是与绝对误差等值但符号相反，即

$$\varepsilon = x_0 - x \qquad (11.1.3)$$

知道了测量值 x 和修正值 ε，由式（11.1.3）就可以求出被测量的实际值 x_0。

（2）相对误差

绝对误差只能表示某个测量值的近似程度，但是，两个大小不同的测量值，当它们的绝对误差相同时，准确程度并不相同。如测量北京到上海的距离，如果绝对误差为 1m，则可以认为相当准确了；但如果测量飞机场跑道的长度时绝对误差也是 1m，则认为准确度很差。为了更加符合习惯地衡量值

的准确程度，引入了相对误差的概念。

$$\gamma = \frac{\Delta x}{A} \times 100\% \approx \frac{\Delta x}{x_0} \times 100\% \tag{11.1.4}$$

式中，x_0 是满足规定准确度的实际值。

一般情况下，相对误差是用式（11.2.4）中的后一个算式计算的。相对误差是一个纯数，与被测量的单位无关。它是单位测量值的绝对误差，所以它符合人们对准确程度的一般习惯，也反映了误差的方向。在衡量测量结果的误差程度或评价测量结果的准确程度时，一般都用相对误差来表示。

2. 仪表和仪器的误差及准确度

绝对误差和相对误差是从误差的表示和测量的结果来反映某一测量值的误差情况，但并不能用来评价测量仪表和测理仪器的准确度。例如，对于指针式仪表的某一量程来说，标度尺上各点的绝对误差尽管相近，但并不相同，某一个测量值的绝对误差并不能用来衡量整个的准确度。另一方面，正因为各点的绝对误差相近，所以对于大小不同的测量值，相对误差彼此间会差别很大，即相对误差更不能用来评价仪表的准确度。

当仪表在规定的正常条件下工作时，其示值的绝对误差 ΔA 与其量程 A_m（即满刻度值）之比称为仪表的引用误差，用 γ_n 表示，即

$$\gamma_n = \frac{\Delta A}{A_m} \times 100\% \tag{11.1.5}$$

因为引用误差以量程 A_m 为比较对象，因此也称基准误差。测量仪表在整个量程范围内出现的最大引用误差称为仪表的容许误差，即容许误差为

$$\gamma_{nm} = \frac{\Delta A_m}{A_m} \times 100\% \tag{11.1.6}$$

式中，ΔA_m 是所有可能的绝对误差值最大者，根据以上定义，容许误差是单位测量值的最大可能绝对误差，它可以反映仪表的准确程度。通常，仪器（包括量具）的技术说明书中标明的误差都是指容许误差。

对于指针式仪表，设容许误差的绝对值为

$$|\gamma_{nm}| = \frac{|\Delta A_m|}{A_m} \times 100\% \leqslant a\% \tag{11.1.7}$$

式中，a 定义为仪表的准确度等级，它表明了仪表容许误差绝对值的大小。机电式指针仪表的准确度等级与其容许误差的关系列在表 11.1.1 中。从表中可以看出，容许误差的绝对值 ≤0.1% 的仪表即为 0.1 级表，容许误差的绝对值 ≤0.2% 的仪表即为 0.2 级表。由表可见，准确度等级的数值越小，容许误差越小，仪表的准确度越高。0.1 级和 0.2 级仪表通常作为标准表用于校验其他仪表，实验室一般用 0.5～1.0 级仪表，工厂用作监视生产过程的仪表一般是 1.0～5.0 级。

表 11.1.1 仪表准确度等级

准确度等级指数 a	0.1	0.2	0.5	1.0	1.5	2.5	5.0
容许误差%	±0.1	±0.2	±0.5	±1.0	±1.5	±2.5	±5.0

式（11.2.7）中，任一测量值的绝对误差的绝对值为

$$|\Delta A_m| \leqslant a\% A_m \tag{11.1.8}$$

当仪表的指示值为 x 时，可能产生的最大相对误差的绝对值为

$$|\gamma_{\mathrm{m}}| = \frac{|\Delta A_{\mathrm{m}}|}{x} \leqslant a\% \frac{A_{\mathrm{m}}}{x} \tag{11.1.9}$$

式中，A_{m} 是量程。式（11.1.9）表明，测量值 x 越接近于仪表的量程，相对误差的绝对值越小。为了充分利用仪表的准确度，应选择合适量程的仪表，或选择仪表上合适的量程档，以使被测量的量值大于仪表量程的 2/3 以上，这时测量结果的相对误差约为（1～1.5）$a\%$。

在电子测量仪器中，容许误差有时又分为基本误差和附加误差两类。仪表在确定准确度等级时所规定的温度、湿度等条件称为定标条件。基本误差是指仪器在定标条件下存在容许误差。附加误差是指定标条件的一项或几项发生变化时，仪器附加产生的最大误差。

11.1.2　电工测量仪表的基础知识

1．电工测量仪器仪表的分类

（1）按工作原理可分为：机电式直读仪表、电子式（含数字式）仪器表和比较式仪器。其中，机电式仪表又分为磁电系、电磁系、电动系、动磁系、感应系、振簧系、热电系、整流系等，本章在接下来的几节中将具体介绍常用的仪器仪表的基本结构及工作原理。

（2）按被测量的不同可分为：电流表（安培表、毫安表和微安表）、电压表（伏特表、毫伏表和微伏表）、功率表（瓦特表）、电度表、相位表（功率因数表）频率计、欧姆表、兆欧表、磁通表及具有多种功能的万用表等。

（3）按被测电量的性质可分为直流表、交流表和交直流两用表。

（4）按准确度等级分类。各种仪器和仪表测量准确度有不同的定义方法。如机电式直读仪表的准确度分为 0.1、0.2、0.5、1.0、1.5、2.5、5.0 这 7 级；数字式仪器仪表的准确度是按显示位数划分的；而电子仪器是按灵敏度来划分其准确度的。关于各种仪器和仪表的准确度将在后面几节中分别予以介绍。

此外，按仪表对外电磁场的防御能力分为Ⅰ、Ⅱ、Ⅲ、Ⅳ这 4 级；按仪表的使用场合条件分 A、B、C 这 3 组。

在选择仪器和仪表时，要针对具体情况和使用要求合理选用。

2．关于测量仪器和仪表的几项技术指标

（1）准确度

测量仪器和仪表的准确度是指仪器和仪表给出趋近于被测量真值的示值能力。准确度由准确度等级来衡量，通常按惯例注以一个数字或符号，并称为级别指标。

（2）恒定性

仪表的恒定性是指在外界条件不变的前提下，测量仪表的指示值随时间的不变性。通常，直读式仪表用变差来衡量；度量器常用稳定性来衡量；而比较式仪器则用上述两者来衡量。

稳定性是度量器或测量仪器的一个参数，它表示在受到不可逆的和稳定的外界变化因素影响后，度量器或测量仪器保持自己的测量数值或示值不变的一种性能。稳定性常用不稳定度来表示。

（3）灵敏度

仪器仪表能够测量的最小量称为它的灵敏。在直读式仪器仪表中，常用 V/格、A/格或 S/格表示。

3．常用电工仪表的符号和标记

由于电工测量的仪器仪表种类繁多，结构、性能各异，使用中要求不一，为便于正确选用，仅将常用的电工测量仪表的符号和标记列入表 11.1.2 中，供读者参考。

表 11.1.2

(a) 常用电工测量仪表的有关符号

仪表名称和符号					
被测量	仪表名称	符号	被测量	仪表名称	符号
电流	安培表	Ⓐ	功率	瓦特表	Ⓦ
	毫安表	ⓜⒶ	电阻	欧姆表	Ⓞ
电压	伏特表	Ⓥ	频率	频率表	Ⓗz
	毫伏表	ⓜⓋ	相位	相位表	Ⓟ

(b) 仪表工作原理符号

类型	磁电系	电磁系	电动系	感应系
符号	⌂	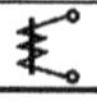 ⬰	⊥	⊙

(c)电流种类符号

直流 ───	交流（单相）∼	直流和交流 ∼	三相交流 ≋

(d)仪表准确度等级（以指示值百分数表示）符号

0.1%	0.2%	0.5%	1.0%	1.5%	2.5%	5.0%
⓪.₁	⓪.₂	⓪.₅	⓪.₅	①.₅	②.₅	⑤.₀

(e)仪表工作位置符号

水平放置 ⊓	垂直放置 ⊥	与水平面倾斜某一角度 ∠60°

(f)仪表绝缘强度符号

不进行绝缘强度试验	试验电压 500V	试验电压为 2000V	危险
☆⓪	☆	☆②	⚡

11.2 各种常见电量的测量

测量是为了确定被测对象的量值而进行的实验过程。在这个过程中常借助专门的仪器设备，把被测对象直接或间接地与同类已知单位进行比较，取得用数值和单位共同表示的测量结果，常用电量的测量有电流测量、电压测量、功率测量和电阻测量等。常用电量的测量方法有直接测量、间接测量和组合测量这 3 种。

11.2.1 直流电流和直流电压的测量

1. 磁电系测量机构

直流电流和直流电压通常是采用磁电系电测仪表进行测量。磁电系仪表的测量机构一般是利用永久磁铁产生的磁场与载流线圈相互作用来产生转动力矩。其结构主要由固定的磁路系统和可动线圈组成。磁路系统包括：永久磁铁、弧形极掌和铁心等，如图 11.2.1(a)所示。铁心的作用是增强磁场。极掌表面和铁心在制作时做成同轴圆柱，其间的空气隙中形成辐射状均匀磁场。仪表的可动线圈处于此磁场中。可动线圈的结构如图 11.2.1(b)所示，是固定在转轴上的铝制框架上绕制绝缘细导线而成的矩形线圈，线圈中流过的被测电流是由上、下游丝引入和流出的。除了导入导出电流的作用之外，游丝的主要作用是产生反作用力矩。磁电系测量机构的阻尼力矩由铝框产生：当铝框在永久磁场中转动时，铝框中的感应电流与永久磁场相互作用而产生阻尼力矩。

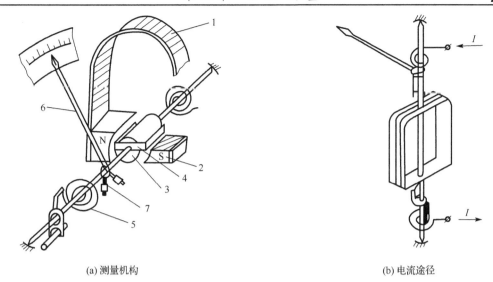

(a) 测量机构   (b) 电流途径

1: 永久磁铁; 2: 弧形极掌; 3: 圆柱铁芯; 4: 可动线圈; 5: 游丝; 6: 指针; 7: 平衡锤

图 11.2.1 磁电系测量机构的结构

磁电系测量机构的原理是: 当可动线圈流有电流时, 在永久磁铁产生的磁场作用下受力, 力的方向由左手定则确定。可动线圈的两侧边受到的电磁力的大小相等, 方向相反, 形成力矩使可动部分转动。设空气隙中磁场的磁感应强度为 B, 可动线圈的匝数为 N, 每一个有效边 (能垂直切割磁力线, 产生电磁力的两个边) 的有效长度为 l。则当线圈中通以电流 I 时, 每一个有效边所受到的电磁力

$$F = NBIl$$

由于空气隙中的磁场是辐射状均匀磁场, 故 B 为常数, 且方向处处垂直于动圈的有效边。此时有效边所受电磁力的方向也处处与线圈平面垂直, 使线圈沿顺时针方向转动, 设转轴中心到有效边的距离为 r, 则动圈受到的转动力矩

$$M = 2NBIlr$$

线圈的有效面积

$$A = 2lr$$

所以

$$M = NBAI$$

由于气隙磁场均匀辐射状, 不管线圈转动到什么位置, 磁感应强度 B 均不变。又因为对于已做好的线圈, 其匝数 N 和有效面积 A 是一定的。所以转动力矩的大小与被测电流成正比, 其方向决定于电流流进线圈的方向。

线圈的偏转将使游丝产生反作用力矩。反作用力矩的大小与游丝形变大小成正比, 即与偏转角成正比, 设 D 为游丝的弹性系数, 反作用力矩为

$$M_\alpha = D\alpha$$

当动圈偏转至转动力矩与反作用力矩相等时, 达到平衡

$$M = M_\alpha$$

$$BNIA = D\alpha$$

$$\alpha = \frac{BNA}{D}I = S_{I}I$$

$$S_{I} = \frac{BNA}{D} = \frac{\alpha}{I}$$

式中，α为平衡时可动部分偏转的角位移。从上式可见，磁电系测量机构的偏转角α和流过可动线圈中的电流I成正比。α和I之间是单值函数关系，故可以用它来测量直流电流。S_{I}叫做磁电式仪表的灵敏度，表示单位电流引起的偏转，是与被测量无关的常数。单位偏转角对应的被测量，叫做仪表常数，它是仪表灵敏度的倒数。

当流过仪表中的电流是交流电流时，偏转力矩的方向也是交变的，可动部分由于惯性作用而来不及转动，指针只能在零位左右摆动，得不到正确读数，所以磁电系测量机构只能测量直流量而不能直接测量交流量。

磁电系测量机构具有灵敏度较高、消耗功率小、刻度均匀、受外界磁场的干扰较小等优点。由于被测电流是通过游丝导入线圈的，游丝的电阻较大，流过较大电流时容易发热而改变其弹性，引起测量误差。所以磁电系测量机构的过载能力较差。磁电式测量机构常用做直流电流表、直流电压表、检流计、万用表表头、整流式电流、电压表等。并广泛用做电子仪器及非电测量仪器中的指示表头。

2. 直流电流的测量

磁电系测量机构可以直接用来测直流电流，但是由于电流的导入需经过游丝和可动线圈，动圈本身的导线很细，而且电流过大会使游丝发热而减弱其弹性，产生测量误差，磁电式测量机构直接用作电流表，只能测量几十微安到几十毫安的电流。当被测电流大于此量限时，必须扩大测量机构的量限。一般采用与表头并联分流电阻的方法来扩大电流量限。磁电系测量机构结合内设分流电阻（又称分流器），能形成具有不同量程的磁电系直流电流表。图 11.2.2(a)和(b)分别为单量程和多量程磁电系直流电流表的原理电路。

由图 11.2.2(a)可知，设并联分流电阻前仪表的最大转角

$$\alpha = S_{I}I_{0}$$

并联分流电阻后，仪表的最大转角

$$\alpha = \frac{S_{I}R_{f}}{R_{0}+R_{f}}I_{m}$$

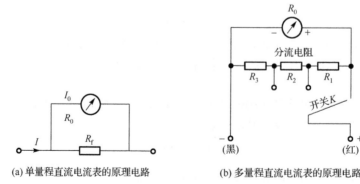

(a) 单量程直流电流表的原理电路　　　(b) 多量程直流电流表的原理电路

图 11.2.2　磁电系电流表的原理电路

若扩大量限后，I_{m}是I_{0}的 n 倍，则有

$$\frac{R_f}{R_0 + R_f} I_m = I_0$$

即 $(n-1)R_f = R_0$，得 $R_f = \dfrac{R_0}{n-1}$

可见，要使电流量限扩大到原量限的 n 倍，需给磁电系表头并联表头内阻 $\dfrac{1}{n-1}$ 倍的电阻。

如图 11.3.2(b)所示的多量程直流电流表，接不同档，扩大量限不同。如接 I_2 档时，分流电阻是 R_2+R_3，表头支路电阻为 R_0+R_1，仪表的转角 $\alpha = \dfrac{S_I(R_2 + R_3)}{R_0 + R_1 + R_2 + R_3} I$。

磁电系电流表除具备磁电系测量机构共有的技术特性（如准确度高、灵敏度高等）外，由于分流电阻并联在表头两端，内阻很小，在测量过程中，对被测电路影响很小。磁电系电流表主要用于直流电路中电流的测量。测量时，应将电流表串联接于被测电路中。注意电流表端钮的符号：对单量限电流表，被测量电流应从标有"+"的端钮流入电流表，从标有"-"的端钮流出电流表；对多量限电流表，标有"*"是公共端钮，如果其他端钮标有"+"，则应使被测电流从"+"端钮流入，从"*"端钮流出；如果其他端钮标有"-"，则连接与上述情况相反。此外，由于磁电系电流表的过载能力很小，使用时还需注意量限的选择。若在测量中发现指针反向偏转或正向偏转超过标度尺上满刻度线，应立即断电停止测量。待连接正确或重新选择更大量限的电流表后再进行测量。当测量工作完毕后，应先断电源，再从测量电路中取下电流表。对灵敏度、准确度很高的微安表和毫安表，不使用时可用导线将正负端钮连接起来，以保护测量机构。

在运用磁电系电流表进行测量时，除了要注意"极性"及正确接线以外，还需注意仪表内阻的选择。对电流表而言，其内阻越小越好，通常要求电流表的内阻要小于被测电路阻值两个数量级以上。

3. 直流电压的测量

利用磁电系测量机构也可以直接测量直流电压，其接线方法是将表头并联在被测电路两端。由于表头内阻很小，不能承受较高的电压，量限范围只有几十毫伏左右，不能满足实际测量的需要。为了测量较高的直流电压，可采用与表头串联分压电阻的办法来扩大电压量限，使大部分电压降落在分压电阻上，该电阻也叫附加电阻。改变附加电阻值，可以使相应的电压量限发生改变，从而构成多量限直流电压表。如图 11.2.3 所示。

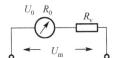

(a) 磁电式电压表的原理

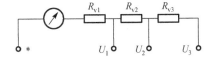

(b) 多量限磁电式电压表

图 11.2.3　磁电系电压表的电路原理

由图 11.2.3(a)可知，串联分压电阻前，仪表的转角

$$\alpha = \frac{S_I}{R_0} U_0$$

串联分压电阻后，仪表的转角

$$\alpha = \frac{S_I}{R_0 + R_v} U_m$$

若扩大量限后 U_m 是 U_0 的 n 倍，则

$$\frac{1}{R_0 + R_v}U_m = \frac{U_0}{R_0}, \qquad R_v = (n-1)R_0$$

可见，要使磁电系电压表的电压量限扩大到原表头量限的 n 倍，需给磁电系表头串联表头内阻 $n-1$ 倍的附加电阻。但串联附加电阻并不是越大越好。因为在选定测量机构的前提下，串联的附加电阻越大，电压量限就越大，仪表对电压的灵敏度就越低。所以利用串联附加电阻的方法提高磁电系电压表的电压量限是以牺牲灵敏度为代价的。

多量程电压表由测量机构和不同的附加电阻构成。图 11.2.3(b) 为具有共用式附加电阻的三量程电压表电路。被测电压加于 U_1 和 "–" 端时，附加电阻为 R_{v1}，量限为 U_1。若加于 U_2 和 "–" 端时，附加电阻为 $R_{v1}+R_{v2}$，量限为 U_2。依次类推，显然量限 $U_3>U_2>U_1$。因为磁电系表头所能承受的电流比较小，对于多量程磁电系直流电压表，通常还需给表头并联一分流电阻 R_f，如图 11.3.4 所示，以扩大其电流量限。电压表选定后，量限越大则内阻也越大。一般在电压表铭牌上标注的内阻，是电压表各量限的内阻与相应电压量限值的比值，其单位为 Ω/V，该值又叫电压灵敏度。将电压灵敏度乘以所选档的量限就是电压表在该档的内阻。

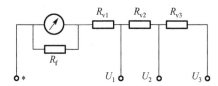

图 11.2.4   实际磁电系电压表电路原理图

使用磁电系直流电压表时，应注意以下几点：

①正确选择磁电系电压表。根据被测电路的性质及测量的目的合理选择准确度等级、量限、内阻、使用条件等技术指标；

②测量时应将电压表并联接入被测电路，电压表的正极性端应接在高电位端；

③对多量限电压表，当需要改变量限时，应将电压表与被测电路断开后，再改变量限。

④不使用电压表时，对量限较小的电压表，如毫伏表、微伏表，应将其正负端钮用导线短接，以避免外界电磁脉冲的干扰，使电压表损坏。

11.2.2   交流电流和交流电压的测量

1. 电磁系测量机构

交流电流和交流电压通常是采用电磁系电测仪表进行测量的。电磁系测量机构主要由固定线圈和可动铁片组成，其原理为：当有电流流过固定线圈，线圈产生的磁场磁化线圈附近铁片，可动铁片与线圈或者可动铁片与固定铁片相互作用产生转动力矩。它和前面讨论过的磁电系测量机构的主要区别在于它的磁场是由被测的电量通过线圈产生，而磁电系测量机构的磁场由永久磁铁产生；电磁系测量机构的可动部分主要由铁片构成，而磁电系测量机构的可动部分主要由可动铝框组成。根据固定线圈与可动铁片之间作用关系的不同，电磁系测量机构的结构主要有吸引型和排斥型两种。

1）吸引型结构，如图 11.2.5 所示。它的固定线圈和偏心地装在转轴上的可动铁片构成了一个电磁系统。固定线圈的形状是扁平的，中间有一条窄缝，可动铁片可以转入此窄缝内。当电流通过固定线圈时，线圈的附近就产生了磁场，其方向由右手螺旋定则确定。该磁场使可动铁片磁化，磁化后的

可动铁片与通电线圈之间产生吸引力，从而产生转动力矩，引起指针偏转。由于可动铁片被磁化的极性取决于线圈两端的磁性，所以不论线圈中电流方向如何，线圈与动铁片之间的作用始终是吸引力，如图 11.2.6 所示。因此，指针的偏转方向与电流方向无关。这种吸引型测量机构可以直接用于交流电路的测量。

2）排斥型（推斥型）结构，如图 11.2.7 所示。其固定部分是由圆形的固定线圈和固定于线圈内壁的铁片组成的。可动部分由固定在转轴上的可动铁片、游丝、指针、阻尼片和平衡锤组成。当线圈中通过电流时，线圈内部将产生磁场。在这个磁场的作用下，定铁片和动铁片同时被磁化，而且极性相同，因此它们相互排斥而产生转动力矩，如图 11.2.8 所示。游丝的作用是产生反作用力矩。阻尼力矩是由阻尼片和永久磁铁（图中未画出）组成的磁感应型阻尼器产生的。

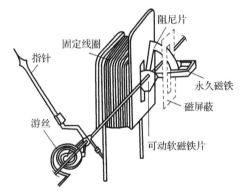

图 11.2.5　吸引型测量机构的结构

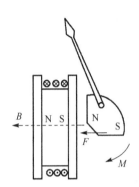

图 11.2.6　固定线圈与可动铁片的吸引力

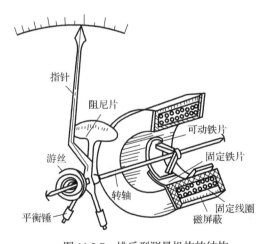

图 11.2.7　排斥型测量机构的结构

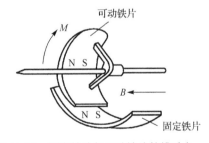

图 11.2.8　固定铁片与可动铁片的排斥力

与吸引型测量机构类似，在排斥型测量机构中，不论电流方向如何，在线圈磁场中被磁化的定铁片的极性和被磁化动铁片的极性总是相同，所以它们之间的相互作用力始终是排斥力。因此，指针的偏转方向与电流方向无关。排斥型测量机构同样可以用于交流电路的测量。

电磁系测量机构中的固定线圈通载直流电流 I 后，线圈电感 L 存储的磁能为

$$W_{\mathrm{m}} = \frac{1}{2}LI^2$$

根据虚功原理可知，转动力矩是能量在转角方向上的变化率

$$M = \frac{\mathrm{d}W_{\mathrm{m}}}{\mathrm{d}\alpha} = \frac{1}{2}\frac{\mathrm{d}L}{\mathrm{d}\alpha}I^2 = k_\alpha I^2$$

式中，k_a 为与偏转角度有关的变量，它与线圈特性、铁心材料、尺寸、形状，以及线圈的相对位置有关。

可动部分偏转角度 α 时，游丝产生的反作用力矩为

$$M_\alpha = D\alpha$$

当可动部分达到平衡，根据平衡条件 $M = M_\alpha$，有

$$\alpha = \frac{k_\alpha}{D}I^2$$

由此可见，电磁系测量机构指针的偏转角与被测电流值的平方有关。所以电磁系仪表的刻度是不均匀、非线性的。

2．交流电流的测量

直接将被测电流流过电磁系测量机构的固定线圈即可进行电流测量。当固定线圈通入交流电流 i 时，可动部分的偏转角度取决于平均转矩，即它和交流电流的有效值 I 的平方成正比。测量交流时，可以用交流有效值刻度。这时，电磁系仪表指针的偏转角与被测交流电流有效值的平方有关。

为了改变量限，固定线圈往往由几个完全相同的线圈串联或并联而成，如图 11.2.9 所示。图中固定线圈由 4 个线圈组成，两个线圈串联后再并联可增加电流量限一倍，4 段并联后可增大电流 4 倍。量限的改变用开关来完成。

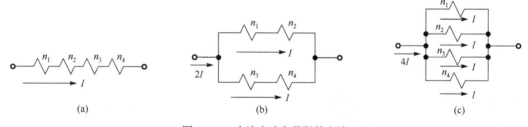

图 11.2.9　电流表改变量限的方法

3．交流电压的测量

电磁系电压表利用附加电阻把被测电压转换成电流，再把电流通入电磁系测量机构的固定线圈来完成测量电压的任务。测量电路如图 11.2.10(a)所示。流过固定线圈的电流 I 等于

$$I = \frac{U_{\mathrm{x}}}{R_0 + R_{\mathrm{v}}}$$

式中，R_0 为固定线圈的电阻；R_{v} 为附加电阻；U_{x} 为被测电压

根据电磁系测量机构的转角表达式，可得

$$\alpha = \frac{k_\alpha}{D}I^2 = \frac{k_\alpha}{D(R_0 + R_{\mathrm{v}})^2}U_{\mathrm{x}}^2$$

由上式可见，电磁系电压表的偏转角与被测电压的平方有关，在附加电阻是纯电阻的条件下，电磁系电压表也可以交、直流两用。由于电磁系测量机构的灵敏度较低，所以电磁系电压表的附加电阻不能太大，

否则会因工作电流太小而得不到足够大的磁场。因此，电磁系电压表的内阻比磁电系电压表的内阻要小得多，一般只有几十欧/伏，在测量时所消耗的功率比较大。

电磁系电压表可以靠增加附加电阻的方法来扩大量限，制成多量限电压表。多量限电压表的测量线路如图 11.2.10(b)所示。其原理同多量限磁电式电压表。多量限电磁系电压表通常只有 2~4 个量限，这是因为电磁测量机构很难同时满足低量限和高量限的要求，而且当被测电压高于 600V 时，出于安全因素的考虑，一般应与电压互感器配合使用。

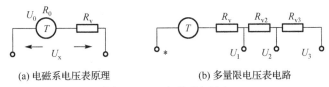

(a) 电磁系电压表原理　　　　　(b) 多量限电压表电路

图 11.2.10　电磁系电压表

电磁系电压表和电流表的使用方法，基本上与磁电系电压表和电流表相同，只是电磁系电压表和电流表在与被测电路连接时，不需要考虑正负端钮的问题。而且电磁系电压表和电流表一般可以交直流两用。

11.2.3　直流功率和三相功率的测量

（1）直流功率测量有两种方法，一种方法是利用直流电流表和直流电压表分别测量出负载电流和负载的端电压值，然后根据公式 $P=UI$ 计算出直流功率；另一种方法是用单相功率表直接测量功率值。

（2）三相有功功率的测量：在三相交流电路中，用单相功率表可以组成两表法来测量三相负载的有功功率。单相功率表一般是由电动系测量机构和附加电路组成。

1．电动系测量机构

电动系测量机构的结构如图 11.2.11 所示。主要结构为两个线圈：固定线圈（简称定圈）和可动线圈（简称动圈）。电动系测量机构的原理是固定线圈中的电流与可动线圈中的电流相互作用而产生转动力矩。定圈由完全相同的两个线圈串联或并联（改变电流量限）构成，此两线圈平行放置。动圈与转轴固定连接，一起放置在定圈的两部分之间。反作用力矩由游丝产生；阻尼力矩由空气阻尼器产生。当动圈与定圈分别通有直流电流 I_1、I_2 时，由电流安培力作用原理可知，转动力矩 M 与 I_1 和 I_2 的乘积成正比

$$M = k_a I_1 I_2$$

当可动部分在转动力矩作用下偏转角度 α 时，游丝产生的反作用力矩为

$$M_\alpha = D\alpha$$

当可动部分达到平衡，根据平衡条件 $M=M_\alpha$ 有

$$\alpha = \frac{k_a}{D} I_1 I_2$$

可见，电动系测量机构可动部分的偏转角与可动线圈和固定线圈中流过的电流之积成正比，如果电流 I_1 和 I_2 同时改变方向，电动系测量机构的转动力矩方向不变，因此可用来测量交流量。当动圈与定圈分别通有交流电流 i_1、i_2 时，平均转动力矩 M 与两电流的有效值 I_1 和 I_2 的的关系如下

$$M = k_a I_1 I_2 \cos\varphi$$

式中，φ 为定圈中电流 i_1 与动圈中电流 i_2 之间的相位差角。

平衡时转角表达式为

$$\alpha = \frac{k_\alpha}{D} I_1 I_2 \cos\varphi$$

测量交流量时，电动系测量机构的转矩与 $\cos\varphi$ 有关，据此还可以做成相位表和功率因数表。

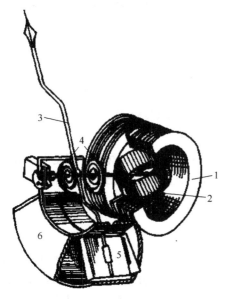

1：固定线圈；2：可动线圈；3：指针；4：游丝；
5：空气型阻尼器叶片；6：空气型阻尼器外壳

图 11.2.11 电动系测量机构的结构

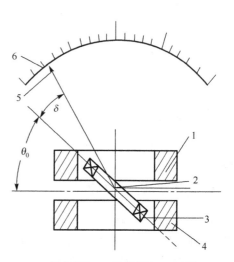

1：固定线圈；2：可动线圈；3：转轴；
4：指针；5：标度尺

图 11.2.12 电动系测量机构的原理

2. 直流功率的测量

电动系测量机构用于直流功率测量时，其定圈串联接入被测电路，而动圈与附加电阻串联后并联接入被测电路。根据国家标准规定：在测量线路中，用一个圆加一条水平粗实线和一条竖直细实线来表示电压与电流相乘的线圈，如图 11.2.13 所示。显然，通过固定线圈的电流就是被测电路的电流 I，所以通常称定圈为电流线圈；动圈支路两端的电压就是被测电路两端的电压 U，所以通常称动圈为电压线圈，而动圈支路也常称为电压支路。

用于直流电路功率测量时，通过定圈的电流 I_1 与被测电路电流相等，即

$$I_1 = I$$

而动圈中的电流 I_2 可由欧姆定律确定。即

$$I_2 = \frac{U}{R_2}$$

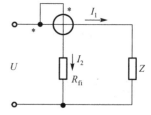

图 11.2.13 电动系功率表的接线图

由于电流线圈两端的电压远小于负载两端的电压 U，所以可以认为电压支路两端的电压与负载电压是相等的。上式中 R_2 是电压支路总电阻，它包括动圈电阻和附加电阻 R_{fj} 的总和。一个已制成的功率表，R_2 是一个常数。根据电动系测量机构的转角表达式，对于直流量的测量

$$\alpha = k_\alpha I_1 I_2$$

可得

$$\alpha = \frac{k_\alpha}{R_2} UI = k_p P$$

可见，电动系功率表测量直流功率时，其可动部分的偏转角正比于被测负载的功率。

3．三相交流功率的测量

测量交流电路的功率时，通入定圈的电流 I_1，等于负载电流 I

$$\dot{I}_1 = \dot{I}$$

动圈支路电流与负载电压成正比

$$\dot{I}_2 = \frac{\dot{U}}{Z_2}$$

式中，Z_2 为电压支路的复阻抗。

由于电压支路中附加电阻 R_{f} 的阻值比较大，在工作频率不太高时，动圈的感抗与之相比可以忽略。因此，可以近似认为动圈电流 I_2 与负载电压是同相的。同时，仪表可动部分的偏转是取决于平均转矩的，即偏转角

$$\alpha = k_\alpha I_1 I_2 \cos\varphi = \frac{k_\alpha}{|Z_2|} UI \cos\varphi = k_p P$$

可见，电动系功率表用于交流电路的功率测量时，其可动部分的偏转角与被测电路的有功功率 P 成正比。因此，电动系功率表的标度尺刻度是均匀的。

三相交流电路按其电源和负载的连接方式的不同，分为三相三线制和三相四线制两种系统，根据运行时电源和负载是否对称又分为完全对称电路和不对称电路。在完全对称电路中电源和负载均是对称的。根据三相电路的特点，通常采用两表法进行三相功率的测量。

在三相三线制电路中，不论其电路是否对称，都可以用图 11.2.14 中的两表法来测量它的有功功率。其三相总的有功功率 P 为两个功率表读数 P_1 和 P_2 的代数和，即

$$P = P_1 + P_2$$

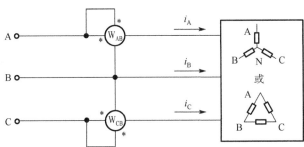

图 11.2.14　两表法测量三相功率

应用两表法时，应注意如下两点：

① 接线时，应使两只功率表的电流线圈分别串联接入任意两根火线上，使其通过的电流为三相电路的线电流。两只功率表的电压支路的发电机端必须接至电流线圈所在线，而另一端则必须同时接至没有接电流线圈的第三根火线；

② 读数时，必须把符号考虑在内。当负载的功率因数大于 0.5 时，两功率表读数相加即是三相总功率，当负载的功率因数小于 0.5 时，将有一只功率表的指针反转，此时应将该表电流线圈的两个端钮反接，使指针正向偏转，该表的读数应为负，三相总功率即是两表读数之差。

习　　题

11.2.1　若已知电阻的阻值 R，测得通过其电流为 i，试求该电阻两端电压 U 的绝对误差和相对误差。

11.2.2　欲测 90V 电压，用 0.5 级 300V 量程和用 1.0 级 100V 量程两种电压表测量，哪一个测量精度更高一些？为什么？

11.2.3　如图 11.01 所示是一电阻分压电路，用一内阻 R_V 为（1）25kΩ，（2）50kΩ，（3）500kΩ 的电压表测量时，其读数各为多少？由此得出什么结论？

11.2.4　如图 11.02 图所示是用伏安法测量电阻 R 的两种电路。因为电流表有内阻 R_A，电压表有内阻 R_V，所以两种测量方法都将引入误差。试分析它们的误差，并讨论这两种方法的适用条件。（即适用于测量阻值大一点的还是小一点的电阻，可以减小误差？）

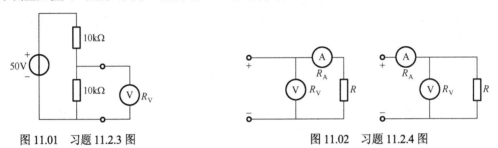

图 11.01　习题 11.2.3 图　　　　　　　　　　　图 11.02　习题 11.2.4 图

参 考 文 献

[1] 王英. 电工技术基础——电工学[M]. 北京：机械工业出版社，2016.

[2] 朱伟兴. 电路与电子技术——电工学. I [M]. 北京：高等教育出版社，2015

[3] 杨风. 电工技术[M]. 北京：机械工业出版社，2014.

[4] 秦曾煌. 电工学（第6版）（上册）——电工技术[M]. 北京：高等教育出版社， 2004.

[5] 邱关源. 电路（第5版）[M]. 北京：高等教育出版社，2006.

[6] 邵洪波. 电路原理习题精解精练[M]. 哈尔滨：哈尔滨工程大学出版社，2007.

[7] William H. Hayt. Engineering Circuit Analysis[M]. 6th Ed. McGraw-Hill，2002.

[8] 张纪成. 电路与电子技术——电路原理. 上册[M]. 北京：电子工业出版社，2007.

[9] 汪建. 电路原理（上） [M]. 北京：清华大学出版社，2007.

[10] 刘国林. 电工学[M]. 北京：高等教育出版社，2007.

[11] 孙骆生. 电工学基本教程[M]. 北京：高等教育出版社， 2008.

[12] 林孔元. 电气工程学概论[M]. 北京：高等教育出版社， 2009.

[13] James W. Nilsson，Susan A. Riedel Electric Circuits [M]. 6th Ed. Pearson，2001.

[14] 杨雪岩. 电工学1——电工技术[M]. 北京：中国石油大学出版社， 2010.

[15] Giorgio Rizzoni. Principles and Applications of Electrical Engineering[M]. 4th Ed. McGraw-Hill，2004.

[16] 谢应璞.电机学[M].成都：成都科技大学出版社，1994.

[17] Charles K. Alexander，Matthew N. O. Sadiku. Fundamentals of Electric Circuits[M]. 3th Ed. McGraw-Hill，2005.

[18] 郭琳，姬罗栓. 电路分析：Electric circuit analysis[M]. 北京：人民邮电出版社，2010.

[19] 亚历山大. 电路基础[M].刘巽亮，倪国强，译. 北京：机械工业出版社， 2014.

[20] Thomas L. Floyd. 罗伟雄，等译. Principles of Electric Circuits[M]. 7th Ed. 北京：电子工业出版社，2005.

[21] 大下真二郎. 电路习题详解[M].陈国呈，译. 北京：机械工业出版社，2002.

[22] Allan R. Hambley. Electrical Engineering Principles and Applications[M]. 4th Ed. Pearson，2005.

[23] 席志红. 电工技术（第2版） [M]. 哈尔滨：哈尔滨工程大学出版社， 2003.

[24] 赵松杰. 电路基础[M]. 长春：东北师范大学出版社， 2010.

[25] 刘秀成，于歆杰，朱桂萍. 电路原理试题选编[M]. 北京：清华大学出版社， 2014.

[26] Richard C. Dorf. Electric Circuits[M]. 5th Ed. John Wiley & Sons，2001.

[27] 刘崇新，罗先觉. 电路（第5版）学习指导与习题分析[M]. 北京：高等教育出版社，2006.

[28] 唐介. 电工学（第3版） [M]. 北京：高等教育出版社，2009.

[29] 朱承高，郑益慧，贾学堂. 电工学概论（第3版） [M]. 北京：高等教育出版社， 2014.

[30] 侯世英. 电工学1，电路与电子技术[M]. 北京：高等教育出版社，2007.

[31] 侯世英. 电工学.2，电机与电气控制[M]. 北京：高等教育出版社，2008.

[32] 龙莉莉，肖铁岩. 建筑电工学[M]. 重庆：重庆大学出版社， 2008.

[33] 吴玉香. 电机及拖动（第2版） [M]. 北京：化学工业出版社，2013.

[34] 王正茂，阎治安，崔新艺，等. 电机学[M]. 西安：西安交通大学出版社，2000.

反侵权盗版声明

电子工业出版社依法对本作品享有专有出版权。任何未经权利人书面许可，复制、销售或通过信息网络传播本作品的行为；歪曲、篡改、剽窃本作品的行为，均违反《中华人民共和国著作权法》，其行为人应承担相应的民事责任和行政责任，构成犯罪的，将被依法追究刑事责任。

为了维护市场秩序，保护权利人的合法权益，我社将依法查处和打击侵权盗版的单位和个人。欢迎社会各界人士积极举报侵权盗版行为，本社将奖励举报有功人员，并保证举报人的信息不被泄露。

举报电话：（010）88254396；（010）88258888

传　　真：（010）88254397

E-mail：　dbqq@phei.com.cn

通信地址：北京市海淀区万寿路 173 信箱
　　　　　电子工业出版社总编办公室

邮　　编：100036